兔 儿 伙 伴 机 器 人:
非遗IP与智慧产品设计

卓 凡 著

清華大学出版社
北 京

内 容 简 介

本书聚焦于传统文化符号——兔儿爷的提炼和AI（人工智能）智慧创新产品设计：一方面，运用现代造型语言和设计方法，结合互联网思维，对传统文化特色符号——兔儿爷进行提炼，使之成为有现代审美趣味的文化形象；另一方面，在物联网的思维方式下，运用现代设计路径和设计思维，包括传感器、卷积神经网络和深度学习等智能技术，对提炼后的传统符号进行智慧创新产品设计，讲好北京故事，活化文化符号，弘扬传统文化。

全书主要内容涉及“共情”“共创”两部分，可以归纳为“四个一”：一个交叉，以“共情”和“共创”交叉创新；一个脉络，以传统文化符号——兔儿爷活化为现代产品为脉络；一个出发点，以促进行业的新技术、新材料、新工艺和新产业的创新发展为出发点；一个融合，突出东方美学和人工智能技术的融合。

本书适合设计类专业的学生使用，也可作为从事设计教育的教师及设计师的参考资料。

图书在版编目（CIP）数据

兔儿伙伴机器人：非遗IP与智慧产品设计 / 卓凡著. —北京：清华大学出版社，2022.11
ISBN 978-7-302-61186-8

Ⅰ. ①兔… Ⅱ. ①卓… Ⅲ. ①非物质文化遗产—应用—产品设计 Ⅳ. ①TB472

中国版本图书馆CIP数据核字（2022）第110481号

责任编辑：杜春杰
封面设计：刘 超
版式设计：文森时代 杨绍禹
责任校对：马军令
责任印制：曹婉颖

出版发行：清华大学出版社
网 址：http://www.tup.com.cn，http://www.wqbook.com
地 址：北京清华大学学研大厦A座 **邮 编：**100084
社 总 机：010-83470000 **邮 购：**010-62786544
投稿与读者服务：010-62776969，c-service@tup.tsinghua.edu.cn
质量反馈：010-62772015，zhiliang@tup.tsinghua.edu.cn
印 装 者：小森印刷（北京）有限公司
经 销：全国新华书店
开 本：185mm×260mm **印 张：**15.5 **字 数：**354千字
版 次：2022年11月第1版 **印 次：**2022年11月第1次印刷
定 价：128.00元

产品编号：090690-01

兔儿爷

Rabbit master

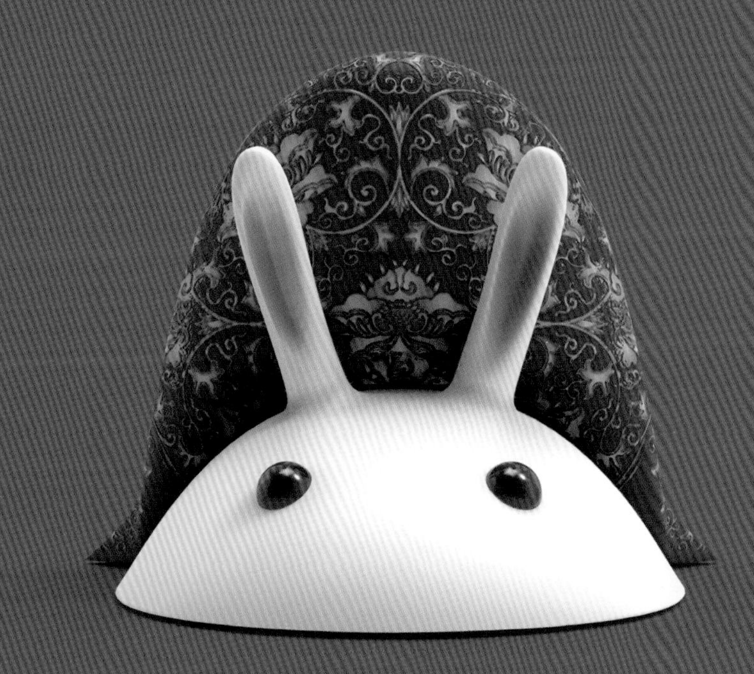

推荐序

让未来定义今天
——提出问题和解决问题的能力将是教育关注的核心

如何理解创新设计，如何理解当下世界设计领域的趋势和变化？这是教育应该关注的核心问题。

往往只有在系统之外找到新的延展的交织点，才有可能带来创新。人类社会正处在深刻变革时期，这个时期人类知识的增长呈指数发展。这种裂变式的发展必然会带来对创新思维的诉求。所以，我认为创新一定是未来的一大主题，这是毫无疑问的。但什么叫创新呢？这就引出了我们对创新的思考。70% 以上的创新都来自旧系统之外，目前很多学科布局，包括专业的设置，都是依据传统的系统板块来建设的，而创新就是脱离这个系统。因此，我认为创新不是跨界的问题，应该说是跨领域的，具有延伸到新的领域的可能性。这就是当下世界设计领域的趋势和变化，也是我对创新设计的基本理解。

换句话说，当前现状倒逼着我们的学校必须以未来定义今天，艺术设计教育面临前所未有的挑战。这个挑战的来源是什么呢？就是今天的教育的核心，而不再是知识的传播，作为教育工作者的我们必须深刻认识到这一点。那什么是教育的核心呢？我认为提出问题和解决问题的能力将是我们教育关注的核心。如何才能有效地提出问题？它需要一整套的创新性的思维方法去支撑它，这也就是对未来的设计教育提出的最大挑战——未来的设计师与传统的设计师相比会面临很多完全不同的要求。比如，传统的设计师在做设计时，更多的是依据个人的经验、创意或者技术平台，最后形成了设计作品；但是未来的设计师，仅仅具备这些技能是远远不够的，如果他对未来发展的趋势不做研究，不懂得如何应用大数据、人工智能，甚至不懂得用户体验，包括不知道利用新的技术平台去整合自己的专业思想，去创新发展，他就有可能无法应对未来的设计。所以，从这个角度讲，这也对今天的设计教育提出了一个特别严峻的挑战——必须考虑我们的学生在毕业 20 年或 30 年后所处的时代和社会环境，结合那时的状况反推我们今天应该如何构建教育系统。这才是对设计教育应有的新思考。

掌握了“人文 + 科技”驱动设计，也就把握住了如何有效地解决问题的核心。承载着“人文 + 科技”的设计必然驱动创新，创新设计驱动着社会发展。今天的城市化进程，特别是中国的城市化进程具有某种特殊性。2018 年已是改革开放 40 年，如果我们用 40 年的时间节点作为一个坐标去审视这 40 年的城市建设进程，就会发现尽管我们在经济上取得了突出的成就，但在城市的人文建设上还有很多缺失。举个例子，在 2018 年的北京设计周的经典设计奖评审中，终审评审列了 10 个内容，包括中国领先的“蓝鲸一号”深海钻井平台等这种国际领先的高科技内容的设计。但是在评审会上，我的主张是应该颁给王选的汉字激光照排处理系统。为什么？因为我认为，科技日新月异，今年有“蓝鲸一号”，明年就可能有“蓝鲸二号”，但是汉字激光照排处理系统却是中国文字几千年来的第三次伟大革命（汉字的第一次革命是秦始皇统一六国时统一文字，第二次革命是后来的汉字活字印刷），它使得中国的汉字告别了铅与火的时代，进入光与电的时代。它融入了信息时代未来的发展，它代表的不仅仅是科技，更重要的是它代表了人文的发展，所以我认为最具长效力的是人文。

本书所要讨论的问题主要有两个。

一是非遗这一传统文化符号的活化。兔儿爷是北京传统手工艺品，于明末第一次出现，以此为发端的“祭月习俗”成为北京的文化名片。老舍先生在《四世同堂》中这样描写：“将要住在一个没有兔儿爷的北平，随着兔儿爷的消灭，许多许多可爱的、北平特有的东西，也必定绝了根！”老舍先生所说的“根”，实际上是民族心、爱国心的文化体现、价值表述。书中共情部分的内容用了 4 个设计路径深挖传统 IP，与近年国家致力推动传统文化的传承与弘扬的步调相一致，最终促进中华优秀传统文化的繁荣发展。

二是智能产品的设计。本书把兔儿爷的经典形象融入智能产品的设计系统中，用了 3 个设计路径：① 从文化到科技。结合当下流行的 Chatbot（多技术融合、交互的平台技术），精心打造“兔儿伙伴”这一 IP。② 通过“人文 + 科技”的交叉融合，使得这类“科技赋能设计”呈现出一种新的成果：一方面有利于更好地传播和弘扬中国传统文化，使文化具有高附加值属性，加速文化资源向文化产品转化，进而推动产业和文化发展；另一方面，在保护文化之根的同时，介入青少年的生活。③ 注重“激活”后产品的文化情感和智能身体对年轻人的影响。在进行智慧产品设计时，我们一直在形象上注重传统文化符号 - 卡通化的特征，这一工作在保证了产品的智能功能之余，无疑增加了传统文化符号在青少年中的传播力，为传统文化代代相传打开了新通道 。

谈了书的内容，自然要谈到未来的设计师应该具备什么样的素质——科技思维这一基本素质不可或缺。当今科技迅猛发展，很多人都说这是 100 年来最大的变革时代，但是在我看来这是千年以来的巨大变革时代，这种变革将超越人类以往任何时代的增长级。比如量子计算机的问世——今天功能已经如此强大的计算机在测算 SA 密码时需要 60 万年，而量子计算机只要 3

小时，也就是说，现在的计算机在量子计算机面前就是个笨拙的算盘。从这些进步来看，生物技术等其他技术带来的可能性，新的人工智能技术带来的深刻变革，都使我们必须从传统思维模式中释放出来，超越自我，拥抱未来。科技正极大地改变着人类的生活方式、生产模式及商业模式，现在的设计师或者现在学设计的学生，首先必须建立开放的知识体系，善于运用人类最新的科技，包括其他成果的发展，整合自己的专业思想，做时代的开拓者。

在未来，“兔儿伙伴”文创还将继续在消费类电子产品的市场发力。卓凡将在其后计划进行产品化开发、商业对接及系列衍生产品产业链建设。这是一种“用未来趋势的推断来定义今天”的方式，它利用项目策划的方式，以创意为核心，以科技为动能，以标准为引领，以学术为支撑，贯通产业各环节，打造良性循环，这也是设计教育的未来模式。希望通过此类设计实践，快速推进中国体验—场景—服务为一体的产业链发展，在国际电子市场建立高品质的中国原创品牌。

我们的民族自古不缺少文化斗士，但是缺少文化和科技双肩并挑的力士。我期待，卓凡和他的团队在这个过程中能够以文化记载城市、以科技振兴产业为己任，加强新技术的创新应用，从文化自信的高度打造有传统记忆的现代经典 IP，做到以文化人、科技赋能，为设计教育与社会转型升级注入“人文 + 科技”的活力。

中央美术学院　　　　　教授、博士生导师
中央美术学院城市设计与创新研究院　院长
王　中

前言

一、本书的出发点

从用“共情”一词来重新创作“兔儿伙伴”的IP形象，到用“共创”一词来设计以“兔儿伙伴”为主题的智慧产品，本书阐述了作者对产品设计基本问题所持有的不一样的出发点——也是两个不同领域工作内容的交融点。简单来说，它从字面看是“非遗传承＋科技思维”的设计，其实是一种基于传统文化的当代再设计的研究。这一研究从工作缘起、工作过程和工作思路等三个方面，试图建立一种新的设计思维。在工作缘起上，努力打破禁锢，发现传统设计方法所存在的问题，建立新起点。在工作过程上，折叠了传统设计方法中缺乏实用价值的部分，扩展对未来世界有价值的设计内容，建立新型的工作流程。在工作思路上，用新组合的设计方法，特别是“共情”和“共创”两个词以及这两个词背后所引出的两个系列方法，为未来的设计提供了一个新的工作路径。这一切为正在进入智慧时代的设计工作者和设计教育者，提供了探索产品设计的新思路。

二、本书需要阐明的主要问题

对于一本讨论创新的书，除了要探究它所研究的内容是否具有前沿性和引领性，还要考察它所研究的内容在实践层面，是否具有可操作性和可持续性。

仅仅从前沿性和引领性的角度出发，并不是本书关注的首要问题。从设计问题，到设计因素，再到设计方法，在能否抓住“新”字的基础上，在能否抓住用“未来”的眼光来看待当下现实的基础上，本书要阐明的主要问题是它所提出的设计方法的可操作性和可行性。所以，面对产品设计这一庞大的系统，特别是在产品设计前加上“智慧”二字，工作纷繁复杂，要从“点”的聚焦出发，做到“以点建线，以线建面，以面建体”，最终形成逻辑清晰的工作流程。

本书所阐述的智慧产品设计这个新型系统，其实是大家在认知上达成一个共识的前提下而展开的。这个共识就是我们正处在从工业文明时代进入智慧文明时代的转型期。而这一切必然影响到社会的各个领域，包括本人所从事的设计领域与设计教育领域。与之相呼应，产品设计领域诞生出了新的共识：① 未来的产品设计是文化传承和智能科技的共同产物，它是一种同时有文化记忆、智能功能和承载一定想象力的实用产品。② 世界在不久的未来有可能产生一种“新物种”——一个有名有姓、有具体形象、具体地域性文化记忆和多维功能的智能产品。从这个角度上说，同时运用艺术审美、想象力与科技思维进行设计工作，是设计工作者的责任。

三、阅读本书时应该准备的相关性阅读

阅读本书前，需要阅读一定数量的相关书籍，主要分为以下两部分。

（1）基础性阅读：泛读非遗类、科技类的书籍，如《“非遗”保护与文化认同》（作者：蒋明智，出版社：中山大学出版社）、《北京非物质文化遗产传承人口述史》（作者：徐建辉，出版社：首都师范大学出版社）、《生命 3.0》（作者：迈克斯·泰格马克，出版社：浙江教育出版社）、《人类简史三部曲：人类简史 + 今日简史 + 未来简史》(作者：尤瓦尔·赫拉利，出版社：中信出版集团)、《AI·未来》（作者：李开复，出版社：浙江人民出版社）。

（2）专业性阅读：精读具有较高专业性设计的书籍，如《设计中的设计》(作者：原研哉，出版社：山东人民出版社)、《设计心理学》（作者：唐纳德·A. 诺曼，出版社：中信出版集团)、《产品设计与开发》（作者：卡尔·T. 乌利齐，出版社：机械工业出版社)、《人工智能产品经理—— AI 时代 PM 修炼手册》（作者：张竞宇，出版社：电子工业出版社)。

四、本书适用的范围

本书在中央美术学院城市设计学院的智慧生活设计课题的基础上，记录了本人及团队在设计教学与设计实践中的心得体会。有理论，有案例，主要为正在学习设计的学生提供思路，为从事设计教学的教师提供范本，借此服务教学，为设计教学——特别是智慧生活的教学与实践提供智慧积累。

本书既讨论了与非遗活化－智慧产品相关联的设计，也畅想了即将到来的智慧生活的未来样式。试图建立起教学实践与服务社会之间的连接，为从事设计教育的教师及设计师提供辅助参考。为服务社会——特别是智能产品服务社会的模式提供新的研究方法。

本人固然在为产品设计探索新的工作方式做努力，但是仍有诸多案例有欠考究的内容，涉及的工作范围仍有极大的局限性，特别是整个工作方法还存在为另辟蹊径而另辟蹊径之嫌，这是我作为一位教育和设计工作者的知识、经验和能力的局限性造成的。欢迎读者批评指正。

卓　凡

2022 年 3 月

目录

第1章

从“共情”到“共创”：非遗IP+智慧产品设计的融合

本书以中国传统的文化符号“兔儿爷”为例，从两个角度来切入，讨论一个主题——具有文化记忆的智慧产品设计。本书共分为两板块：第一板块题为“共情”，以智慧产品的文化属性为切入点，探究产品的形象设计，让产品带着“感情”地服务于用户[①]；第二板块题为“共创”，以智慧产品的科技属性为切入点，探究产品的功能迭代，让产品更“智能”地服务于用户。

为什么以“共情”和“共创”这两个陌生的词汇作为切入点，来讨论具有文化记忆的智慧产品设计这一话题？这是在物联网[②]的时代语境里，由智慧产品的特征决定的。显然，“共情”和“共创”在传统的产品设计词汇里并不是大家的习惯用词，但使用这两个词来描述智慧产品设计的内在规律和外在表现，并不是为了新颖，为了造词而造词，而是因为智慧产品的主语虽然是产品，但是它已经不是传统意义上的产品，与传统产品相比较，它具有“带着情感”和“拥有智能”两个不一样的特征，所以，传统意义上对产品设计的描述已经无法准确表达智慧产品设计的体系，这是本书使用“共情”和“共创”这两个陌生的词汇的主要原因。

什么是智慧产品？对高等生物而言，从感觉到记忆再到思维的过程称之为智慧[③]。与当下习惯看到的产品不一样，智慧产品不仅仅是在“产品”二字前面加上“智慧”二字的字面所呈现的含义，它是在物联网技术下一场悄然的革命，它的未来可能会是一个新的词汇如“硅基生命[④]体”一类的词汇来描述。在本书中，智慧产品以“智慧”二字开头，一方面，产品虽然不

---

① 用户：又称使用者，是指使用产品或产品服务的人。

② 物联网：简单来说是物与物互相连接形成网络关系。在这里是指通过各种信息传感器、射频识别技术、全球定位系统、红外感应器、激光扫描器等各种装置与技术，实时采集任何需要监控、连接、互动的物体或过程，采集其声、光、热、电、力学、化学、生物、位置等各种需要的信息，通过各类可能的网络接入，实现物与物、物与人的泛在连接，实现对物品和过程的智能化感知、识别和管理。物联网是一个基于互联网、传统电信网等的信息承载体，它让所有能够被独立寻址的普通物理对象形成互联互通的网络。

③ 智慧：人类的智慧可分为四个层次，最底层称为感知和直觉，在认知科学中叫做系统1。它本质上是一种动物智能，也就是对环境做出条件反射式反应的能力。第二层是认知和理性，也就是系统2。这是人类独有的能力，例如计算数学题、科学研究都需借助理性。第三层是被称为系统3的自我意识，这是一个人存在的长期驱动力。第四层是创造和灵性，是智慧的最高层次，人可以向内探索存在的意义，甚至否定自我意识。目前的机器智慧（或称为智能），类似于用数据拟合直觉，所以本质上只是在系统1运作；但是，随着科技的进步，机器智慧有可能向系统2或更高级迭代。

④ 硅基生命：是相对于碳基生命而言的，碳基生命代指人，硅基生命代指计算机，可以定义为：以硅骨架的生物分子所构成的生命。

是现实意义上的生命体，但是会承载着与人一样的文化记忆；另一方面，虽然它被称为产品，但不是传统意义上的如台灯、冰箱、洗衣机等单一功能的产品，而是一种具有智能技术的新物种。毫不夸张地说，在未来的某一天，智慧产品甚至会具有和人类一样的“智慧”，成为与人类共存的另一种地球生物[①]。在当下，人们常常把万物互连称为“物联网”，认为它是互联网在物理世界的迭代与升级——所有的物体都成了数据，通过各种路径连接在一起，成为一套互相牵动、互相影响、互相赋能的智能系统。而智慧产品以万物数字化为底层逻辑，以物联网为技术核心，用智能化的计算机、网络通信、自动控制等智能技术，承载着文化记忆，用带着情感的方式把与用户相关的各种家居空间应用产品，有机地结合在一起，建立不断为人们带来“美好生活”的服务体系。

显然，在这个万物互联[②]的新领域里讨论智慧设计的内容，用“带着情感”和“拥有智能”两个词仅仅能粗略地描述它的特征，而要深究它背后的逻辑，光讨论这两个词是永远不够的。在这个新领域里，表面上看似物与物的相互连接，背后涉及产品与产品、产品与人，甚至还有在产品层面上人与文化之间的多重关系。所以，在新领域下如何建立新型关系成为我们要讨论的重点，本书把“共”字引入研究的视域，借此深入讨论产品与产品、产品与人，包括产品层面上人与文化的关系。“共”作为串起这些复杂关系的一个单词，如果说它能涵盖一切关系，那是有一定的可能的。这个研究会很吃力，但是经过理论实践的双重检验，可以说是一种有效的切入路径。本书主要从“共情”与“共创”入手，主要研究产品在“带着情感”和“拥有智能”之后设计的可能性。“共情”与“共创”两词都有共同、共计之意的“共”字，共情的“情”字偏重于情感、情理；共创的“创”字偏重于创意、创造，但是它们的核心都是“共同、共计”，即借“共”来串起“情”和“创”两个字，从两个方面研究物与物、物与人，以及在产品背景下人与文化的关系。首先，智慧产品设计工作的核心是“唤醒”[③]一个原来没有生命的东西，成为有情感、智能的新物种。具体来说，“共情”一词指智慧产品设计在文化领域中寻找物与人之间，具有共同价值观的情感纽带。本书用了一个具体的传统的文化符号[④]——兔儿伙伴（源自非遗形象“兔儿爷”），借助它与文化的纽带，通过拟人化的视觉设计，从 IP[⑤]的角度建立与人的通感，唤醒人们对它的情感，实现从传统视觉符号到非遗 IP 的转化，解决智慧产品“带着情感”地服务于用户这个层面的工作。“共创”一词指智慧产品设计在科技领域中寻找物与

---

① 出自《生命 3.0》（作者：迈克斯·泰格马克，浙江教育出版社），该书对未来生命的终极形式进行了大胆的想象：生命已经走过了 1.0 生物阶段和 2.0 文化阶段，接下来生命将进入能自我设计的 3.0 科技阶段。

② 宋航．物联网核心技术与安全 [M]．北京：清华大学出版社，2019.

③ 唤醒：指个体受到刺激而产生的感知觉的反应，唤醒可分为生理唤醒与心理唤醒。本书指的是心理唤醒，它是个体对自己身心激活状态的一种主观体验和认知评价。

④ 文化符号：文化符号是一个企业、一个地域、一个民族或一个国家独特文化的抽象体现，是文化内涵的重要载体和形式。本书指形式抽象、内涵丰富，且具有某种特殊内涵或者特殊意义的标识。

⑤ IP：IP 由英文 Intellectual Property 的开头字母组成，是一个网络流行语，直译为“知识产权”。该词在互联网界已经引申为所有成名文创（文学、影视、动漫、游戏等）作品的统称。本书中，IP 更多的是代表来自传统文化符号的智力创造。

人之间，共同的思维与行为方式的智能纽带。“伙伴”一词，有陪伴、同伴之意，它代替“产品”一词，暗示了智慧产品和人之间关系的改善。这一切依旧用经过了非遗 IP 转化的传统文化符号——兔儿爷，探究科技的智慧属性，唤醒它的“身体”：一方面，在软件上通过互联网、5G，特别是人工智能技术等智能算法，跟用户建立起自然语言与机器语言的沟通纽带；另一方面，在硬件上通过计算机、微型芯片、传感器、运动机构和动力机械及相关设备，在行为上跟用户建立起服务纽带，进而从体验的角度建立起物与人的通感，从场景的角度建立物与人的沉浸式交互。这种模式通过建立感知互联和行为互联，通过提供个性化和柔性化的服务模式，为实现从传统产品到现代智慧产品的转化建立设计路径。

综上，串起本书的两个核心话题是“共”字。而把本书关于智慧产品设计中“文化”“科技”两个核心话题讲清楚的分别是“情”和“创”两个字。接下来分别讲一讲“共”字加上“情”成为“共情”与“共”字加上“创”成为“共创”这两个核心话题。

在讨论“共情”和“共创”这两个话题之前，首先需要缕清的是，书中在“共情”和“共创”的描述中，经常用到“情感唤醒”和“身体唤醒”二词，这其实是一种拟人的手法，即预先把没有生命的东西如传统文化、智慧产品当作一个鲜活的生命体来看。如果是一本科技类的书籍，用“拟人”的修辞手法似乎不够严谨，但本书更多的是讨论未来智慧产品设计的可能性，需要把对未来科技的设想揉入艺术文化的想象，甚至需要以具有一定的科幻和前瞻作为导向，目的是让读者用未来的眼光来看待今天的设计。在这里，“情感唤醒”板块的“唤醒”一词，不再是唤醒一个睡着的人，而是针对一个静止不动、如同在熟睡中的文化传统而喊出的声音；“身体唤醒”的“唤醒”一词，针对的是一个具有智能技术却被人们看成没有生命的产品，通过“唤醒”的过程赋予它生命特征。

本书第一板块讨论的智慧产品的形象设计，在讨论“情”——“情感唤醒”的时候，还是重点突出了“共”的概念，也就是产品外壳形象 - 人 - 文化之间共有的密切关系。本书希望通过形象设计这个工作，回溯文化传统，回归文化母体，完成从传统文化符号到有“情感”的非遗 IP 的升级；第二板块讨论的是智慧产品的智能设计，在讨论“创”——“身体唤醒”的时候，也重点强调了“共”的概念，也就是产品 - 用户 - 体验场景服务之间的合作关系。在完成对传统文化符号的“身体唤醒”后，通过智能技术，提升产品的人格化技能，让用户与智能机器共同面对、发现和解决问题，进而改善人们的生活，成为未来进入全方位智慧生活的先行者。本书“共情”和“共创”两个板块虽有文章顺序的前后，但两个板块互相渗透，并没有绝对先后之分。

本文共分为两个板块，第一板块的内容是“共情”。在这个板块里，有一个重要的词——“IP”反复被提起。“共情”二字看似简单，其实不然。特别是把“IP”作为共情的内容，使得文章的脉络从多重复合信息变成一个轨迹，这无疑使得本书的结构更加连贯和紧凑。

本书在这个板块里，讨论了两方面的内容。第一，在很多传统的产品设计的流程里，同样用到“共情”这个词，它常常指的是设计师在设计时看待产品的角度。也就是说，设计师不能只从自己的自认为是对的角度进行设计，而要从用户从感知到感受，用户在使用产品时的角度，用用户的眼睛、体会用户的情感来看使用场景，进而改变设计的出发点。本书设定的智慧产品的“情感”被唤醒后，产品被直接拟人化，拥有和人一样的文化，甚至产品成为有情感的“生物”。故而，“共情”一词的范围发生了变化。这种变化不仅仅发生在设计师和用户之间、产品与产品之间、产品与人之间，甚至发生在人与文化之间。当然，在兼顾这些复杂关系的时候，本书的核心是产品设计转型，突出产品文化的重要性，从而导出“IP”形象的系列设计。

第二，本书把“共情”作为一个语境。而这个词汇旨在为传统文化符号的活化打造一个平台，展现“IP”形象在特定条件下的生成、生长、传播与迭代。“IP”是英文“Intellectual Property”的缩写，是“知识”和“产权”两个词的复合词，它除了有互联网所引中的成名文创（文学、影视、动漫、游戏等）作品的含义外，本书更愿意把它当作一系列可以在各种平台产生吸引力、带来效应的产品。

“共情”一词融汇“IP”一词，使得设计传统文化符号有了重新设计的可能性。以此为基础提出：产品设计，特别是产品的外形设计，要从文化回归到传统母体，从情感上唤醒非遗形象。该板块内容包括共情语境下的 IP——视觉传达设计、共情语境下的 IP——造型设计、共情语境下的 IP——扮相设计、共情语境下的 IP——原创设计。

本书的第二板块是“共创”。同时，在这个板块里，有一个重要的词——“智慧产品”反复被提起。“共创”一词的难点在“共”字，“共创”一词中的“创”字，有着“创造、创新”之意，在传统的设计里，往往有强调某个设计具有“原创”[①]性之意。在工业革命的初始，产品设计作为一个新门类，要撇清与传统的关系，要拉开与同类产品的差异，原创成为一个衡量产品及其品牌价值的重要标准。但是，当时代发展到后工业时代，特别到了互联网时代，信息的几何级数增长打破了原创的边界，传统产品设计的形态模块化、特色趋同化、功能标准化成为一种习以为常的东西。由此，本板块讨论“共创”一词的核心点是“共”字。“共创”的“共”

① 原创：指独立完成的创作。本书特指不属于歪曲、篡改他人创作或者抄袭、剽窃他人创作而产生的作品，亦不属于改编、翻译、注释、整理他人已有创作而产生的作品。

字一方面与上一个板块的“共情”中的“共”互相呼应，共同搭建本书在“情感唤醒”和“身体唤醒”两个概念之间“共联共串”的主要框架，另一方面连接了“智慧产品”的“智慧”二字的多个层次的概念。“智慧”一词原本指的是人类特有的聪明才智，但是在本书里，智慧的概念被扩展了。一方面，“智慧”一词保留在它对人类的特指使用，另一方面，“智慧”一词扩展到物上，也就是具有科学技术，特别是具有人工智能技术的产品上。“共创”一词的“共”字，是连接人类智慧和产品“智慧”的纽带。所以，从这个层面上来说，本书用拟人的手法，描述了科技激活“兔儿爷”这一个传统文化符号的身体，使它具有和人一样的“行为、智能和慧心”。

从上文可以看出，“共创”谈用智能来激活文化符号就不再抽象——智能技术激活了产品的智慧特征，当产品这一物体在行为和思想上拥有“智慧”特征后，如同一个熟睡的身体被唤醒，从这个角度来说，这个非遗形象被一步一步地活化了。该板块内容包括共创思维下的智慧产品——体验设计、共创语境下的智慧产品——场景设计、共创思维下的智慧产品——服务设计。

本书两个板块“共情”和“共创”在为设计提供新概念的时候，旨在建立起一套有一定前瞻性的设计构架[①]。借探究“兔儿伙伴”智慧产品的设计方法，讨论在智慧生活中经常遇到的一些话题，包括如何通过设计，通过“共情”“共创”两个工作方法的交叉使用，建设新型智慧产品的设计路径，搭建具有非遗传承、文化记忆、IP 激活、体验个性化、场景智能化、服务柔性化等家居产品的系统。为未来智慧生活建立“点、线、面、体”[②]四个层次的设计基础构架。

“点、线、面、体”是立体几何里常常谈到的概念，本书借用“点、线、面、体——一维、二维到三维[③]”层层升级的概念来阐述设计基础构架，一方面使本书架构的整体关系更为清晰，另一方面使本书架构的递进关系更为明了，让读者更便于阅读。首先是“点”的建设。本书所讨论的第一个点，也可以称为“支点”，是“传统文化”。具有“共情力”的智慧产品的形态设计和其他产品的外壳设计不一样，它的第一个支点是“传统文化”，穿行在传统民俗社区和现代互联网社群中，是一个有着文化自觉、视觉简练、形态生动、兼具剧情表达、原发原创的 IP 形象。本书讨论的另一个点，也可以称为“支点”，是生活“场景”[④]。如果说第一个点讨论的是精神层面的东西，那第二个点讨论的就是物质层面的东西。它以居家空间为载体，具体

① 架构：构筑，建造之意。指的是在一个结构内的经过建造后的元素及元素间的关系。

② 点线面体：几何学里的概念，是立体空间的基本元素。

③ 一维、二维和三维：一维：只有长度。二维：只有长宽，指的是平面世界。三维：长宽高，指的是立体世界，是人们肉眼亲身感觉到、看到的世界。

④ 场景：通常指的是戏剧、电影中的场面。本书专指经过专业设计过的、有一定剧本的生活情景。

功能为落地，以用户为中心，通过数字化的综合管理，旨在构建起一个更舒适、安全、高效、节能的生活场景。智慧产品与以往的产品“物”相不一样，它呈现的是一系列具有自我感知力、自我适应能力的产品套系。

可以说，产品设计一条路从传统文化符号这个“点”出发，和非遗形象跟另一个支点进行点对点连接，形成了线，这是设计架构的第一维度；这根线通过交错串联对接文化母体，进而融入传统的大语境中，形成了面；最终叠合视觉传达设计、造型设计、扮相设计和原创设计这些面与面，塑造了 IP 形象这个体块。

产品设计另一条路从“生活场景”从这个“点”出发，从基础构架的重要层次深入，形成了智慧产品与智慧产品之间、智慧产品与用户之间、用户与文化之间点与点的连接，形成“线”的建设；而“线”的扩展形成了“面”的建设，这是设计架构的第二维度：多重的智慧产品与智慧产品之间、多重的智慧产品与用户之间、多重的用户与文化之间的连接，进而形成了面；智慧产品“共创”设计板块的体验、产品和服务这几个面相互融汇交错，进一步扩展汇合成“体”。它与智慧产品“共情”设计板块的视觉传达设计、造型设计、扮相设计、原创设计等部分融汇交错，进一步扩展汇合，从不同角度组成了“体与体”的组合，形成人们所期望的未来智慧生活图景。

这个生活图景有点像未来蓝图。撇开蓝图的图像，本书试图在蓝图里构筑一个双重核心的智慧生活模式，以产品为例，它对“内”——“共情”板块的核心是“经典的文化传承”，对“外”——“共创”板块的核心是“以人为本的生活”。这个蓝图的描绘借用立体几何的“点、线、面、体”四个层次的描绘手法，目的是搭建“传统文化的当代化，生活场景的智能化”的设计架构体系。

在物联网这个新的时代语境里，结合传统文化符号给人们带来的情感记忆，去探究智慧产品这个新领域的设计，可以说是一个复杂的工程。本书从“共情”和“共创”两个角度所阐述的设计规律，在广度和深度上，只能算是管中窥豹。对于智慧产品来说，“产品”是中心语，“智慧”是定语，把这个复合词放在历史和社会层面来看，对它的研究有着双重的价值：向后看，是人类对自身生存 - 过往文化母体的迷恋，其实是人类通过追溯文化传统来证实自己存在的合理性；向前看，是人类对象征自身能力 - 未来科技进步的渴望，其实是在利用科技这一工具拓展生存的可能空间。可以说，为人类发展提供长效动力源的不仅仅是物联网、智能技术等新科技，更是一直伴随我们成长的人文精神。更进一步说，满足人类对不断增长的“幸福生活”的需求，才是智慧产品设计的价值所在。

第 2 章

共情：从文化回归到传统母体，从情感上唤醒非遗形象

什么是智慧产品[①]设计中的“共情”？可以说，它是一种设计思维，层面比较复杂，内容十分丰富。什么是“共情”？共情的“共”字有共同、共计之意，“情”字有情感、情理之意；**它是现代产品借用传统文化符号，通过 IP 化，实现人们在情感上对文化母体的回归。**智慧产品设计中的“共情”一词指的是，现代设计针对能够满足用户某种需求的产品，使用各种手法——包括智能技术介入和传统文化符号唤醒等进行一系列设计。本书的第一部分特指的是有着非遗形象[②]外形的智慧产品：以非遗形象设计为重点，通过对传统文化符号的提炼，形象的大众化、娱乐化和生活化，设定产品表情等设计手法，在人与人、人与物、物与物之间建立一种基于文化记忆的情感互联；以文化母体为纽带，以有共同记忆的人群为中心，同时横跨传统的民俗生活和现代的网络生活，为传统的非遗文化符号注入情感；以最终实现非遗某一传统文化符号的 IP 化为目标，在标识、造型、扮相和原创等方面，通过活化传统、连接人群、角色扮演和符号化表达等手法，为用户提供不一样的体验共享，为智慧产品的外壳设计做造型准备。

在这里我们阐述一下什么是文化母体。它指的是一个地域内同一民族成员共同的、优良的文化记忆，以及它和非遗 IP[③]情感互联的聚合关系。所有的母体在多维度上建立她与子女的情感互联，就像自己的身体与母亲的血脉相连一样。同理，不管是东方文明的女娲，还是西方文明的维纳斯，都在告诉人们，所有的文化都会崇尚一个伟大的母神，这里暗含了一个道理：所有的文化都具有不断繁衍的能力，这个繁衍能力是文化母体中最重要的原力。

通过标识、造型、扮相和原创方面的共情设计，让以非遗为主题的设计回归于文化母体，是开展设计进程的基础工作。通过提炼传统文化符号，建立设计的形象与文化母体的共情关系，是非遗形象实现现代 IP 化的重要路径之一。

---

① 智慧产品：从传统意义上而言，产品是工业发展和劳动分工所带来的成果，且能被人使用和消费，能满足人们某种需求的东西。本书中的智慧产品更多指的是在未来的智慧生活中，用以解决用户生活难题的方案，尤其指的是通过智能技术深度化、柔性化解决用户生活难题的方案。

② 非遗形象：一个非遗形象来自一个特定的文化传统，它从具有文化记忆的传统符号走来。作为传统文化的符号，一个非遗形象如果能够和它的传统文化的 DNA 发生各种层次的连接，形成具有血脉相连的亲属关系，就会深入到用户未来生活的各个层次。那么，这个非遗形象就会完成它的社会角色的转换，为成为 IP 做铺垫，为成为消费品做准备。

③ 非遗 IP：这是 IP 的设计策略在非遗产品上的应用。一个成功的非遗 IP 是连接虚拟世界与真实生活的桥梁。

什么是现代非遗 IP？这里所指的现代非遗 IP，是现代语境里以非遗形象及非遗背后的传统文化符号[①]为主体，同时活跃在世俗生活和互联网空间里，具有 IP 性质的产品的统称。现代非遗 IP 设计，不是单一的设计行为，而是从视觉传达设计[②]、造型设计、扮相设计和原创设计等角度，用符号激活传统，用文化唤醒情感的一个系统。什么是 IP？原本是英文“Intellectual Property”的缩写，Intellectual 是形容词，意为智力的、脑力的；Property 是名词，意为所有物、财产、财物；它是一个网络流行词，人们直接把它翻译为“知识产权”。而在互联网界对它进行了多次语义引申，首先，它代表的是智力创造的，比如发明、文学和艺术作品著作的版权，可以理解为所有成名文创作品的统称；其次，它通过自身的吸引力，挣脱了互联网单一平台的束缚，在多个平台上获得流量；[③]最后，IP 也可以说是一款产品，是一个能够带来效应的“梗”或者“现象”，是在线上、线下各个平台中发挥效应的产品。**什么是非遗？**非遗是非物质文化遗产的统称，是我们的先人世代相传，并视其为文化遗产组成部分的各种传统文化表现形式，以及与传统文化表现形式相关的实物和场所。[④]

以非遗形象为主题的设计与文化母体之间的共情，称为文化的情感互联，是从传统文化符号转化为现代非遗 IP 的第一步。而这一切的开展，需要合适的步骤和循序渐进的方法。从认知的角度来看待“共情”一词，既可以是物与物之间的情感连接，也可以来自一个人的情感体验，还可以源自一群人的共有记忆。从设计的角度来看待“共情”二字，还需要把它放在特定的时间和空间中，也就是平时人们所说的要把这一设计放入特定的网络、社区和社群生活中。

---

① 文化符号：什么是文化符号？从符号学的定义来看，所有的文明都是符号。基于符号学的特征，非遗形象就是文化符号。也可以说，一个有非遗形象的物体其核心就是传统文化符号，它来自与传统相关联的文化符号。

② 视觉传达设计：“传达”指的是信息发送者，通过发送符号，在个体之内和个体之间进行的信息传送。视觉传达设计是一种设计行为，它指的是为传播某特定事物，通过标识、排版、绘画、平面设计、插图、色彩以及电子设备等二维空间等图像，表达事物一定特性的可视艺术形式。

③ 常江，张养志．版权视角的“IP”商品属性分析 [J]．北京印刷学院学报，2017，25（1）：1-6.

④ 刘岩宁，方明，张莲．非物质文化遗产在城市景观中的民族性回归研究——以板桥剪纸在常宁民俗步行街景观空间的运用为例 [J]．美与时代（城市版），2018（8）：79-80.

这里所指的“共情”二字，在以非遗形象为主题的智慧产品设计中，它的范围更宽泛。在设计领域，它主要指的是设计师借助各种知识和经验，深入用户的内心，体验他者情感、思维。“共情”二字，从具体工作路径来说，指的是在人与人之间建立起来的同感和同理心。既可以是人与人之间的共情，如设计与用户之间的，也可以是物与物之间的共情，如智慧产品与文化母体之间的，甚至可以是人与物之间的共情，如用户与智慧产品之间的情感交互与依赖。它体现在设计中，借助各种手段，实现人与人、人与物及物与物等多种媒界之间的情感连接。传统的文化符号——如本书重点设计的兔儿伙伴，它源自非遗形象兔儿爷，是一款主题先行的智慧产品设计。它借助与文化母体的纽带，通过拟人化的视觉传达设计，从 IP 的角度建立与人的通感，唤醒人们对它的情感，实现从传统视觉符号到非遗 IP 的转化。

在本书的第一部分“共情”的文字里，将从视觉传达、造型、扮相和原创等方面讨论以非遗形象——兔儿爷为主题的产品外形与文化母体之间共情设计的话题。在这里，把共情所处的状况归结为传统文化环境和现代 IP 转化语言环境、传统社区环境和互联网社群语言环境、传统形象的符号化表达和产品外壳造型设计语言环境等的综合体，即我们常说的“语境”。

兔儿爷
兔儿爷
兔儿爷
兔儿爷
兔儿爷
兔儿爷
兔儿爷
兔儿爷
兔儿爷
兔儿爷
兔儿爷
兔儿爷

兔儿

RABBIT M

2.1 共情语境下的 IP——视觉传达设计

以非遗形象为主题的设计，源自对传统文化符号的提炼。通过平面图形、标识、文字等视觉传达设计，从传统文化提取高识别度的符号，建立它与文化母体之间的共情，进而经历从诞生到被熟悉、被喜爱的过程。这种基于同根文化的情感互联，可以称为文化共情。它既源于人们认知一个事物的心路历程，也受到在这历程中的人与物之间所产生情感的影响。设计要做的工作是要让它逐步回归文化母体，完成传统文化符号的“情感”唤醒，升级为非遗 IP。

以下这些工作的开展，需要合适的步骤和循序渐进的方法：非遗形象要回归文化母体，融合文化符号，运用视觉传达设计方法，完成向非遗 IP 的转化。非遗 IP 设计，是让兔儿伙伴在产品生成的初始就拥有共情力，也就是唤醒它与人的情感互联。

第一个阶段：基于非遗形象为主题的视觉传达设计，从诞生开始，就要从认知事物的心理过程入手，借助传统文化符号的提炼，为其转化为现代非遗 IP 做基础准备。

第二个阶段：通过标识等视觉传达设计，将从传统文化提取出的符号——兔儿伙伴，和非遗兔儿爷文化建立情感互联，并逐渐使其被人们熟悉，进而为把它转化为现代非遗 IP 做进一步的准备。

在第三个阶段，人们有可能会渐渐喜欢这个非遗形象，如此，非遗形象将逐步转化为非遗 IP。

2.1.1 符号提炼

从视觉传达设计的角度而言，让某个特定的非遗形象做文化寻根的工作，其实是让它从标识图形的角度找回与文化母体的亲情关系，从情感上唤醒非遗形象。非遗形象若要建立它与文化母体的情感互联，在设计的出发点上就需要完成转化——从传统文化符号的角度转化为从 IP 出发的角度，进行非遗形象的视觉传达设计。接下来，我们以北京的传统文化符号——兔儿爷为重点，阐述这个设计思路是如何展开的。

非遗形象要回归文化母体，融合文化符号，运用视觉传达设计方法，完成向非遗 IP 的转化。非遗 IP 设计，是让兔儿伙伴拥有共情力，也就是用文化记忆唤醒它与人的情感互联。

究其根本，是让兔儿伙伴拥有像人一样的情感和行为。互联网时代，通过人与传统文化符号重新建立通感，为这个工作做好准备。这一切也在为未来的智慧产品——以兔子为主题的家庭智慧产品——兔儿伙伴，从智能操作的角度，为与用户建立亲密无间的关联埋下伏笔。一方面，从传统文化符号的角度进行设计，是非遗 IP - 智慧产品设计的前半部分。这一部分的设计要抓住传统文化符号自身的规律，从视觉上完成非遗形象的传达设计。另一方面，从各种智能技术的角度进行设计，是非遗 IP- 智慧产品设计的后半部分。这两部分的设计通过文化原型和现代技术，要努力做到以下两点：用文化体验唤醒兔儿伙伴的情感——让非遗形象在转化为非遗 IP 的同时，成为人们情感生活中的角色；用包括人工智能在内的科技唤醒兔儿伙伴的行为——让兔儿伙伴这一智慧产品与用户建立多维的交流模式，成为人们现实生活的智慧助手。

另外，未来人们对产品的使用消费，既要通过包括人工智能在内的现代技术，建立满足用户对功能使用的需求，又要通过非遗形象 IP 化，建立满足人们对情感的需求。

图：杨绍禹

在智慧产品这一领域中，设计要兼顾功能输出和情感体验，使二者达到动态平衡。用户面对功能类似的产品，在消费和使用时，会衡量产品是否能满足自己对情感的需求。满足用户对产品功能的需求对设计而言是一样重要的，个别时甚至要超过用户对功能的需求。

对所有产品的使用和消费，首先，要建立在满足人们某一个功能需求的基础上。其次，在消费活动方面，还要满足人们的情感需求。[①] 当下，人们所处的社会进入了新的时期。这个时期，商品的消费和使用有一个新的特点，那就是产品除了要满足人们的使用需求之外，还要满足人们对它的情感需求。也就是说，在当下产品的需求消费上，特别是面对相似的同类产品，建立人们对某一事物的喜爱是难上加难的。“喜爱”两个字看似很简单，可以说它是一个心理过程，喜爱一件东西就得从熟悉说起，可熟悉不等于喜爱。熟悉仅是商家要做的第一件事，而如何让消费者将熟悉变成喜爱，才是商家要做的最重要的事情。

① 施惟达．从文化产业到创意产业 [J]．学术探索，2009（5）：25-26．

一般情况下，用户对某一种传统文化符号及其旗下产品的认知，需要经历一个过程，这个过程可分为三个阶段——了解、熟悉和喜爱。这个过程也吻合了人们认知体验的三个层次：① 了解，是最显性的一个层面；② 熟悉，是第二个层面，相对来讲，它就更近了一层；③ 喜爱，这是核心层面，也是最重要的一个层面。这是我们的共识，是大家对非遗工艺的主要认知：非遗是人们传统生活的重要组成部分。在设计师的眼中，传统产品的工艺流程已经像流水线一样让人耳熟能详，但非遗成为 IP 文化符号是近几年的事情，可以说，它其实是人们生活中的新生事物。

图：杨绍禹

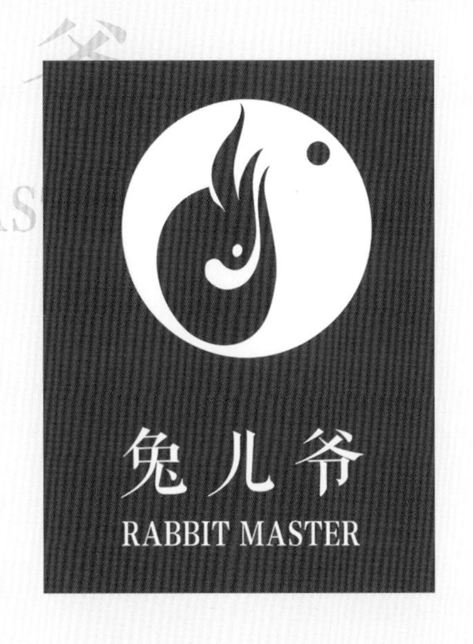

和刚接触一个新鲜的文化符号一样，初见它时，人们会对非遗衍生出的传统文化符号有初步的认识和简单的记忆；再见它时，就要比了解更深入一步；再深入一步，就有进入熟悉层面的可能。如果有条件，人们继续接触非遗的传统文化符号和它旗下的产品，就会逐渐熟悉这个传统文化符号。可以说，能不能接触这个传统文化符号，以及能否多次接触，都是它会不会成为从熟悉到喜爱的重要条件。

在传统文化符号转化为非遗 IP 的过程中，能不能被用户喜爱是这件工作的重中之重。有人接触并熟悉它并不能代表人们对这个传统文化符号的喜爱。北京的非遗项目有 300 多个，它们是先人创建并传承至今，具有诸多知识性、技艺性和技能性的文化价值，但能成为现代 IP 且具有商业价值的传统文化符号却寥寥无几，成为人们心目中喜爱的有非遗元素传统文化符号的更是凤毛麟角。简单的“喜爱”二字，代表了人们心中对这个符号产生的好感和兴趣。换个角度来看，非遗文化符号成为现代 IP 有一定的难度，成为非遗 IP 却有着天然的优势。

面对以非遗形象为主题的产品外观设计，也是同样道理。从非遗形象转化出的非遗 IP，能不能实现从了解到熟悉，再到喜爱的转化，同样是难上加难。究其根本，它是一个心理过程，第一个重要的因素就是能不能唤醒它所蕴含的文化因素，进而唤醒人们对它的情感。换句话说，是否能通过唤醒人们对同根同源 - 文化母体的情感，在多个因素上——包括视觉因素上唤醒人们对它的关注和喜爱。在这里要关注的问题是在传统文化符号从标识角度出发，进行 IP 转化设计的过程中，人们如何为这个形象注入情感。**这是非遗 IP 建设中第一项要做的设计工作，也是一项步骤清晰、前后有序的工作。**

第一个阶段：基于非遗形象为主题的视觉传达设计，从诞生开始，就要从认知一个事物的心理过程入手，借助传统文化符号的提炼，进行非遗形象转化为非遗 IP 的第一步。有一个不得不注意的细节，那就是通过文化因素对非遗形象的情感唤醒不能一蹴而就，需要循序渐进。如同经历从陌生到初步了解的过程，需要一个介质来唤醒情感。同样的道理，看到非遗 IP 的第一眼，会给人们留下什么样的感受，能否在人的情感心路里留下痕迹，这都是十分重要的。这时候的非遗形象——兔儿爷需要提供一个清晰明了的信息，包括从听觉、视觉、行为和理念层面，引起人们的关注。所以人们先从视觉的角度讨论这个问题，可以说视觉是人们信息的主要来源，非遗 IP 新形象——兔儿伙伴的形象清晰明了、简单有效，这是非常重要的特点。从兔儿爷非遗美术的形象中提取元素，主要是从文字、图形等角度，提取一系列纯粹、显著、易识别的图像作为非遗 IP 的替代物。设计手法简洁明了，具象和抽象相互融合，从而使非遗 IP——兔儿伙伴成为造型简单、意义明确的统一标准的视觉符号。

非遗 IP 设计与传统文化符号设计的差异点在于，新设计出的兔儿伙伴是对非遗形象——兔儿爷的拟人化设计。一个传统文化符号的 logo 是设计的第一步，也可以看作非遗 IP 设计的第一步，两者不同的是，非遗 IP 埋下了一个具有与人沟通情感能力的伏笔。用一目了然的视觉传达方式，建立互联体验，唤醒人的情感，也就是从认识层面上升为认知层面，即人们平时所说的“了解”。

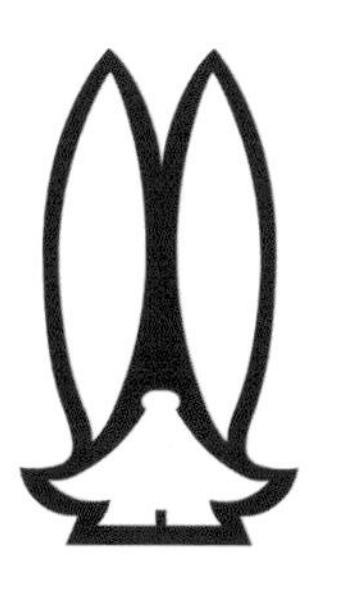

在设计标志时，设计要把握的基本原则，要从只关注传统文化符号转化为关注非遗 IP 的角度，进而开展设计。用图形、文字等平面设计手法，让人们了解兔儿伙伴，是讨论该话题的前提。同样道理，作为标识设计，它应该遵循一些基本原理。简单明了是设计的重要原则，这个原则的背后是要设计出能在用户的脑中留下深刻的记忆点。也就是说，设计出的东西要让人们一眼就能看出这个标识指代的是什么。越是简明、清晰、通俗化的标志符号，越是稀缺资源。兔儿伙伴源自非遗形象兔儿爷，在这方面有着独到的优势，它的形象和符号本身，已经在文化的记忆中占有先机。用到兔儿的形象，会让人联想到北京，也必然会和“兔儿爷”一词挂钩。所以，在把符号本身的造型进行塑造的过程中，设计也会自然而然地得到传统文化带给人们的丰厚遗产。

图：杨绍禹

即便如此，设计时借助兔儿形象联想到标识要表达的含义，不再是这个非遗 IP 设计所独有的，而是要尽可能的简单通俗。用有效的方法从两个角度对它进行表述。一方面，把“兔儿爷”3 个字进行象形的再造，也就是直接用文字对它的含义进行阐述；另一方面，可以以兔子为原型，进行平面化提炼，达到清晰明了的形象表达。这些工作都在努力达到一个结果，无论是这个新设计的兔儿伙伴的视觉传达设计在传播过程中，还是用户在某个地方偶然看到它的时候，都能一目了然地了解它、记住它。

以上内容是下一个部分所要讨论的，为以兔儿形象为外壳的智慧产品设计埋伏笔。**本书“共情”部分，讨论在文化母体的互联体系中，设计如何把传统文化符号转化为现代非遗 IP。**在下一个“共创”部分里，将讨论在家居里的诸多智能技术带来的创新问题。未来以兔儿为形象的智慧产品通过机器的自动化、智能化，特别是传感器和交互功能的应用——像动物一样有嗅觉、触觉和味觉，像人一样能传达表情的机器，将在与用户的交流方面有着独到的优势。它通过多角度活化了人与物体之间的关系，不再是一个只有功能的物体，而是一个具有“人”一样的特征的产品。这时候它与用户建立一种亲情关系——通过机器与人之间带有亲情的交流与互动，完善人与人、人与机器之间多重的共情关系，不仅成为用户记忆深刻、耳熟能详的形象，而且是一件活态的、知冷暖的“拟人化”智慧产品。

第二个阶段：通过标识等视觉传达设计，将从传统文化提取出的符号——非遗形象兔儿爷，和非遗文化建立情感互联，并且逐渐使其被人们熟悉，从而为进一步转化非遗 IP 做准备。让非遗形象重新回归到文化母体的遗产之中，说到底就是让人们觉得兔儿伙伴和人类一样拥有情感，才能转化为现代非遗 IP。

人们需要经历逐步熟悉的过程，把这个道理用在人们所说的传统文化符号设计领域，显然是有效的。而所谓的 IP 转化也要经历对它的熟悉阶段，那么对非遗项目的认知层就进入有血有肉的层面。这时候，非遗形象——兔儿爷和它的视觉传达设计就慢慢地丰富饱满起来，逐步转化为非遗 IP。当然，了解不代表熟悉，熟悉必然代表全方位的了解，从传统文化符号名到传统文化符号标识，再到传统文化符号旗下的产品，以及这个产品能提供哪些类型的服务，这些服务又有哪些文化内涵，这都是熟悉阶段需要设计进一步对它进行创意转化的内容。

和以传统文化符号为主题的标志设计的基本道理一样，在非遗 IP 进行标识设计时，设计还要关注它的另外一个重要特征，就是“通用性”。通用性基于传统文化符号的标识设计，依托于具体的产品或服务；基于 IP 的标识设计，更关注这个标识的人格化，要建立在文化的基础上，也就是说这个标识在各个场合都能好用。这样的标识才能有更广泛的传播，才能在各个场合让更多的人了解它。互联网时代的传播手法非常丰富：一方面，一个好的标识要适用于传统的媒介，另一方面，还要跟随互联网的发展，同样也要适用于新兴媒体。兔儿爷这个非遗 IP 标识的视觉传达设计，同样也要注意这个问题。“针对传统媒体，这个标识可能会被放大或缩小，往往人们所关心的问题是：无论在杂志上的近距离还是高速公路上的远距离，无论在都市繁杂的环境中，还是在乡村空旷的空间里，它都应该十分容易被辨识。”[①]

图：杨绍禹

① 魏坤．品牌传播中的标志设计 [J]．科技创业月刊，2006（3）：126-127.

图：杨绍禹

在和新媒体的同步传播上，作为现代非遗 IP 的兔儿爷也需要适应新的表达方式。**这时候，设计制作标识体系时，就不能使它的形象停留在静态上，而要赋予它人格化的动感。**比如，将兔儿这个标识用在手机等移动互联网设备时，就需要考虑更多的设计因素，诸如用什么样的方式更适合竖屏表达，用什么样的信息在短视频中更能一目了然，怎样的情节动画在传播时能让用户更愿意主动转发。这些问题都是设计标识体系时应该关注的问题。

到那时，兔儿的标识就不是传统意义上的图案，它可能是一个能够唤醒情感的，吸引粉丝的“迷人主播”。这样的兔儿标识，可以说是动态的、有主题的、有情绪的形象，和对比鲜明的、形象强烈的、造型简洁的静态形象在传达信息时一样重要。这时候的标识设计是要唤醒非遗形象——兔儿爷的情感，从视觉层面进而上升到故事层面，形成情感体验，进而建立用户与 IP 之间的情感体验互联。

RABBIT MASTER
IP OF BEIJING INTANGIBLE CULTURAL PRODUCT EXPRESSION

Confident sturdy peaceful Beijing Spirit
Front view of IP product

在第三个阶段，人们有可能会渐渐喜欢这个非遗形象，如此非遗形象将逐步转化为现代非遗 IP。

这也就是设计所关注的，是用户与传统文化符号形成进一步情感互联的阶段。在这个阶段，除了非遗从传统文化符号设计的角度提供了信息的重要性，还要从标识设计的角度挖掘传统文化符号的企业形象、产品服务，但是如果要转化为现代非遗 IP，就需要同时转化它背后隐藏的某种情感和文化母体等一系列内容。

图：杨绍禹

文化及其情感在这里被逐渐凸显出来。兔儿伙伴这个非遗形象从传统文化符号转化为现代IP，它不仅仅局限于图形的表达。它的标识设计要建立在人们对文化认同的基础上，熟悉标识设计的基本规律，诸如各种图形、色彩、形态、线条和肌理的设计元素应用，即是纯粹的形式表达，也是人们身边的信息承载和对文化认同的概括和提炼。这种形式表达背后隐藏的是一群人对一个话题的关注，一种生活方式所蕴含的情感互联。

RABBIT MASTER
IP OF BEIJING INTANGIBLE CULTURAL
PRODUCT EXPRESSION

Confident sturdy peaceful Beijing Spirit
Rear view of IP product

非遗的兔儿爷形象从传统文化符号转向现代 IP 设计，从这个角度来说，它需要设计师调整整个设计流程。当把兔儿伙伴的视觉线条提升为一条更流畅的抛物线，把形态改为更简洁的几何图形时，它背后所隐藏的可能是人们借助兔儿爷这个形态来表达对生活的态度；当兔儿伙伴标识的色彩设计改为更温和的暖色调时，它可能代表的是人们借助兔儿爷这个形象来表达人和人之间的温情，当选择暖色作为兔儿爷标识的主色调时，暗含的是人们借助这个形象和形象的表达方式，传达了人们日常生活中热情友好的态度。在这背后是设计的努力，将各种层面的视觉元素，用真实生活的文化信息，建立传统文化与用户之间的情感互联。

传统文化符号给人的认知是十分丰富的。以兔儿形象为外壳的智慧生活产品的设计，一方面基于传统的文化基因，另一方面基于物联网技术带来交互的可能性。通过类似视觉的摄像头、温度传感器，会识别用户的表情，使得机器与人交互，从简单的对应交互升级为复杂的多维交互。更关键的是，他们之间的交流不只局限在语音和视觉范围，更多的交流在它与用户的情感层面。这里不仅是非遗的视觉形象，为智慧产品设计提供什么样的外壳，以及它的产品提供给人什么样的服务，更重要的是，这个非遗形象——兔儿爷从技术和文化层面上能不能与用户同时产生通感，能不能和人的内心产生体验与记忆共鸣，这是该设计的核心。只有用户在真正生活的各个层面，开始使用这个传统文化符号旗下的各种智慧产品，才说明用户开始喜爱上了这个传统文化符号。

2.1.2 建立互联

视觉传达设计从最质朴的传统文化源头中来，与文化母体建立多层次的互联，为非遗形象向现代 IP 转化打下基础。

在人们的认知中，“共情”既可以来自个人的情感体验，也可以源自一群人的共有记忆。它可以从最质朴的传统文化源头中来，通过标识等视觉传达设计对非遗记忆的有效挖掘，建立与文化母体的互联。也就是说，让这个以兔儿爷为主题的传统文化符号成为带着情感的形象，促成自己从文化资源向现代 IP 形象的转化。接下来，本书将从 3 个层次来论述这一观点。① 视觉传达设计要从文化源头回溯到某个群体的文化母体之中，在传统语言中提炼出有创意的文化符号。这个工作的目的是，促成非遗形象从传统的文化资源向现代的 IP 形象的转化。② 包含平面视觉在内的兔儿爷形象设计依据，从人们无法抹去的记忆中提炼出经典符号，要让它和有相同文化记忆的群体拥有共同的情感力。③ 具体来说，以兔儿伙伴为主题的标识等平面视觉传达设计的开展，需要不断提升它与群体文化的互联关系，让这个设计成为与特定群体相关联的活态 IP。

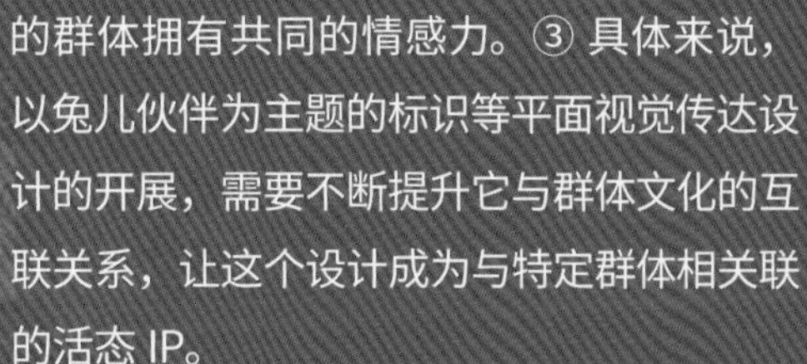

视觉传达设计要从文化源头回溯到某个群体的文化母体之中，在传统语言中提炼出有创意的文化符号。这个工作的目的是促成非遗形象从传统的文化资源向现代的 IP 形象的转化。

要以尊重传统文化符号的态度来设计非遗，但是它的终极归宿是成为非遗 IP 的设计。IP 设计和人类其他精神活动及其附属产品一样，更要让它重新回到文化母体之中。平时人们所说的非物质文化遗产，来自华夏民族在农耕时期积淀下来的文化财富，是有血有肉的文化瑰宝，特别是隐藏在非物质文化遗产中表现民族情感的民俗文化，这种民俗文化是一种母亲文化，是一种情感的化身。

图：杨绍禹

同理，非遗 IP 的标识设计一样也要遵循这个重要法则，就是用讲故事的方法描述它的人格。可以说人世间，最亲密的关系是母亲和子女的关系。

那是让一个群体有记忆的文化，对一个地域的人群来说，是他们共同的情感的维系点。[①] 兔儿伙伴的原型是兔儿爷。而兔儿爷所在的京城文化，是一组如同有着母亲共同 DNA 的兄弟姐妹。兔儿爷和京城文化中各种形象的关系，如同兄弟之间的血缘关系。这是它成为设计转化亮点的主要前提。

文化成为非遗 IP 母体，相当于让一个现代符号直接从传统文化中诞生出来，拥有的活生生的生命和正统传承的身份。这个从传统文化转化出的非遗 IP，会和相关文化群体建立亲密的关系，与之血脉相连，亲密无间，也就活在了兔儿爷和它所在的京城文化中。设计借此抓住了一个重要特点——让传统文化符号诞生于文化，促成它转化为非遗版块的 IP。那么就要找出，这个传统文化符号天生与它所属的文化保持着亲密关系的缘由。

① 刘娓. 泰国华文报业的影响力研究 [D]. 南宁：广西大学，2012.

也就是说，对于非遗 IP 视觉传达设计的第一步——兔儿伙伴标识设计，要考虑它和它所属的京城文化之间的关联。如此，它的图形就能够准确地表达这种想法。换句话说，当人们一看到这个兔儿伙伴的图标，就能联想到兔儿爷这个可爱的形象和它背后的故事，以及它所代表的京城文化的深厚底蕴和丰富的内涵。这是传统设计在做类似标识时要把握住的灵魂，也是通过互联体验唤醒情感的原则，更是为现代 IP 做标识设计的法则。

虽然还没有进入“共创——智能技术与产品设计”版块的讨论，但是人们可以在此借以上话题先推想一下——以兔儿爷形象为外形的智慧产品的角色设计。从另一角度说，在未来对它进行设计时，可以把它称为机器人。

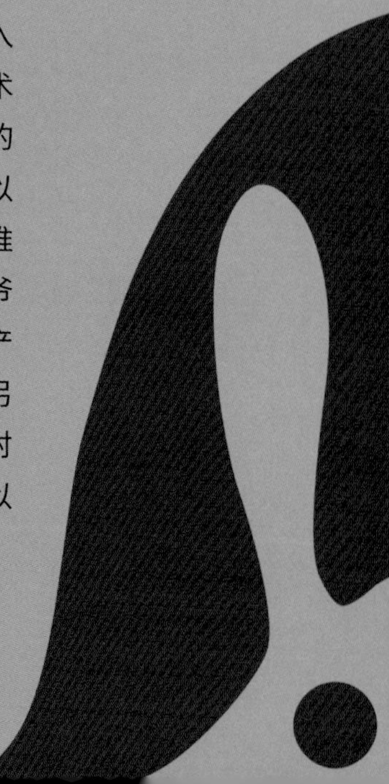

首先，它具有和传统工业产品不一样的功能；其次，因为它有主动的感知能力、交流能力和解决问题的能力，能十分清晰地辨别用户的需求。未来，它作为居家空间中独立的角色，与喜爱它的人们有着共同的文化记忆和情感维系点，将和用户建构一种新型的家庭服务体系。

从文化母体诞生各种元素的关系中获取设计的灵感，这既是非遗IP设计的重要方法，也是从情感的角度唤醒非遗形象的一个路径，同时也成为非遗IP的重要文化资产。这些元素与另外一个层面有着亲密关系，它是文化母体之下众多子女的延伸关系。

有句谚语叫“远亲不如近邻”，但在现代城市化的过程中，原来良好的邻里关系已日趋淡化。这里产生了一个疑问，设计能否用激活IP的方式，激活传统记忆中的情感互联，解决当下的社群冷漠问题？从传统文化符号的角度设计的IP形象，能否成为新社群的情感主流？看到兔儿爷的视觉传达设计，应该会联想起北京的老故事，但是在现代水泥城市的生活和记忆中，老北京的胡同生活迥然相异，以上的问题是人们不可回避的话题，也是当下社区人人都会面对的难题。

包含平面视觉在内的兔儿爷形象设计依据，来自人们无法抹去的记忆中提炼出的经典符号，它和有相同文化记忆的群体，拥有共同的情感力。

兔儿伙伴的标识设计直指北京老城文化母体的情感表达，那时候的邻里关系与现在完全不同，是一种温情式的情感互联。不同于现代社群的陌生关系，而是同一个四合院里的兄弟、亲人般的关系。

亲和的文化氛围是客套话和人们见面打招呼的礼节。这背后暗含的是在这个四合院的社区里，人与人之间是一种亲和的兄弟关系。大家互相打招呼、互相帮忙，谁家做了饭菜都会分给其他家一点，谁家有了家事都会有人过来帮忙。虽然有时候也会彼此产生冲突，但总有一些年长的人来主持公道、化解矛盾，形成和谐的社区关系。而现在的邻里关系，并不是由共同的文化血缘，包括工作、生活经历而产生的关系，而是因为在城市化的过程中，因工作、学习的迁徙，购买房子而居住在一起，加上现在生活节奏、工作节奏的紧张，不仅没有共同的社区公共生活，连大家在社区里漫步行走的时间都特别少。可以说，他们实际上是陌生的。邻里关系看似是由很多悬而未决的小问题发酵而成的，它背后隐藏的是缺少共同文化母体的认同。各个家庭之间越来越封闭、孤独，虽说好的邻里关系不可强求，但起码不要到处存在争端，等出现了紧急事情也没有人愿意伸出援手。通过一系列的设计，非遗形象从传统文化符号转型为现代 IP。但是以建立良性社群为基点，建立社群中的情感共享，依然是一个新的难题。解决难题的方法总比难题多——未来健康社区建设，可以从非遗文化这个大 IP 出发，恢复基于共同文化母体中人与人之间的情感关系。

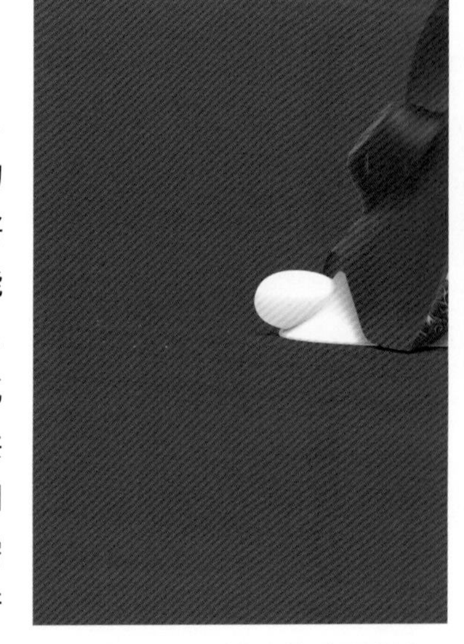

在“共创”大版块的讨论里，大家都要有一个基础认知，那就是要把兔儿爷这个形象作为智慧产品的前身。在不久的未来，非遗形象从传统文化符号转型为现代 IP 这一工作，将助力以兔儿爷为形象的产品进入智慧产品的行列。随着智能时代的来临，现代技术和传统文化一样会覆盖整个社会角落。智慧产品借助大数据和云计算，连接起人们共同的文化记忆和相同的生活需求，实现他们在社区中的文化互联和体验共创。未来，以兔儿伙伴为外壳的产品，不仅与用户有着共同的文化母体，还能像传统的功能产品一样满足用户的某种需求，而且能通过智能技术对用户的定位、行为、生活和出行习惯包括动作、表情等大数据读懂用户的需求，成为居家生活里用户身边一个重要的助理角色。当人们面对这个文明带来的变革时，会不约而同地惊呼：兔儿伙伴是有情感的，它是有智慧的，甚至是有生命的。

具体来说，以兔儿伙伴为主题的标识等平面视觉传达设计的开展，需要不断提升它与这个群体文化的互联关系，让这个设计成为与特定群体相关联的活态 IP。设计要把握一个特点，那就是它的源头要来自人们的内心情感，然后在进行其他工作内容时，寻找人们内心情感与之相关的文化，特别是在文化母体之间产生的系列共鸣。

从传统文化符号的角度进行非遗的设计，转化为从 IP 的角度进行非遗的设计，不仅要经历现代设计的迭代，同时还要经历对文化母体的回归。

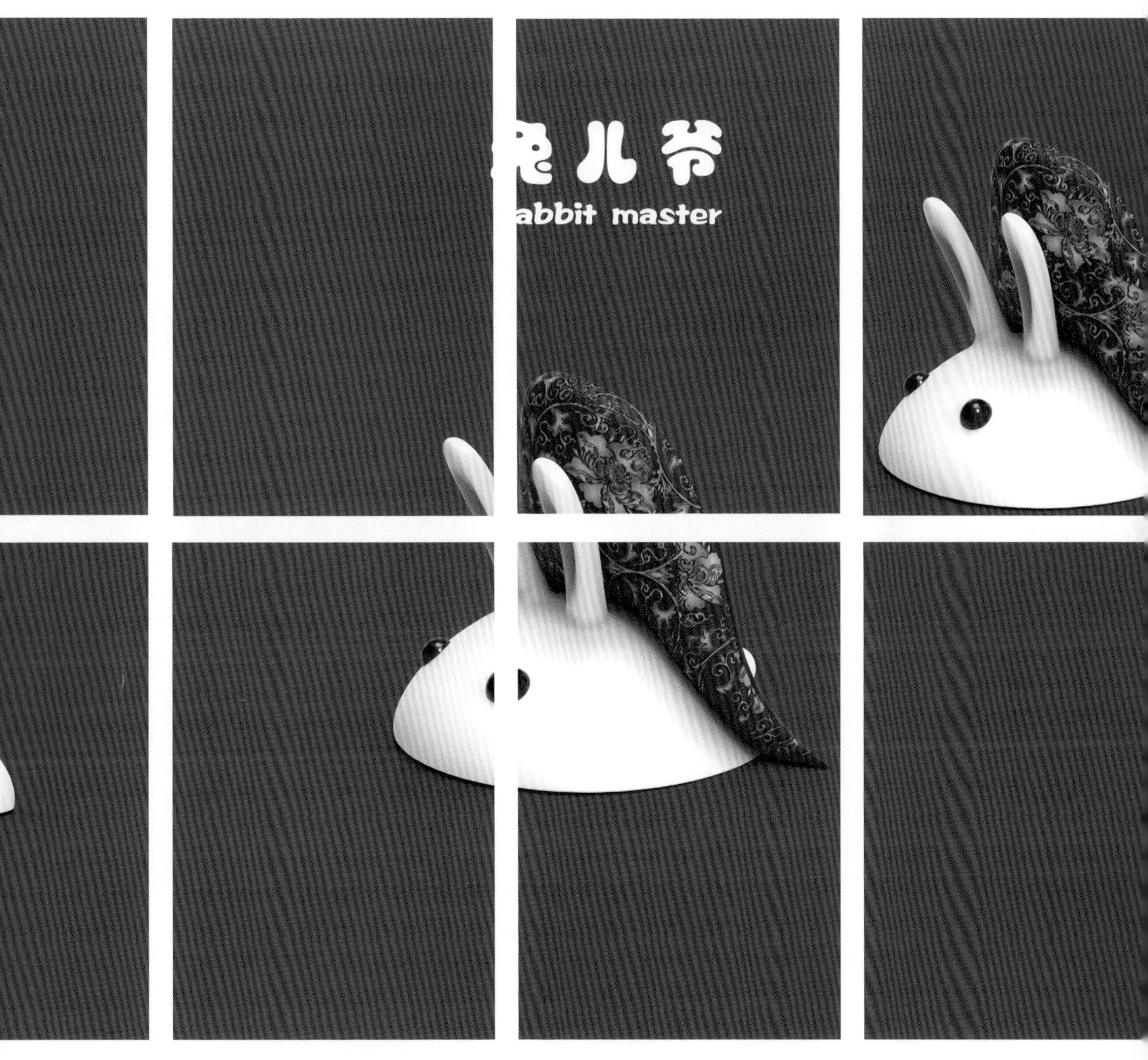

图：杨绍禹

如同人们的情感诞生之于人们的文化母体，兔儿伙伴这种基于非遗文化的形象，它的标识设计一样也要根植于文化母体。这一层关系如同孩子和母亲之间的关系，这不仅仅是 DNA 上的延续，10 个月的孕育，多年的哺乳，几十年的抚育，一生一世的关爱，这种积累起来的丰厚情感，嵌入在人们的血管中。推想一下，兔儿的标识设计来自兔儿爷的形象，这个形象对北京城的记忆来说，是京城文化的一部分。如同人们和母亲之间的亲情，它各个层面的情感也都来自文化母体。

在 IP 标识设计的过程中，人们会关注从兔儿爷的故事中学到的很多经验，感知人格化的一面。其实，非遗 IP 设计首先要做的就是情感寻根。人们平时所焦虑的很多事情，在为人处事上的诸多失误，如果回到自己文化母体去仔细寻根，大家都会发

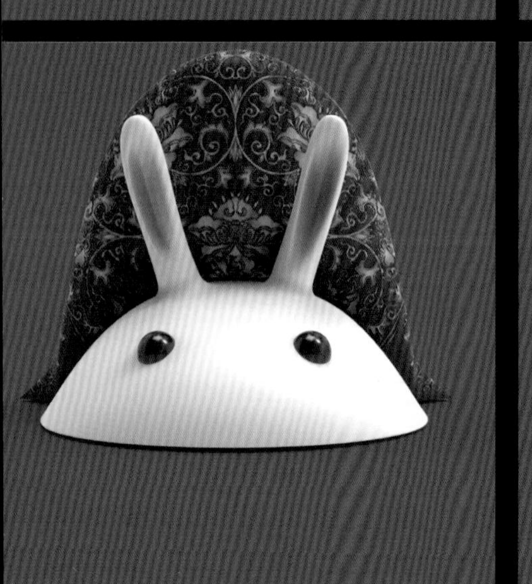

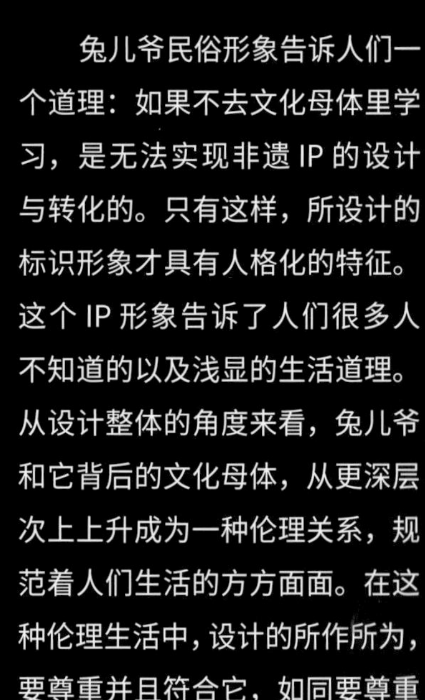

现原来在各自的文化母体里，千丝万缕的情谊已经被老祖宗定义过，只是现在人们没有发觉而已。

兔儿爷民俗形象告诉人们一个道理：如果不去文化母体里学习，是无法实现非遗 IP 的设计与转化的。只有这样，所设计的标识形象才具有人格化的特征。这个 IP 形象告诉了人们很多人不知道的以及浅显的生活道理。从设计整体的角度来看，兔儿爷和它背后的文化母体，从更深层次上上升成为一种伦理关系，规范着人们生活的方方面面。在这种伦理生活中，设计的所作所为，要尊重并且符合它，如同要尊重大自然、社会的发展规律一样。

2.1.3 融入社区

从视觉传达设计的角度看待“共情”二字，需要基于它的文化记忆，需要让它融入特定的社区生活，为有情感的 IP 做铺垫。

从设计的角度看待“共情”二字，还需要把它放在特定的时间和空间中，也就是平时大家所说的要把这一设计放入特定的社区生活中。从传统符号提取出非遗主题的形象设计——包括标识在内的视觉传达设计，要基于文化记忆，融入社区生活，发展社交关系，建立共有情感圈，让它成为一个在社群生活中，影响人们社交关系的、有情感的 IP。

接下来，将从 4 个方面论述视觉传达设计与社区情感圈的关系：① 从传统文化——特别是文化母体提炼出的视觉符号，融入社区生活，成为大家耳熟能详的形象，是建立新型社区公共情感生活的纽带。② 和一个人的情感需要在生活中发生一样——非遗形象需要在社区生活中发展，从而成为社区生活中人们口口相传的品牌，成为社交生活中不可或缺的一部分。从传统文化符号提炼，到标识设计，再到非遗 IP 的转化，需要一种新型社交模式的支持，在新型社交文化中建立自身的美誉度。③ 包括标识设计在内的视觉传达设计，需要基于这个社群的人们对某个特定文

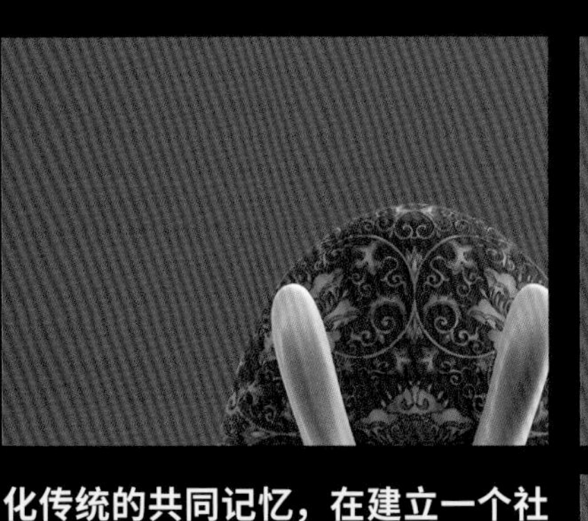

化传统的共同记忆，在建立一个社区共有的情感圈层的同时，建设自身的传播度。④非遗 IP 形象——包括视觉标识在内的设计，用图形的方式直观表达，从而建立同一个文化社群的价值观。

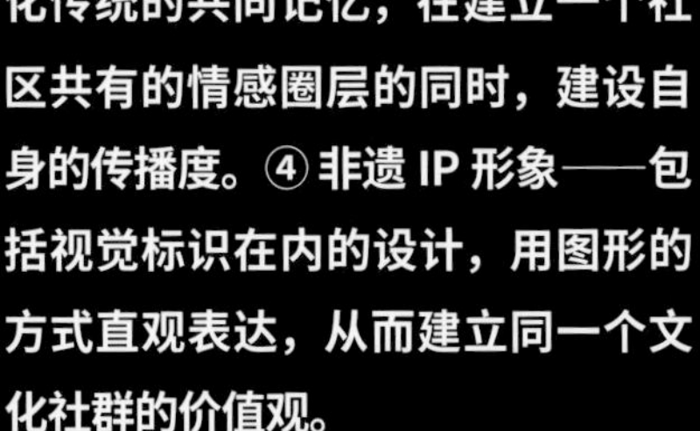

从传统文化，特别是文化母体提炼出的视觉符号，融入了社区生活，成为大家耳熟能详的形象，是建立新型社区公共情感生活的纽带。

图：杨绍禹

邻里之间情感的冷漠，反映了当下社区公共情感生活的缺失。这时候就需要人们观念的转变，从非遗的传统文化符号建设转向非遗的 IP 建设，从社区建设转向社群建设。但从设计的角度来看，这其实是非遗 IP 重新获得生机的机会，就是用激活情感的方式，关注一个“群”的概念，建立新型社群关系。人是群居动物，在任何的族群里都流行这样一句话——血浓于水。这确实在考验设计的挖掘能力，能不能看到兔儿爷的标识设计，能不能基于同一个社区对共同文化母体的认知，就看它能不能基于一种对新型社群关系的情感唤醒。可以设想一下，邻里关系有没有可能在 IP 的推进下，成为新型的社群关系，从更大的文化共识的基础上来说，如同兄弟姐妹之间的关系一般。

兔儿爷的标识——视觉传达设计的背后，是传统文化符号能否营造出一种重新建立情感的社群关系，除了在设计的手法上要下大功夫外，在很大程度上基于一种在文化母体的认同下血缘关系的建立。这样的标识设计，它和它的用户，用户和用户之间，形成了亲密无间的新型社群关系。[①] 所以说，传统文化符号的标识设计，恰恰要唤起的是一个民族拥有共同文化母体的和睦的共情社会。

① 周瑛莹．基于社交平台的短视频传播模式研究 [J]．数字传媒研究，2017，34（11）：5-9．1

和个人情感需要在生活中发展一样——非遗形象需要在社区生活中发展，从而成为人们社区生活中口口相传的品牌，成为社交生活中不可或缺的一部分。从传统文化符号中提炼，到标识设计，再到非遗 IP 的转化，需要一种新型社交模式的支持，在新型社交文化中建立自身的美誉度。

传统标识设计是服务于传统文化符号的，传统文化符号与它的产品服务推进了它的价值主张，核心运营对象是“物”。如果把标识设计提升到为 IP 设计服务，就要关注 IP 的价值观和它的社会基础——社群和社群文化的建设，核心运营对象是“人”和人群。传统文化符号的营销模式是通过广告与用户建立联系，策略是通过在媒体上绑定某个明星，如通过重复不断地播放广告来吸引用户，从而促成用户对传统文化符号及其旗下产品的消费。标识设计要注意它在图形上与其他传统文化符号的差异性，加上重复就是一切的传播法则，所以需要更加注重它的形式美感。在设计上，从容易识别的元素上进行形态塑造，把握整个标识设计的抽象美感。在这里，形式语言作为传统标准设计的主要部分，考验了设计者内在的修养与审美情趣。设计的审美标准成了标识设计好坏的前提，它的思维是一种纯粹的输出，设计角度是单向的方式，也就是说，不管标识设计得好与坏，用户对它的态度是无法反馈给设计的，用户的思想也无法影响设计流程本身。

服务于 IP 设计的标识制作，除了在形体感上需要严格的推敲外，还要和用户形成双向的互动，实现设计的不断迭代。也就是说，标识设计的图形美感，是无须质疑的。在这个基础上，更要关注的是这个标识本身具有的人格化特征。更精准一些说，这种标识设计需要具有和它的用户形成情感互联的特征。在这个角度上，设计需要做足功夫，了解这个社群是什么，包括社群的价值观、互联体验、情感共通和社群的聚粉模式。可以说它的标识设计，应该是一个可以接收用户的意见，实现动态转化的视觉符号。[1] 从另一个层次来说，它可以是这个社群的吉祥物。它的设计流程，除了要基于设计师的观察和体验、经验和记忆外，还要把他的设计理念和审美主张，主动地推给社群里的人。更重要的是，社群里的人们的价值观，及他们的价值观是如何发展和演变的。社群的聚合模式，都成为重要数据，不断地被计算机通过云计算进行分类和反馈，成为标识设计的重要依据。

包括标识设计在内的视觉传达设计，需要基于这个社群的人们对某个特定文化传统的共同记忆，在建立一个社区共有的情感圈层的同时，建设自身的传播度。

从这种方式来看这就是社群，其实更像老北京的社区关系，其实它是一个情感圈，具有共同的文化母体。非遗形象——兔儿爷之所以深深地在人们的记忆中扎根，是因为它所反映的生活模式是老北京的社区关系。它是一种人们所喜爱的健康的，类似当下社群的一种关系。“兔儿爷”三个字中有一个字是“爷”，在人们的记忆中，它其实是老北京社区中说话的人，不是现代传统文化符号中的代言明星，而是社区中普普通通的人，是有着公信力的自带流量的大 V，

① 张小燕．Coreldraw 绘图软件在标识设计当中运用 [J]．魅力中国，2017（15）：335.

也是老北京常常被人们推崇的“爷”。这些大 V 和“爷”一样，是能够聚集人气的人，也可以称为社群中的意见领袖。当下的社群，他们有着相似的喜爱，有独立圈子意识，是自给自足的活态的空间。

非遗 IP——包括标识在内的设计，用图形的方式直观表达的从传统文化中提炼出来的符号，但它背后展示的是这个社群对文化的价值观。

老北京的社区其实是一个特定的文化圈，它们拥有共同的价值观，是文化母体的一种表层呈现。大家见面，嘘寒问暖，互叙长短，看上去是普通的行为，其实是一种世俗的文化母体的表现。老社区提供了人和人之间良好的交流机会，这一点和当下的社群模式很像——用一个不成文的标准来评价事情做得对不对，为人好不好，这样必然聚集各种优秀人才，共同做出有影响力的事情。传统的社区模式和当下的互联网时代的社群模式有着天然的相似，也形成了一种社群的吸粉模式和保证社群人员素质的门槛。比照一下，老北京的社区的文化圈子，有新进的人群要进入，那么它需要有人引荐，是人们所说的有着惊人相似的一个圈子的文化。透过这些现象，人们隐约可以看到，这是一个社群的共同文化，也是社群中的人们拥有形成互联融合的母体文化。从非遗 IP 的角度来设计标识，究其根本要找到重要的方法，要让人们找到共同文化，回到母亲怀抱。就此可以推理出，一个非遗 IP 的设计要建立它和其文化母体的关系。不管是社区还是社群，都应该血脉相亲。他们会形成个性相对迥异的群体，但同时又具有差异性。可以说，这个社群里如同拥有相似文化的后代们，拥有着相同的 DNA，是一群血缘相亲的兄弟姐妹。标识从设计上升为 IP 视觉传达设计，打造非遗 IP 时应该关注这个因素，这种传统文化符号服务于某个群体，需要拥有形成情感互联的基因。

优秀的标识设计，要从文化的母体中诞生而出，这是它拥有生命的象征。它一方面要具备丰富性，另一方面又要坚守自身文化的独特之处，这是一个难题。设计寻求各种方法来转化 IP 设计，是需要关注的话题。社群的情感互联，从文化的层次来看，社群中的思想具有互相粘连的关系。把它回归到人们所说的文化母体之中，类似一种群体，也是在社会关系中不能忽略的一群人，人们习惯称其为表亲。一方面，它和中心的血缘圈层并不亲密，仅在有些时候或者某些地方存在藕断丝连的关系。这类人群人口基数特别庞大，他们和核心的文化圈层不一样，有着相对较远的距离，可以称其为外层文化。看上去，它和文化母体有一定的相似性，同时又具有复杂性和差异性。可以说，它在外表上往往会显得更加丰富、诙谐有趣。当中心文化引力过于强大甚至成为主流的时候，人们反而呈现出对边缘文化的兴趣。而当中心文化呈现出衰落式微的势态时，人们就会重新向往中心文化的核心凝聚力。

从传统文化符号升级为 IP 视觉的现代转化，要掌握非遗形象迭代的工作。兔儿爷——非遗 IP 是一个活体，它承载了很多文化记忆，有情感共融的特点，具有不断成长的生命。可以说，它从母体诞生起就具有这些特性。

2.2 共情语境下的 IP——造型设计

城市化的快速发展造成了两个破坏。一个是城市化的高楼林立导致的传统社区物理空间的破坏；另一个是各类人群的汇集导致的传统社区居民所拥有共同心理空间的破坏。而互联网的发展为弥合、重塑、再建活态社群空间，提供了新的可能。接下来，本书将通过非遗形象的造型设计，讨论传统文化符号如何从传统的社区生活进入网络生活，讨论如何在现实社区生活和虚拟社区生活的两个不同空间中激活它的情感，为传统文化符号的 IP 化做准备。

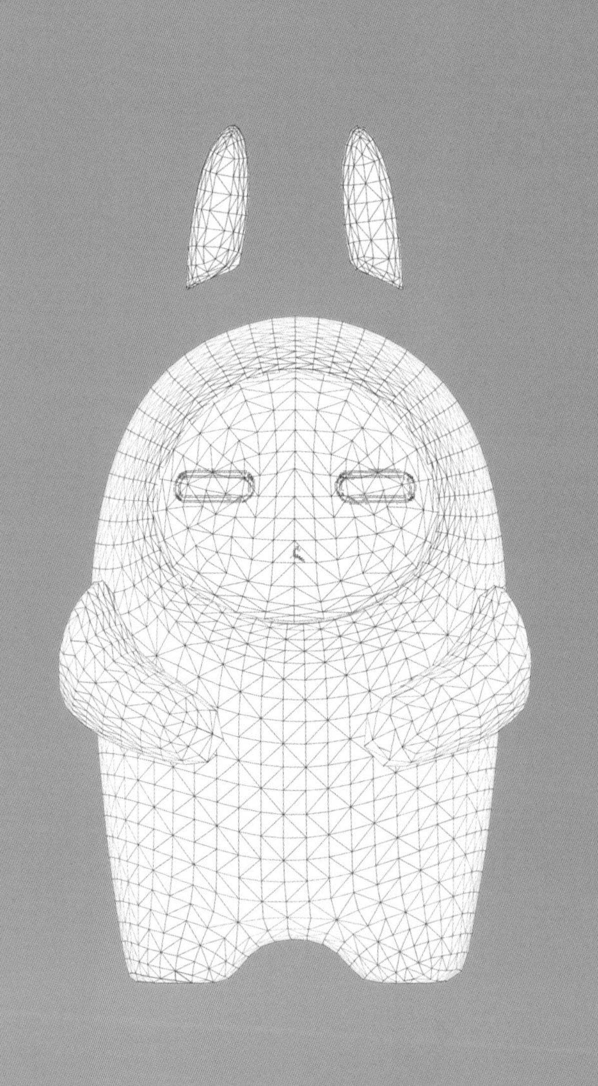

图：张世强

以非遗为主题的造型设计[1]，若要让它从传统的民俗生活进入网络生活成为 IP 形象[2]，就要讨论两个话题：一是设计过程时要遵循两个方法；二是所设计的造型要适用两个生态圈。第一个话题有两个内容：共情的娱乐化和共情的生活化。第二个话题有两个生态圈：民俗生活的生态圈与互联网生活的生态圈。

① 造型设计：本书所指的造型设计是围绕用户的需求，通过塑造、色彩表面装饰和材料的应用等手法，以产品为核心展开的系统化形象设计。

① IP 形象：从 Intellectual Property——知识产权的狭义定义，演化出的一个有着背景故事、核心概念且广为人知的品牌形象。

以非遗为主题的造型设计，不仅要尊重传统文化之来源——社区的生活，而且要进入互联网圈，尊重网络的生活。造型设计是形象设计的重要部分。可以说，以非遗为主题的造型设计在传统文化符号中经过了提炼，如果它想成为具有“IP”特征的视觉符号，就要同时适用于现实生活和网络生活。这是非遗主题造型设计的重要工作。互联网生活往往被看作虚拟生活，而人们经常谈到的“视觉 IP”一词，就是从互联网的虚拟世界中衍生出的重要理念。如果从这个角度来看，非遗形象设计——特别是非遗形象的造型设计，应该以 IP 的理念为基础，并且具有能同时进入两个生活圈的能力。第一个生活圈是现实世界中的民俗生活，第二个生活圈是虚拟世界的网络生活。这种具有 IP 潜质的设计，就是同时适用于民俗生活的现实空间和互联网生活的虚拟空间的设计。[①]

这就对设计提出了新要求，这种设计具有不一样形式的共情力。可以说，这是挖掘了设计中潜藏着的工作：除了要建立它与人的共情，它与文化的共情，还要建立现实生活和虚拟生活的共情关系。这种造型设计里具有的共情拥有以下两个话题：第一个是共情的生活娱乐化，同时适用于现实空间和虚拟空间的娱乐化和生活化；第二个是共情的生态化，在现实空间与虚拟空间中，同时具有对环境的适应性和自身的生长性。在这里，造型设计工作的覆盖面更大，要同时在民俗空间、互联网空间的生活圈、互联网空间的生态链条中塑造 IP 形象。

① 桓亚静．网络版权利益平衡机制下的版权补偿金制度研究 [D]．长沙：中南大学，2012.

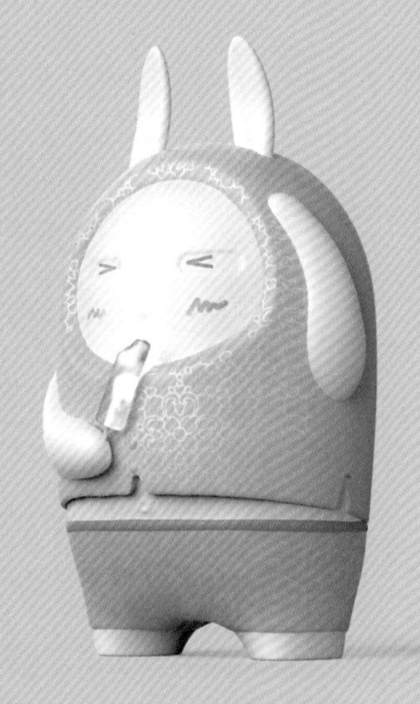

落实到本节所讨论的具体内容——以非遗为主题的兔儿伙伴造型设计，是未来智慧产品设计造型的外胚。撇开智能技术的问题，本节要讨论的第一个话题是，与现实生活和虚拟生活的不同形式的娱乐化生活同时相关，这个话题可以分为两方面进行阐述：一是共情的大众娱乐化，二是共情的生活化。它们分别是：造型设计——用共情力形成大众审美的娱乐化；造型设计——让共情力融入生活，尊重自然而然的生活。

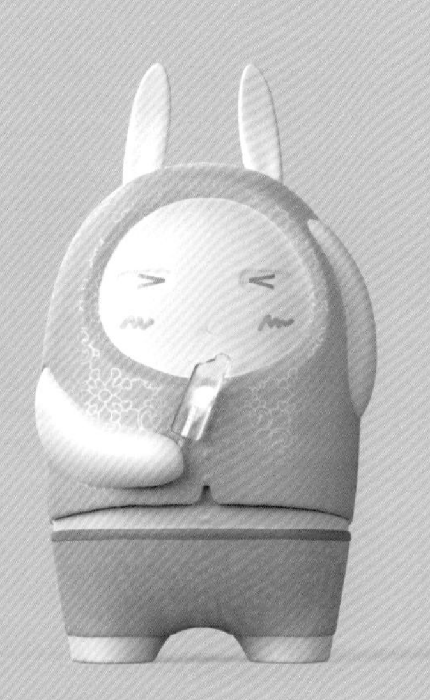

讨论的第二个话题是，与现实生活和虚拟生活的两个生态同时相关，这个话题也可以从两方面进行阐述：一是共情的适应性，二是共情的生长性。它们分别是：① 造型设计具有的共情力同时在两个生态中，建立与环境的顺应性；② 造型设计具有的共情力同时在两个生态中，注重它自身的生长性。所以，以非遗为主题的造型设计，既要扎根于世俗的生活，又要进入互联网生活，紧随时代的脚步。

2.2.1 造型原理

造型设计，在进行形态的塑造过程中，不仅要遵循形态美学原则，还要遵循 IP 的设计原理。

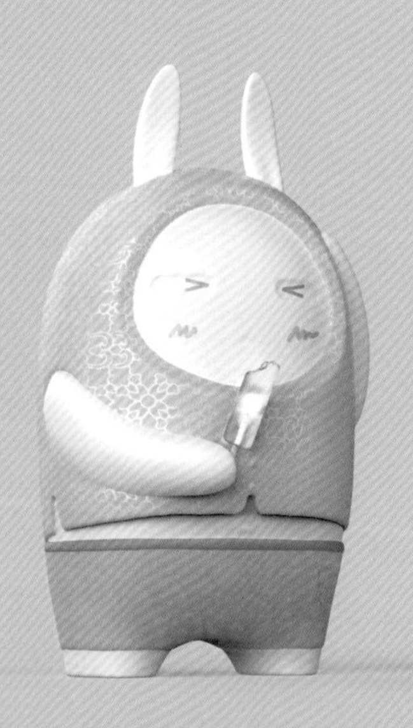

在互联网生态链条中，塑造源自传统符号的 IP 形象——特别是造型设计，在进行形态的塑造过程中，不仅要遵循形态美学原则，还要遵循 IP 的设计原理。这个原理就是共情的娱乐化和生活化。在进行造型设计时，既要从出发点上兼顾对现实生活和网络生活的尊重，又要从形式上关注大众娱乐，在过程中关注它们的生长性和衍生性。

从互联网的生态链来看，IP 形象设计，特别是非遗形象的造型设计，再复杂的社区，再丰富的内容，再庞大的数据，也是由一个个真实的终端组成的，要从社区生活末端来激活自身。IP 形象，特别是 IP 形象的造型设计，根本上是大众娱乐化的设计，它的激活只要从活态互联网生态末端入手，一步步找到设计的路径；从传统的社区生活进入网络生活，现实和虚拟两个层面同时激活非遗形象——建立现实社区生活和虚拟社区生活的共情。

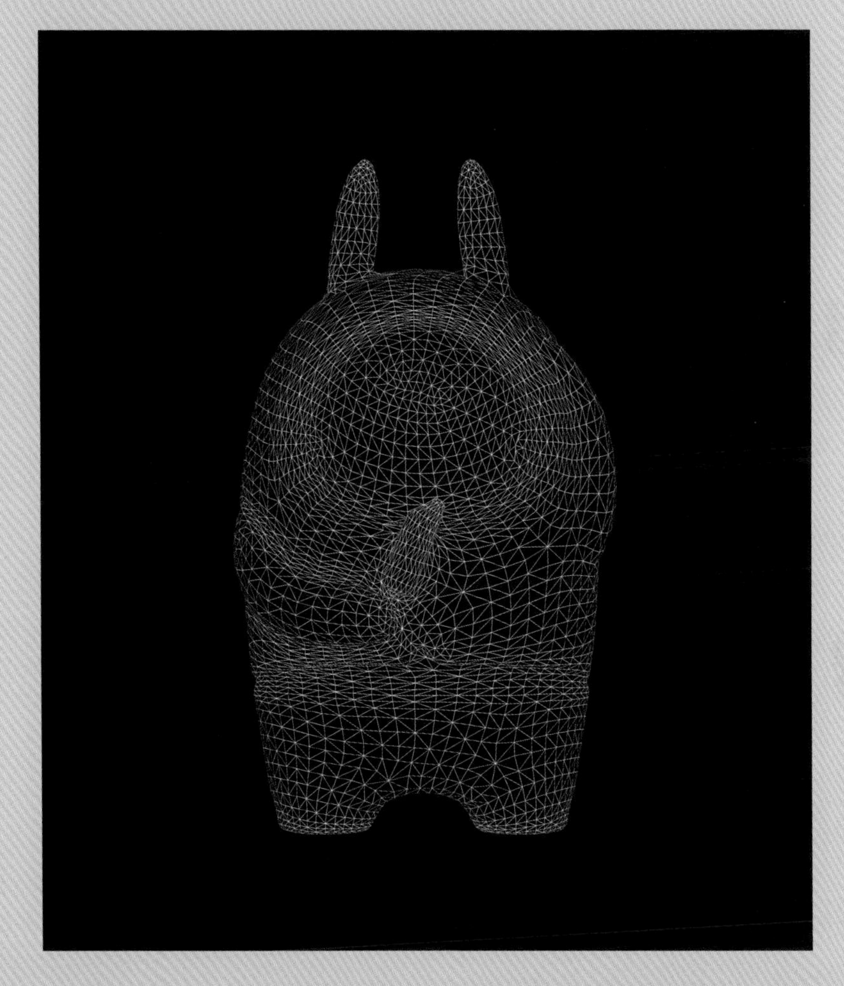

图：张世强

兔儿伙伴造型设计提炼于传统的文化符号，具有民俗造型方式的特征。而现在，它的造型设计，需要和现实生活、虚拟生活的不同形式的生活娱乐化同时相关，可以从两个方面进行阐述：一是共情的大众娱乐化，二是共情的生活化。在这里先讨论第一个方面。造型设计——用共情力形成大众审美的娱乐化，包含：① 兔儿伙伴的造型设计的特征，从平面走向立体，从静态走向动态，让人们在轻松愉悦中感受与它的共情，有较强的娱乐效果。② 大众的形象——兔儿伙伴的造型设计，从“俗”出发，以“俗多雅少”，让人们体会到娱乐化的共情。③ 大众娱乐化的形象——兔儿伙伴的造型设计要把握“俗”的程度。在对它进行形象设计时，把握“共情”二字的边界，不要陷入恶俗之中。

非遗 IP 需要大众化，特别是非遗 IP 的造型设计，一样要拥有这样的特征。普通老百姓通过非遗这一纽带，曾经共享某一种生活方式，这就是民俗共情的基础。首先，这些民俗包含平时生活的点点滴滴，包括社会实践、礼仪活动、节庆活动等多种方式；其次，通过这些民俗活动，大家之所以能获得相互的认同感，是因为拥有共同的文化底蕴。在文化底蕴里，人们获得一种文化的亲缘关系。而这种亲缘关系具有很强的向心力，核心所指的就是文化遗产。它和当下的流行时尚相比，呈现出两种状态：第一种状态是，这部分遗产是濒临被社会边缘化的东西，面临被现代社会逐渐遗忘的风险；第二种状态是，这种文化丰富多彩，依然拥有很强的生命力，究其原因，就像文化的“远亲”，拥有因为时间和地域的变迁造成的丰富性和多样性，也正是这种丰富性和多样性，使它的表达方式呈现出与中心文化不一样的状态。可以说，这种状态使它拥有更多人的喜爱和追求。

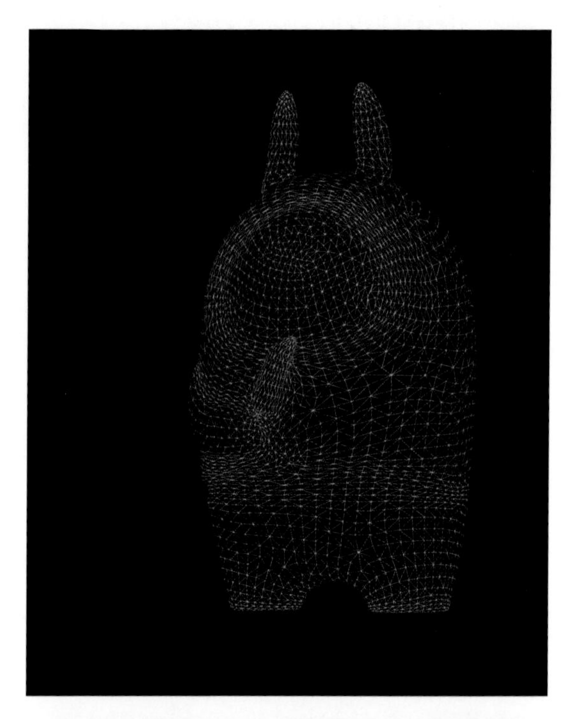

兔儿伙伴的造型设计的特征，要从平面走向立体，从静态走向动态，让人们在轻松愉悦中感受与它的共情，拥有较强的娱乐效果。IP 形象立体形态化的设计，避免兔儿伙伴严肃呆板的造型形象走进大众娱乐化的生活中，需要关注以下几个问题：一是 IP 形象，这是互联网生态链条中俗文化的一员；二是尽可能使这种形象达成雅俗共赏；三是在设计过程中要把握“俗”的合适程度。

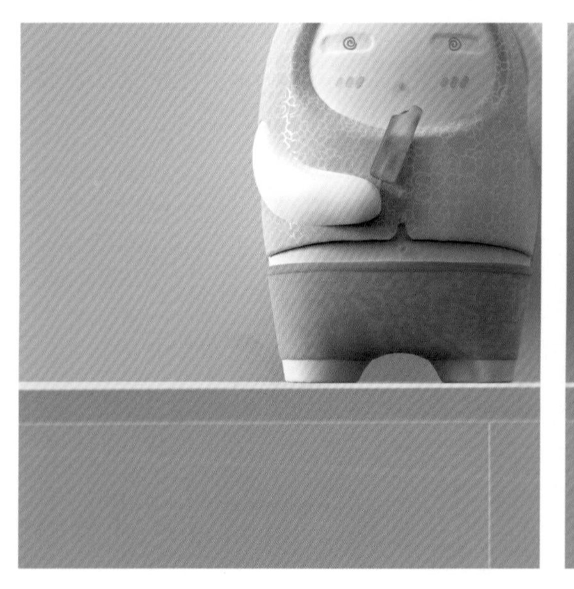

当然，所做这些的目的，是使 IP 形象和非遗传承进入网络空间，使两者之间达到互联体验，从而唤醒大众的共同情感。从非遗形象——兔儿爷到智慧产品——兔儿伙伴外壳的一系列设计，是现实版的从传统民俗生活共情，扩容转移为“网生化”共情的成功案例。

在这里，非遗形象成为网络生态链条中的内容，非遗作为深厚的遗产被重新激活，也就为设计师提供了一个好机会：这种幽默丰富的表达方式、顽强的生命力、深厚的文化积淀的文化遗产，给了它登时代舞台的机会。这同时也是设计师发挥聪明才智的机会。除了网络有别于原来的非遗民俗的生态空间，形象成为新的生态模式进入人们的视野。加上它介入的门槛低，简单有效，虽然曾经被人遗忘，但只要有合适的机会，这些逐渐被人遗忘了的非遗形象，就会通过文化的繁荣重新回归到老百姓的生活，从而唤醒人们已经掩埋在心中已久的温暖记忆。有敏锐眼光的设计师会利用这个机会，为社会生活方式勾画出新模式。非遗形象要成为互联网中大众娱乐化的形象，还需要注意以下问题。

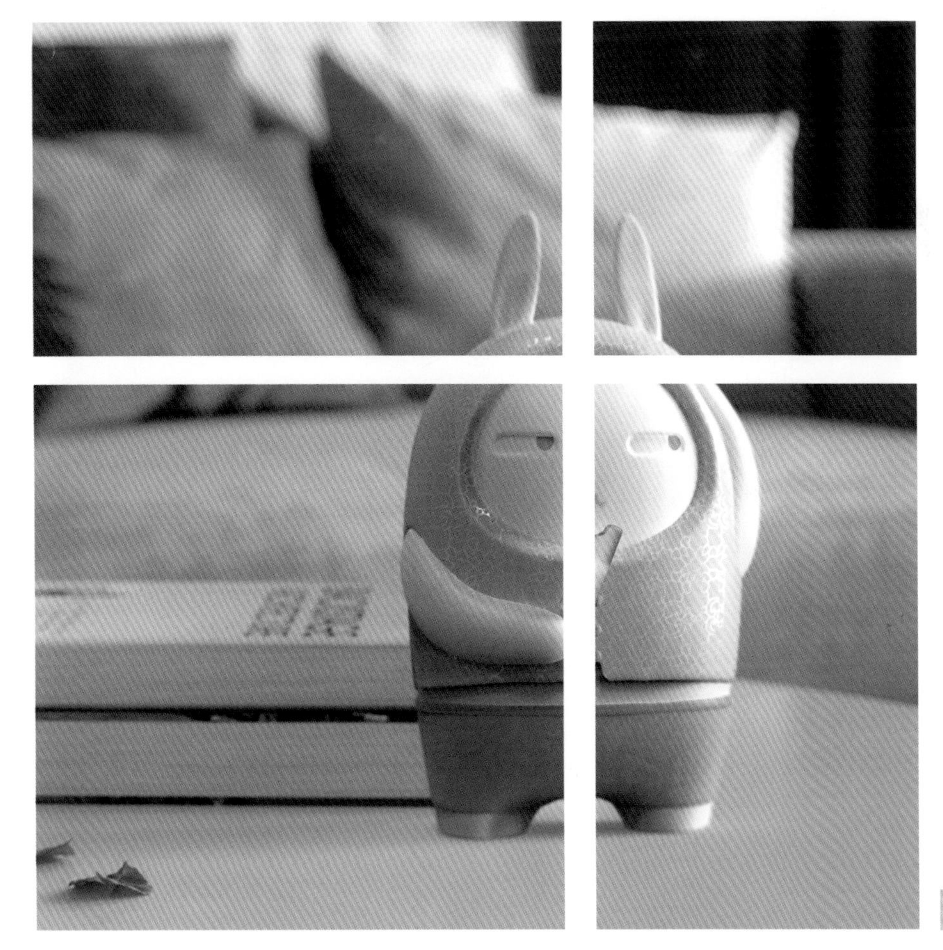

图：张世强

非遗形象不再是只存留在一些学者研究文献的字里行间里，也不再是只存留于人们的记忆中，而是要成为互联网生态中俗文化的一员。这种设计形象须从娱乐化的角度出发，注意到这个特点，一种形象的设计应该从“俗”出发。和存留在象牙塔里的形象不同，它应该是土生土长的、大家耳熟能详的形象，造型简洁，表情亲和并略带诙谐幽默。你可以抓住大众的审美习惯，对其某一个特色做适当的夸张，显露出它的个性特点。当城市化速度放缓之后，社区中的人们由原先的陌生，逐渐变得熟悉，随着工业革命的进一步发展，流水线生产下的产品已经超量，而且并不能满足人们的情感、思想和精神层面的需求。我们现在看到的这个 IP 形象——造型设计，如同胡同里那个卷着袖子、缩着脖子跟大家亲切打招呼的邻居，温暖、和睦、友善。

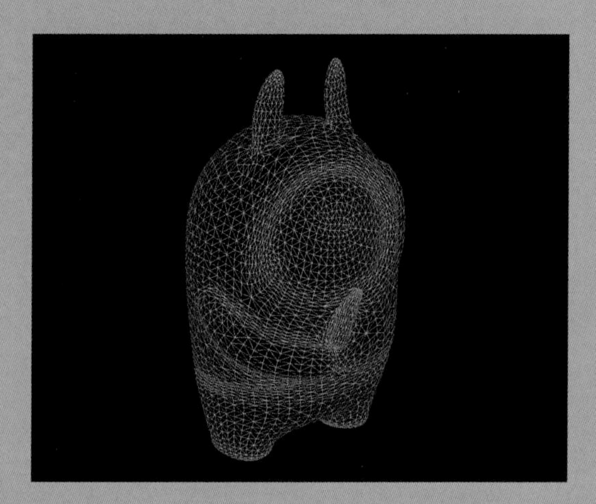

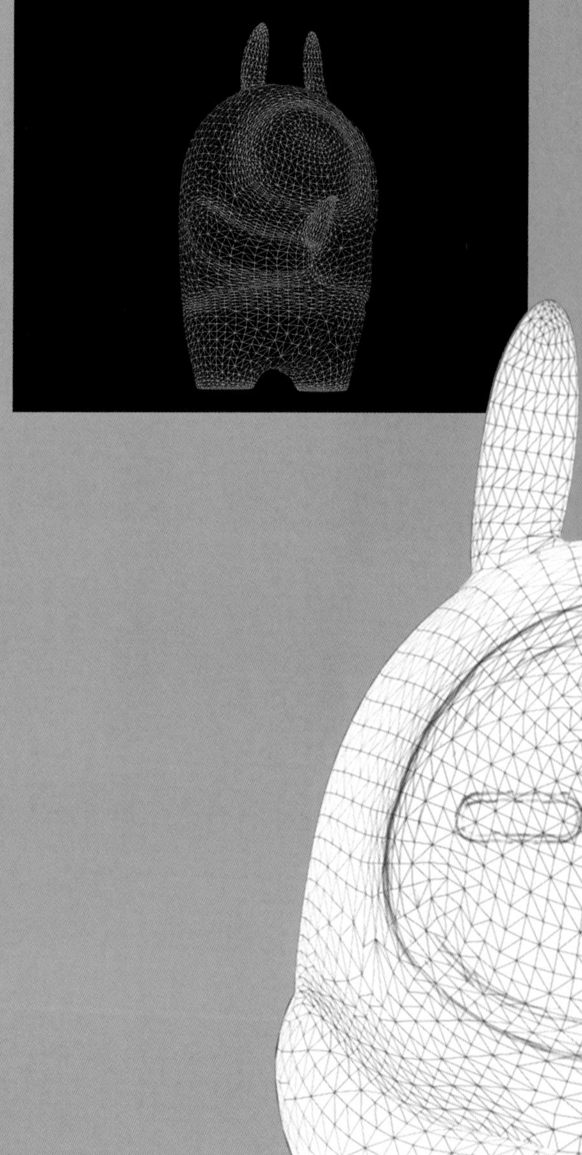

其实，有着共同的文化母体和相同的生活仪式，还有着相类似的公共艺术，是社会生活所需，是人们所向往的交往方式。设计师应该让网络生态和民俗生活建立互联体验，从大众喜爱的文化生活里激活情感，唤醒非遗 IP 形象。**大众形象——兔儿伙伴的造型设计，可以从“俗”出发，以“俗多雅少”，让人们体会到娱乐的共情。**

非遗形象有较多的兼容性，设计时设计师要把握雅和俗之间合适的比例，特别要注意对俗的提炼，要遵循“俗”到极致就是雅这一原则。当下城市化的社区里，需要大家从文化遗产中寻找共同的记忆，以便可以在互联网生态圈以一种新的方式进行活化，从而成为人们拥有共同美好的公共生活的入口。设计师从这个角度发掘非遗 IP 设计，可以称

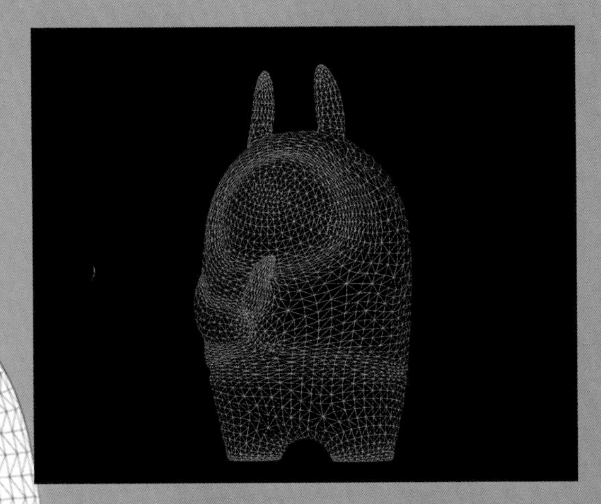

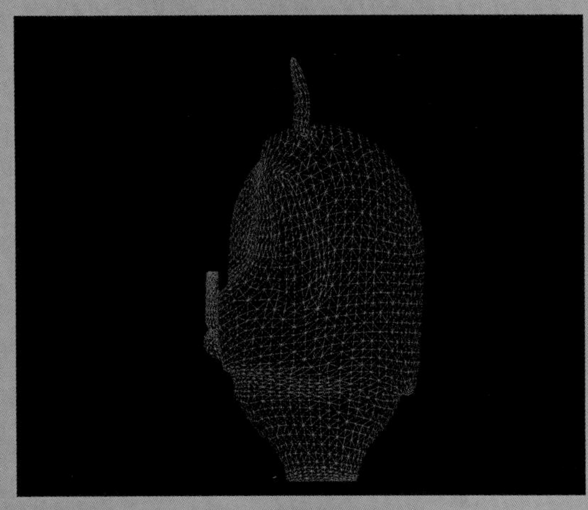

图：张世强

为是一个契机。非遗之所以不断被人记住，不断被人提起，是因为它和曾经创造并使用这些实践、表演、技能、知识的群体，有着非常密切的关联性。而非遗生活的内容也与互联网生态圈十分相似。设计师们还注意到，在这些非遗内容中，大量是出于自发的，没有系统性的文化原生表达，它是排除在系统的文人文化之外的。但不可否认的是，即使是完全看似无序的文化原生状态，也必不可少地融汇了很多雅文化——这也是文人文化以一种让人容易接受的方式掺杂在世俗文化之中。非遗形象的设计，或俗或雅，应该呈现出一种活态的、大众化的、娱乐化的文化生态。这个文化生态圈，建立在非遗的记忆中和互联网生态圈之间。一个形象能否被人喜爱，需要有一个基础——雅和俗之间的合适比例，让非遗的形象成为网络生活化中人们喜闻乐见的 IP。

大众娱乐化的形象——兔儿伙伴的造型设计，就是把握“俗”的合适程度，在对它进行形象设计时，应该把握共情的边界，不要陷入恶俗之中。

图：张世强

比较忌讳的问题是纯粹为了吸引人们的关注，过分夸张了形象中“俗”的部分，甚至把老百姓生活中被人们摒弃的不良内容作为设计关注的对象，本来可以很高雅的“俗”却成了恶俗。非遗的全称是非物质文化遗产，“非物质”所指的并不是现存的物态形式。说的直白一点，它主要是指现存的但濒临被人遗忘的实践、表演、技能、知识和表现及相关的一些工具、工艺品和实物等。非遗的被遗忘，有很多历史的因素。非遗形象源自民俗，有一点作为设计师不得不注意的，那就是纯粹的民俗有泥沙俱下、良莠不齐的特点。IP 形象——造型设计，特别是非遗形象的造型设计，不能过于把大众化、娱乐化理解为低俗化。

我们要注意对它进行筛选，一些色情暴力的负面内容，势必侵占想博人眼球的设计方案。这是设计师要做的一项重要工作，既要吸纳民俗中的记忆，也要吸纳民俗记忆中有正能量的内容。

图：张世强

非遗远离了人们的现代生活，我们重新在互联网生活中找到它新的生存模式。工业革命带来的社会变革，可以说造成了一个重要后果，也就是使非遗形象远离了我们的现代生活。一方面，人们面对的是大规模流水线生产的产品，价格低、速度快、数量大，打破了原来城市和社区小规模的产业模式，使非遗的产品渐渐淡出人们的视线；另一方面，工业革命带来的城市化造成了人与人之间的陌生感和距离感，这是非遗被人们逐渐淡忘的第二个因素。众所周知，共同的文化来自共同的生活圈子，大规模的人口聚集造成的是陌生人和陌生人居住在同一个社区里，失去了具有共同文化记忆人群聚合的重要基础。当下这些情况发生了变化，互联网又重建了这个多种文化共同存活的生态，而非遗文化可以成为一种共同的纽带，通过口口相传、感同身受等方式，激活某个存留在民间的习俗，从而成为生活中的重要内容。

本书在上文讨论了兔儿伙伴造型设计的大众娱乐化，以下要讨论第一个话题的第二个内容，共情的生活化。具体来说就是通过造型设计——让共情力融入生活，尊重自然而然的生活。这一设计拥有的特征是，它要同时适用于现实生活和虚拟生活，与不同形式的生活娱乐相关。

兔儿伙伴造型设计，是生活化、拟人化的回归，也是一种存在于网络生活和民俗生活的情感回归。什么是生活化？它真实地反映了生活，是对IP形象的情感唤醒。只有真正介入了生活，非遗IP的激活才是真实的。当然，现在“生活”一词发生了概念上的变化，一部分是真实物理世界的生活，另一部分是互联网虚拟世界的生活。基于非遗的造型设计，要关注它在网络生活空间的表达方式，让这个IP成为网络生活的一部分。和现实生活一样，网络空间一样拥有独特的生活方式。它主要表现在以下两个方面：① 以非遗IP为主题的形象设计——兔儿伙伴 - 造型设计，要亲近生活，融入生活，尊重它过去原有的生活方式，在生活中实现共情的回

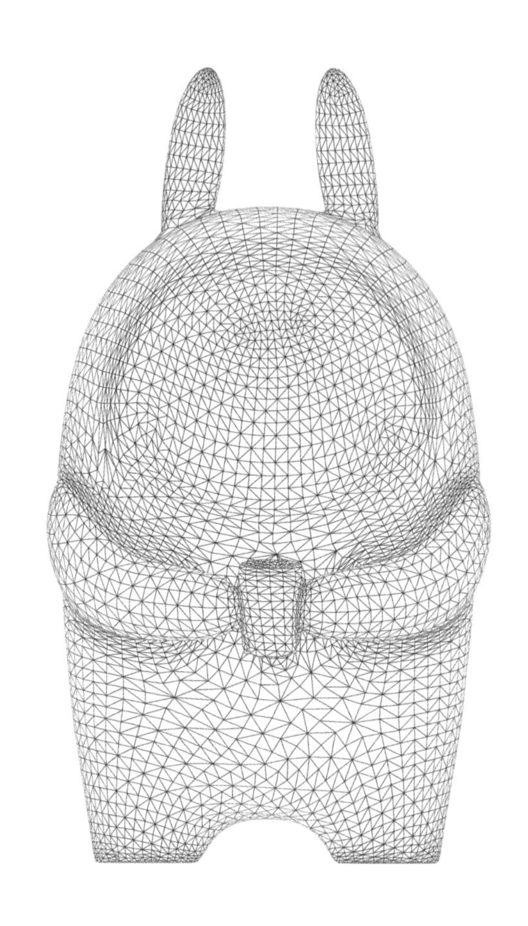

归。② 兔儿伙伴的造型设计，要承认所设计的传统现实空间和现在的虚拟空间存在冲突，要保留对传统生活的记忆，在虚拟空间中重新创造生活。

兔儿伙伴的造型设计，要做到生活化和拟人化，是一种同时存在于网络生活和民俗生活的情感回归。网络生活看似是由人创造的，但它其实并不以人的意志为转移。如同人们以 IP 创造了某个形象，那么这个形象的发展就有了属于自己的特色形象和性格，甚至有自己的信仰一样。这样的形象让人接受的前提是必须源自对两种生活的尊重。这两种生活自然而然的状态就是它的自然状态。这种尊重自然的设计，不仅要回归到互联网生活中，还要回溯到北京非遗的民俗生活中。也就是说，这两种生活环境，一方面源于所设计的非遗形象的文化母体，虽然它的形象更多的是存在于记忆中，但它依旧是一个完整的、生动的生活空间；另一方面源于所设计的非遗形象，现在存在的互联网生活圈在日新月异的当下变化莫测，是一个活态的空间。对这种状态的尊重，从设计手法上来考究要做到两点：一是注重设计的形象与环境之间的动态融合；二是认同所设计的形象与环境的矛盾。

图：张世强

以非遗 IP 为主题的形象设计——兔儿伙伴 - 造型设计，要亲近生活、融入生活，尊重它过去原有的生活方式，在生活中实现共情的回归。

这种设计在空间上的营造要关注所设计的形象与环境之间的动态融合。在形象的塑造上，要让它更容易契合动态环境。也就是说，不管是从互联网的角度来看非遗民俗的自然生活，还是从非遗民俗的角度来看互联网的自然生活，这个非遗形象都是活态的，都是与自然环境相符合的形象。兔儿伙伴的造型设计，在互联网的虚拟空间中和普通人面对大自然一样，会有春夏秋冬 4 个季节。画面所呈现出来的这个兔儿伙伴的造型形象，微微斜着眼、嘟着嘴，宛如是在自然生活中人们在街头巷尾经常看到的“小可爱”，可谓是活生生的生活造像。如同真实地生活在社会关系里，未来兔儿伙伴会有它自己的朋友和恋人。更重要的是，它会随着互联网的动态发展而不断迭代升级。从互联网的角度看非遗形象——兔儿爷所有的民俗生活，除了要尊重它即将拥有的一些特征，如喜怒哀乐、生老病死等自然特征，还要尊重它是一个正常的人，允许它有小脾气和嗜好。兔在十二生肖中排行第四，它是萌萌的、可爱温顺的，让人十分喜欢。

这种形象鲜活的塑造，促成了与互联网生活空间的共同进化，从而唤醒非遗形象的情感。还有重要的一点，就是所设计的这一形象要具有尊重它的成长环境和自然规律的能力。刮风了，下雨了，非遗形象——兔儿爷都会有相应的反应。作为从北京文化母体诞生出的非遗 IP，它是生活在一个生活圈层的，它的形象会随着各种场景的变化而发生相应的变化。简洁、可爱、萌化、有小脾气，和当下人们的审美互相吻合。在互联网“网生化”的升级中，实现与非遗民俗生活对接的人格化回归。

兔儿伙伴的造型设计，要承认所设计的传统现实空间和虚拟空间存在冲突，要保留对传统生活的记忆，在虚拟空间中重新创造生活。

这种设计在空间上的营造，认同所设计的形象与环境的矛盾。作为非遗形象的主角，允许非遗形象——兔儿爷和环境应该有那么一点点的格格不入。如果从非遗民俗的角度来看网络的自然生活，兔儿爷就像生活中的真实形象，它应该有自己的成长规律。承认它与环境存在那么一点点的格格不入，其实就是承认这个形象所处的环境的真实性。回到民俗生活，它也没有必要完全符合当时的环境，所以它是一个可以不断活态生长的生物。从民间传说来看，有人说北京的兔儿爷生来就带着矛盾性。在人们耳熟能详的记忆中，它来自月宫里嫦娥的玉兔，其实人们是把日常生活所喜爱的形象神格化，可以说，它从出生开始就是一个动物格、人格和神格的矛盾合体。这本来是一个温柔可爱的女性形象，是人们祭月的一个重要形象，而变成了街头巷尾人们喜欢的一只兔子，最有意思的是老北京人，把兔儿加上了“爷”，这个形象在它的性别上多了一些矛盾性。可以说，这就是互联网的生活的特征，多变、双性，当兔儿称呼为爷，在尊敬的背后带着一种亲和力，同时掺杂了人们对它幽默和尊崇的情绪。

2.2.2 适应生态

造型设计所具有的共情力，推进 IP 共同适用于现实生活和虚拟生活的两个生态。

此处讨论的是兔儿伙伴造型设计的第二个话题，它与现实生活和虚拟生活的两个生态同时相关。从两个方面进行阐述，一是共情的适应性，二是共情的生长性。接下来要讨论的是非遗形象通过造型设计，同时在两个生态中建立与环境的顺应性。① 兔儿伙伴的造型设计，学会讲故事是它的重要能力。但如果要想成为非遗 IP 形象，还要顺应在自然生活中传达出的共情。② 造型设计要关注它的场景，一方面做到对形态有意味的塑造，另一方面顺应场景，在自然而然中传达出共情。

生态本来是生物学概念，它指的是大自然间的生物生存和发展的状态，包括生物体和自然之间的关系。在互联网的语境里，生态指的是互联网内部各大要素的生存和发展，以及它们和社会其他空间之间的生存和发展。生态这个概念有了明显的指向，那就是把互联网当成一种和大自然一样的活态空间。互联网上的所有事物都会和大自然中的生物一样，具有和自己规律相吻合的生存和发展的状态与模式。这句话的背后隐含着一个价值观念，那就是人们要像尊重大自然一样尊重互联网的生态圈。它的重要工作是尊重自然而然的生活。

自然是什么？就哲学而言，小到粒子、大到各种天体都是自然的范围，可以说是无所不包。而互联网生活化所指的尊重自然，就是尊重自然而然的生活，指的是在进行形象创作时，不要随意改变互联网自己该有的生活，要尊重互联网生态的发展规律。可以说，本部分的文字所描述的话题有一定的前瞻性，那就是在互联网场景下，**兔儿伙伴造型设计所具有的共情力，用造型的手段从情感上唤醒非遗形象，**也是未来智慧产品为它在物联网场景里，从大数据等角度，为用户提供高标准、柔性化的服务做好准备，为将来用智能技术从形态上唤醒非遗形象打下基础。

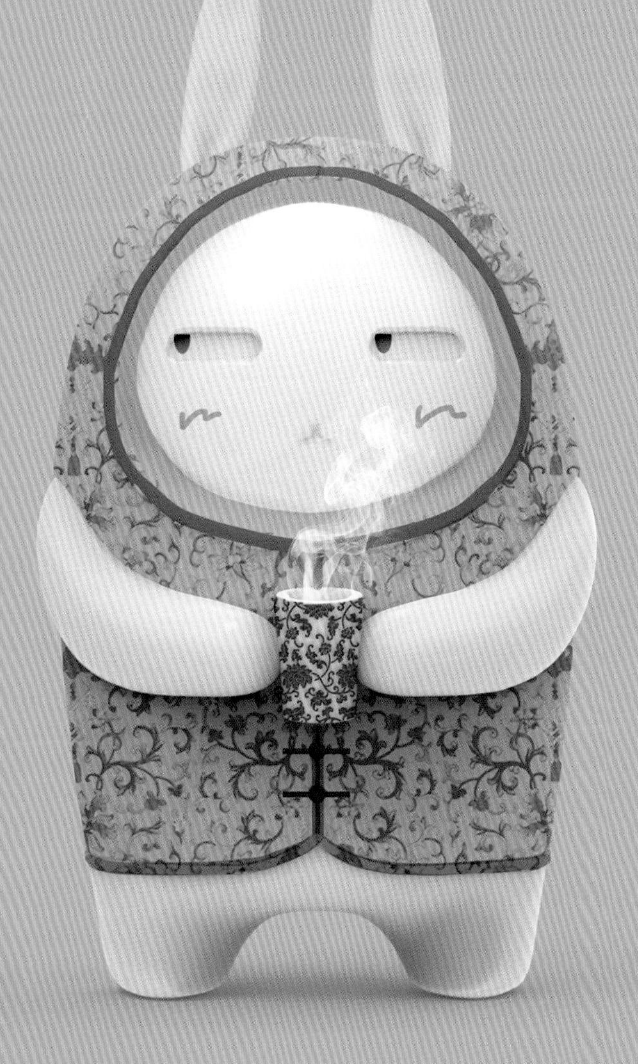

图：张世强

以非遗为主题的 IP 形象设计，需要在互联网生态中不断升级。互联网有自己独立的生态，这样的形象特征，要注意一方面设计要素是基于民俗的共情，另一方面设计的要素要做到顺应生态的自然，完成不断生长的过程，特别是顺应自然，需要梳理多层的关系，诸如形象设计与非遗 IP 的关系，形象设计与互联网自然的适配关系，把它们都放置在合适的位置上，使这些看似交错复杂的因素拥有和谐的关系，实现不断生长的趋势。

非遗 IP 形象的设计，特别是 IP 形象的造型设计，既要尊重互联网生态的自然，又要顺应互联网生态的自然，让它成为 IP 成长的肥沃土壤。尊重自然是对自然有着敬畏之心。顺应自然、让自然成为它自己。通过梳理它们的关系，不要对它们所处的位置和环境横加干涉，而要让它们在各自的位置上各司其职，发挥各自的作用。

兔儿爷造型的设计，学会讲故事是它的重要能力。但如果要想成为非遗 IP 形象，还要在顺应生活的自然中传达它们之间的共有情感。把话题放在民俗自然生态和网络自然生态的平台上去讨论，民俗自然生态和网络自然生态，各自拥有各自的领域，在各自的领域中它们的形象也各具特点。当然，有些重要的信息是互相交汇的，这些交汇点往往就是“玩”，这是一种真正地顺其自然的状态，也是设计师在进行形象设计时要注意的重要内容。

从民俗自然生态的角度进行非遗形象的设计，和从互联网生态的角度出发一样，要学会顺应自然。我们可以把设计师 IP 设计要素作为第一个原点——神话的兔儿爷。非遗形象——兔儿爷什么时候出现在皇城北京，具体的时间谁也记不清楚。它甚至没有标准的形象，也没有标准的祀拜礼仪，老百姓在创造它时有他们各自的理解，表达它时也有他们各自的解释。它是一种娱乐化——因“玩”而诞生的形象。然而，这就是民间神话的特点，悄悄地在老百姓中流行，没有谁为它做宣传和推广，可能就口头上一句简单的话——它真的很灵验。它的名声就从这一家传到了那一家，就从这一个街坊传到了那个街坊，在老百姓中兴起成为一个喜爱的民俗形象和祀拜对象。**这看似是个故事，其实一切都是对环境的尊重，让它 IP 形象拥有自己的成长路径。**

互联网生态拥有同样的道理。在这个生活圈中让人喜爱的形象，从被人们发现开始便是成长的过程。

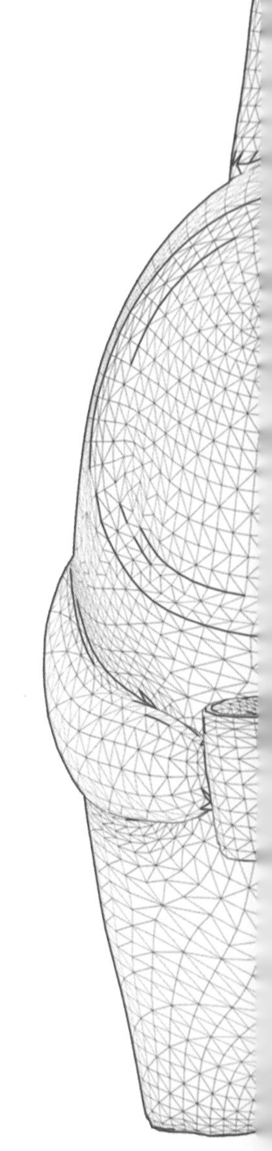

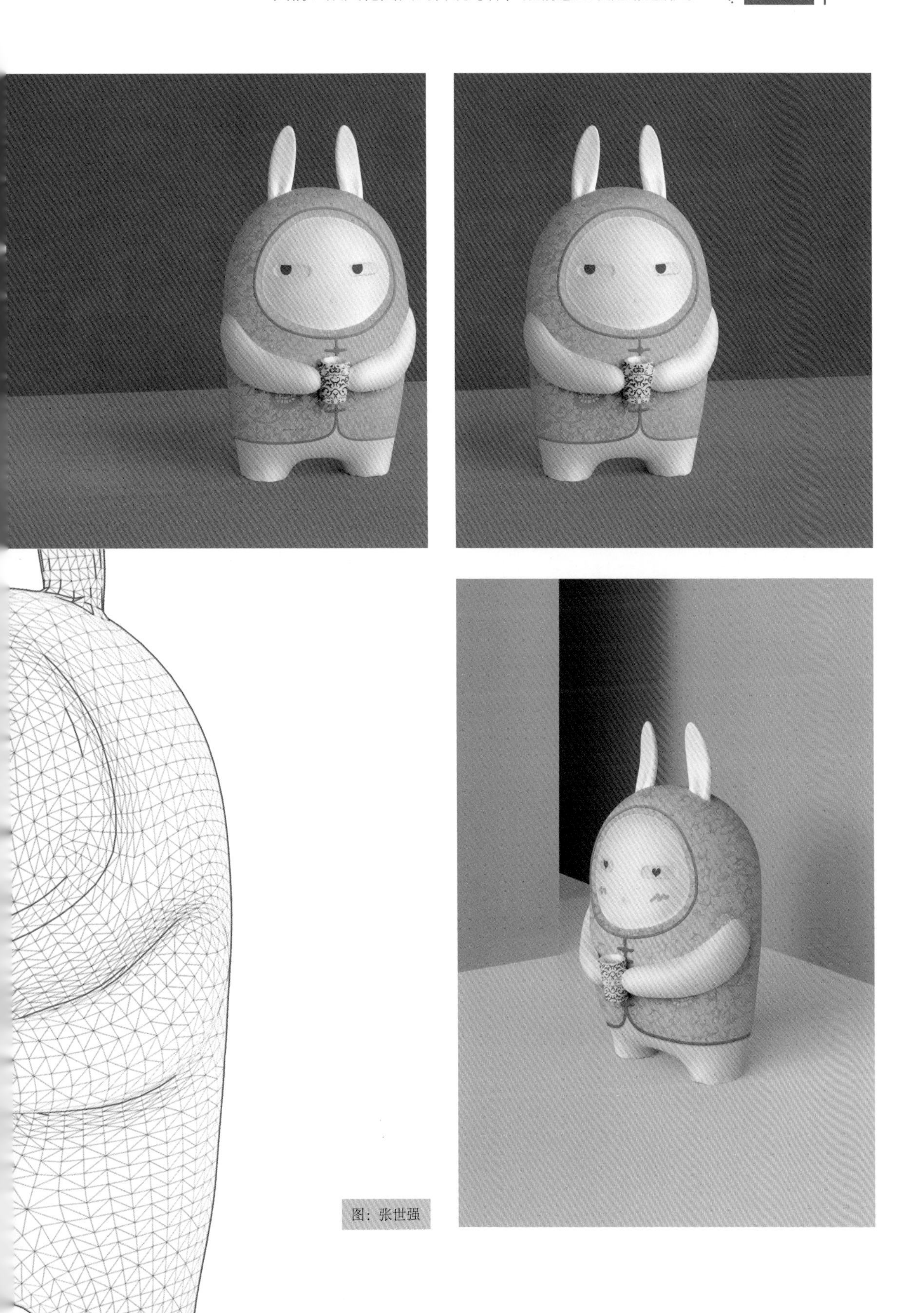

图：张世强

图：张世强

一个成功的 IP 要逐步被了解，并不需要做强行的推广和介绍。换句话说，就算做了强行推广和介绍，也不一定会有人真的喜欢。人们在使用手机的某些 App 时，看到某个形象惹人喜爱会点击转发，这就从互联网的这个角落转向了另一个角落。并不是谁强加给他们的，这和从民俗的自然生态角度出发一样，喜爱这个形象或者不喜爱这个形象都是自发的，都是无意识的关爱和同情，而这促成了 IP 形象的成长和变化。

造型设计要关注它的场景设计，一方面要做到对形态有意味的塑造，另一方面要顺应场景，在自然而然中传达共情。

虽然不要对它和它所处的环境强加干涉，但也并不是在设计思路上对它百依百顺，而是在顺其自然的基础上，更强调“玩”的个性，描绘出有自己特点的形象。从民俗自然生态的角度出发，进行非遗形象的设计，和从互联网生态的角出发一样，要学会顺应自然，推进 IP 形象，特别是 IP 形象的造型设计的成长和变化。要从自然而然中找到超过自然而然的东西。可能对非遗形象——兔儿爷的喜爱一开始只是在小规模的人群或者一个家族中兴起，也有可能仅是源自神话故事的某一个延伸版，人们在描绘它的形象时，可能会对它做各种夸张动作，有可能点一个红唇、加一个背旗，或是换一套服饰，这都是个性化设计的开始。但是它成为神格化的形象是板上钉钉的。明代末年开始兴起对兔儿爷的祀拜。明人纪坤（约 1636 年）在《花王阁剩稿》中记载：“京中秋节多以泥抟兔形，衣冠踞坐如人状，儿女祀拜之。”[①] 这一项女人专属的活动，起于明朝，到了清朝时期的皇城北京，每一家有每一家的玩法，不管是胡同里老百姓的妻女，还是皇城里的后妃娘娘、格格，都以自己的理解和喜好，把与兔儿爷相关的“祭月——祀拜太阴君”活动办得红红火火，使得这个非遗形象拥有一种完整生态系统的民俗生态。

同样道理，在网络自然生态里，同样是一个形象，人们都可以对它进行 DIY，就是对它的形象进行添加和重新组合。这种工作更像是“玩”。在玩中人们对它产生了各自倾向的审美。设计师笔下的兔儿爷，可以丰富多彩——霸道的、呆萌的、憨厚的、素朴的，也可以进行各种角色的串演。但是它被互联网的生态圈所喜爱，这一点并不是由设计师所决定的，而是由互联网千千万万的粉丝所决定的。

① 王丽．中国传统民间玩具的现代性设计研究 [D]．重庆：重庆大学，2008．

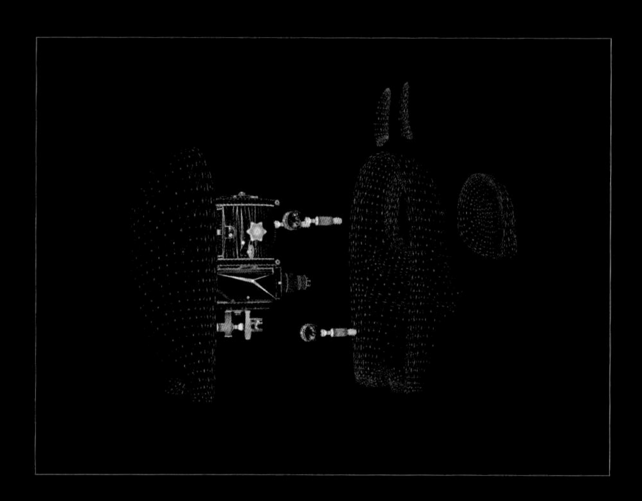

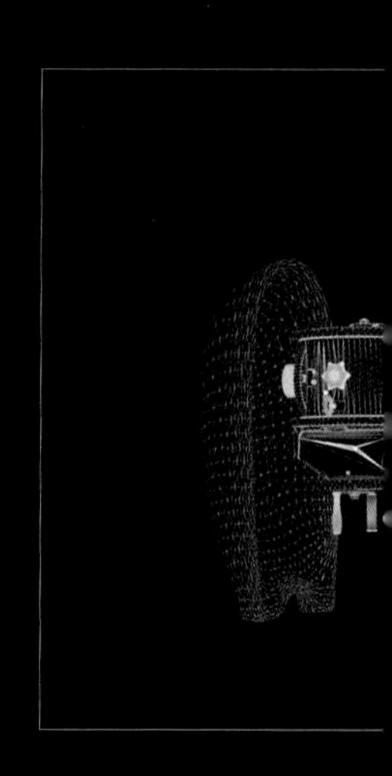

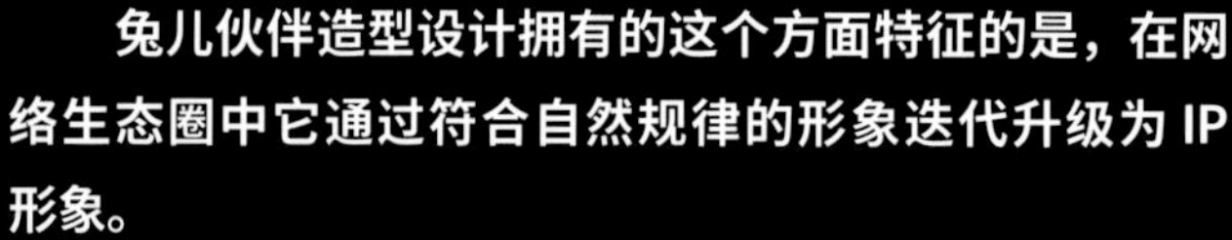

兔儿伙伴造型设计拥有的这个方面特征的是，在网络生态圈中它通过符合自然规律的形象迭代升级为 IP 形象。

不管在哪种自然生态圈里，它的形象都要基于民俗生态，尊重生态的自然、顺应生态的自然和保护生态的自然。把它们当作是缺一不可的整体。尊重自然和顺应生态的自然，当然也离不开一个重要的前提，那就是保护生态的自然。尊重生态的自然是对存有生态抱有敬畏之心；顺应生态的自然是不对它指手画脚，让生态成为生态它自己。和民俗的自然生态一样，网络的自然生态，也面临一个新的课题，那就是学会保护它，让非遗 IP 在自然的生态环境中不知不觉地成长。

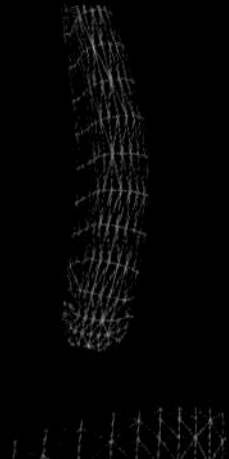

兔儿爷造型设计想成为具有 IP 特点的非遗设计，要在现实生态和虚拟生态中同时成长。在前文我们讨论了共情的适应性，此处要讨论的是共情的生长性——造型设计具有的共情力同时在两个生态中，注重它自身的生长性：① 这种类型的设计在造型上要留有余地，形态的变化要自然而然，要像一个拟人化的小动物一样具有成长的节奏，在成长中传达共情体验。② 兔儿爷 - 造型设计，不仅形态上要自然，而且与它相关的环境也要自然而然，不要随意破坏它的生态链，以免影响在完整和通畅的生态链中传达共情的体验。

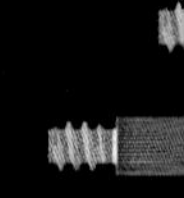

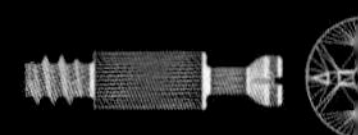

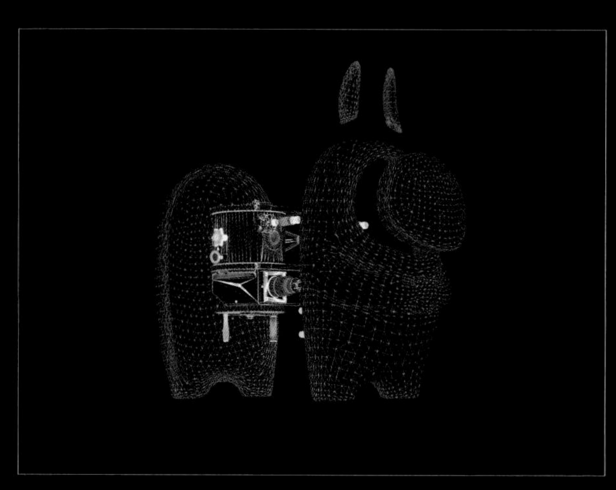

这种类型的设计在造型上要留有余地，形态的变化要自然而然，要像一个拟人化的小动物一样具有成长的节奏，在成长中传达共情体验。

基于民俗生态的 IP 形象设计，一旦进入互联网的生态圈，成为互联网生态圈的一分子，它就有独立的生长节奏。和大自然一样，所有的生态圈都是易碎并容易受到挫折的，特别是生态圈中的生态链，是一环扣一环的。也就是说，损坏了任何一环都有可能形成多米诺骨牌效应，造成其他环节的倒塌，从而最终整体崩盘。

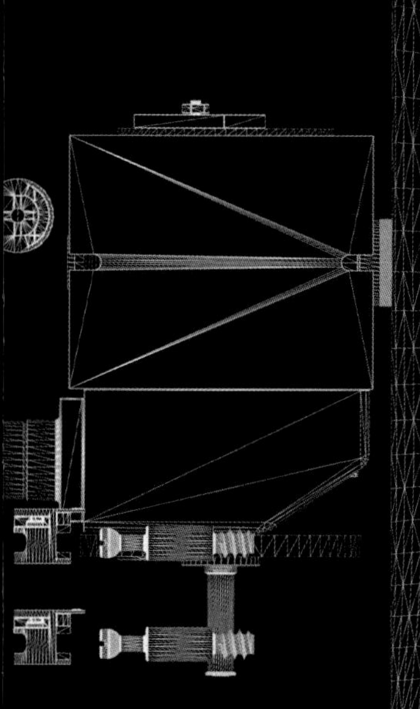

这是 IP 设计师从造型设计的一开始就要兼顾的问题——在民俗生态中，作为节日生态的兔儿爷就形成了一个生态链。仔细看一看，北京的老百姓是极具情意的，旧日的北京，非遗形象——兔儿爷完全是家里的成员一样。如果把非遗形象——兔儿爷的生态圈做一个横轴和纵轴的关系图，那么它的生态圈横轴是空间环境，纵轴是以节庆为脉络的时间节点。先看空间环境，家家户户的厅堂里，专门的案几上供放着兔儿爷，他们不仅把非遗形象——兔儿爷，作为“太阴君”来祀拜，更重要的是把它当成家里的一个玩伴，在造型上进行反复推敲，精雕细琢。

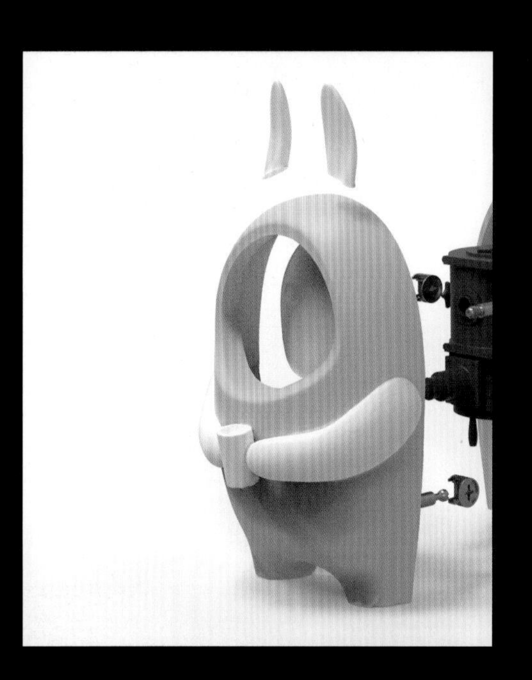

再看以节庆为脉络的时间节点，到了中秋佳节，虽然没有皇家礼俗的豪华和气派，但是老百姓在做上几道菜，摆上几杯酒，祭拜月亮拜求来年风调雨顺、合家幸福的同时，也会借这时候让出嫁的女儿回娘家，让远行的家人回到身边，家家团圆共进晚餐。那是欢喜开心的民间节日，在互联网的生态圈中，人们对它的保护是一样的。不管是有意还是无意，人们一旦破坏了生态圈的空间轴或时间轴，都有可能造成整个生态圈的恶化。所以，要顺应自然，保护互联网自然的生态状态。IP 形象设计，特别是非遗 IP 形象的造型设计，要注意设计的规律，让真实的体验唤醒悲悯的情感，激活生态圈中每个环节间的共情力，以共同保护这个形象赖以生存的生态环境。

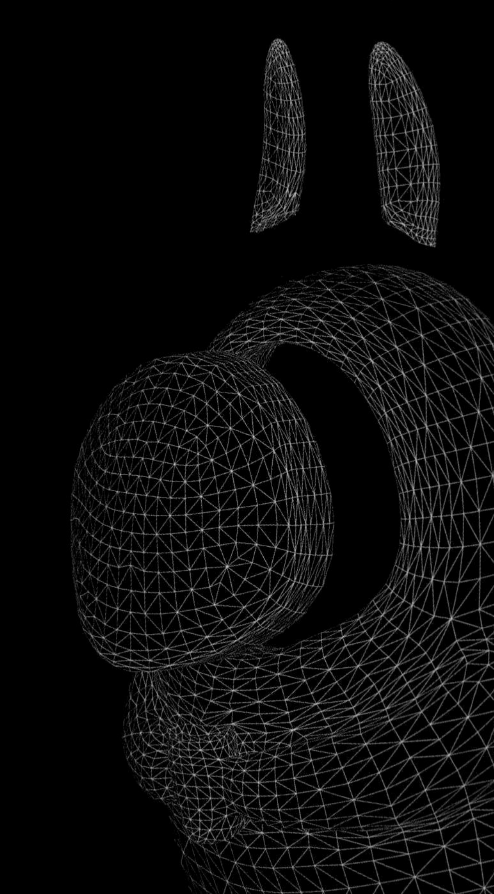

兔儿爷——造型设计，不仅在形态上要自然，与它相关的环境也要自然而然，不要随意破坏它的生态链，以免影响在完整和通畅的生态链中传达共情体验。

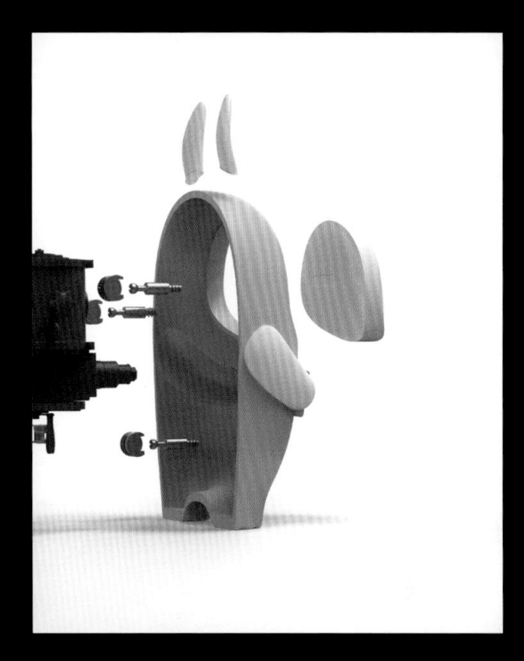

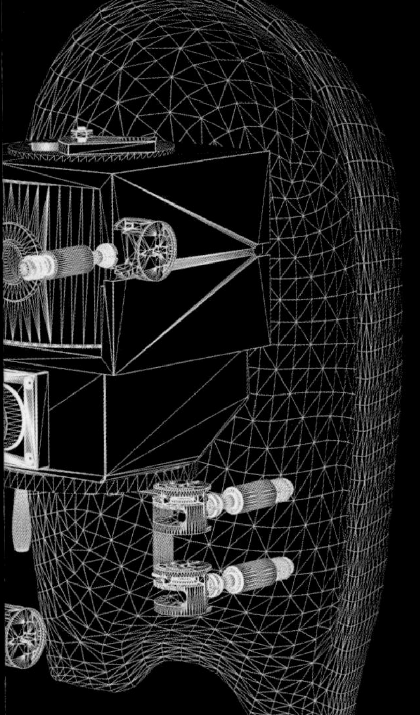

这是 IP 设计师从造型设计的一开始就要兼顾的另一个问题——和民俗的生态链一样，互联网的生态圈在保证它健康发展的同时，也要保持各个链条之间的平衡性。作为民俗的兔儿爷，成为大家喜闻乐见的原因只有一个，那就是深入人心。因为它用一种微妙的平衡方法，让这个社区中的每个人沐浴在暖暖的庇佑中。与“兔儿爷”相应的节日，中秋圆月中有一个很重要的字“圆”，它是老百姓对生活美满、家庭幸福的期盼。“圆”字的民俗看似简单，家家户户都会传出欢笑声，在儿童的心目中，兔儿爷的造型最具亲和力了，它不再是摆在供台上的祀拜品，而是可以把玩的玩具，这完全是作为儿童玩具的兔儿爷！非遗形象——兔儿爷的造型如同舞台上的形象，大人们对它描红画绿，让它披上金盔甲，在头盔上插上野鸡翎，在背后插上三角旗。一方面让这个属于孩子们的玩具更加漂亮好玩，另一方面这个京剧武生造型也是人们对它的期望。

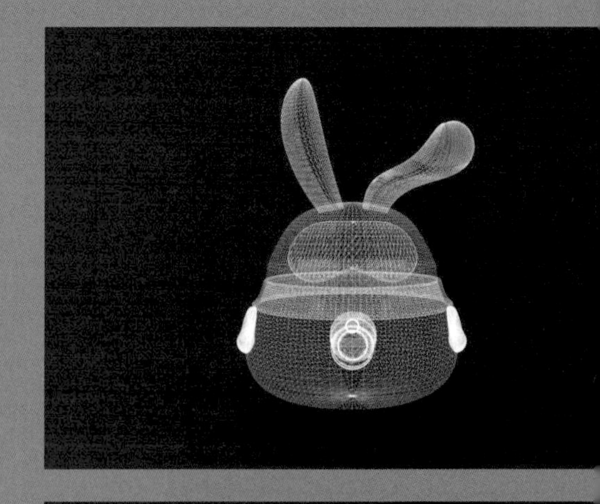

可以说，非遗形象——兔儿爷这个造型形象，在几个方面都让不同年龄阶层、不同身份的人觉得十分亲切。

借助自媒体的发展，建立自己的粉丝池。它是非遗形象，特别是非遗形象的 IP 化设计的重要内容，成为自然递进的生态链的一部分，也是非遗活化的方向。当自媒体覆盖了全社会的各方面，产生了巨大的传播作用时，其实是它在试图填补巨大的空缺——寻找每个人内心的文化回归。在这里有心的设计师会发现一个契机：现代社会去中心化和个体文化需求的崛起，原先拥有话语权的少数主流媒体，因为移动手机终端的发展而被人遗忘。加上社会生活节奏的改变，人们接受媒体信息的方式变得多元和多维，使得接受新媒体信息的时间变得碎片化。一个普通的自媒体，满足了个体的文化需求，这时候甚至变得和原来主流媒体的信息一样重要。

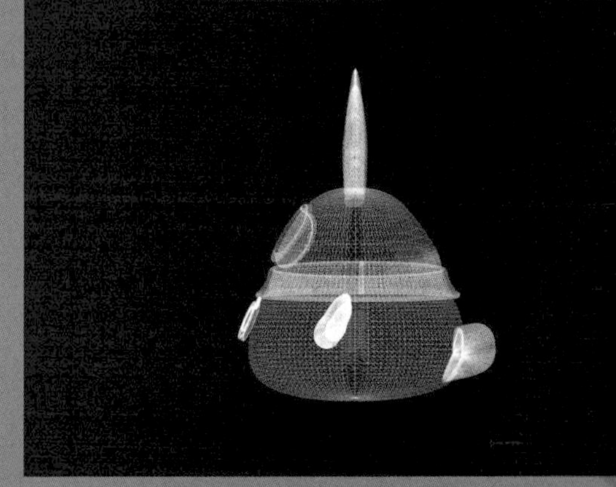

我们可以看到，中心式、权威式的话语被人们逐渐淡忘，形成了一种新的生态链。跟随主流媒体，曾经拥有个性特点的、具有话语权的中心（英雄）形象也随风而去，不见踪影。相伴而来的是个性化的非遗小 IP 被普遍认可，公众号、抖音号或是网上带货，随着移动手机终端的发展进一步得到认可。它从传播模式转为营销模式，甚至变成一群人的生存模式。IP 运用非遗形象来塑造，特别是非遗形象的造型设计产生的综合信息，有效的发出声音，成为能够加强文化的特征的重要内容。

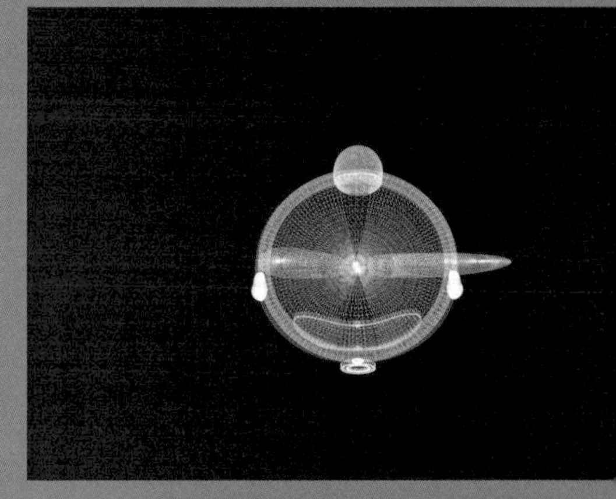

不论是民俗生态还是互联网生活，都是一种自然递进的生态链，在哪里都一样。

2.3 共情语境下的 IP——扮相设计

非遗形象从传统的文化符号，转化为现代 IP，在本书最终的目标是设计出一件服务用户具有智慧功能的生活产品。而智能产品从一开始就要注意塑造有特色的形象——而在本节讨论的"扮相设计"，其实是智能产品外壳设计的一部分，为将来的产品设计埋下了一个伏笔。**那就是在产品外形设计下，吸收传统的文化主题，通过扮相设计这一形态语言的表达方式，为未来的智能产品注入预先的情感。也可以这么说，让它将来更有效地拥有一个功能：从扮相到角色，从角色到未来潜在的用户的视野，让它通过与未来潜在的用户对视，让未来潜在的用户产生对它的喜爱之心，用它独有的性格力、讲故事的能力和感染力，建立它和未来潜在的用户的共情。**

扮相一词，可以说是装扮和相貌两个词的组合。一方面，可以把扮相设计看成上一个章节所讨论的造型设计的另一部分；另一方面，扮相设计更偏重于外观形态在性格化、叙事性、感染力等方面的塑造，它的内容中有更多动态和活跃的因素存在。纯粹的造型设计关注的是形态语言如何表达，呈现出更多的静态形式，在这一点上它们有着较大的差异。但究其根本，它们都是从造型上来展现形式，通过形式来呈现主题，通过主题来连接传统的文化符号，通过传统的文化符号来连接文化母体，建立与传统文化深度的、富有共情的连接。

扮相是兔儿伙伴特有的设计内容。它包括两方面：一是手、脸部等部位的妆饰；二是参照某个戏剧中或者想象中的角色，添加服饰、道具和坐骑等。兔儿伙伴原身是广寒宫玉兔子，它在老百姓生活中一出现，就自带着神性。所以说，它其实不是一个生物学意义上的动物，为它进行各种各样的扮相，源自老百姓对它和它背后的神话故事的喜爱和欣赏。

扮相设计究竟有什么价值和意义？上一节讨论的是，像兔儿爷这样的一个传统的非遗形象，如何通过造型设计，建立能够在两个不同空间之间融通的共情。可以说，兔儿伙伴造型设计里具有的共情拥有以下两个特征：首先是共情的生活娱乐化，同时适用于现实空间和虚拟空间的娱乐化和生活化；其次是共情的生态化，在现实空间与虚拟空间中，如同具有适应大自然的生态一样，同时具有对环境的适应性和自身的生长性。

本节讨论的是：兔儿爷这一非遗形象，如何通过扮相设计，建立它和用户之间的共情。对普通人来说，扮相的作用是一个人可以从普通生活中跳离出来，成为与平时生活不一样的某个角色。但是对于未来潜在的用户来讲，这样的某一款智能产品可以是我们的生活助手，而扮相设计是为这款智能产品设计做前期的造型准备，营造出一个角色来和未来潜在的用户对话。它究竟有什么价值和意义？接下来从 3 个方面来阐述这个问题。

图：房倩钰

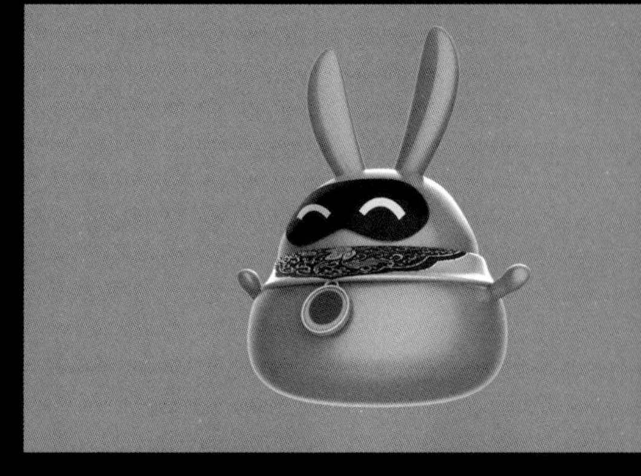

第一，扮相设计具有以下特点：① 进入角色的扮演，有没有扮相，意味着你有没有进入角色。② 不同的扮相，会让你进入不同的角色。③ 通过扮相与场景的组合，未来潜在的用户可以扮演某个角色。其实，每个人在每个场景下都在不知不觉地扮演某个角色。以一个 40 多岁的中年男人为例，在学校他是一名老师，在驱车上班的路途中，他可能是司机或者乘客，而到了家里，他可能需要担当父亲这个角色。通过扮相设计的兔儿伙伴这款智能产品，其实是充当这样一个角色，在家里它通过沟通、暗示或者交流，协助这位男主人在家里扮演好一个出色的父亲角色。这款智能产品在设计的初始，就得关注它的造型，特别是面对未来不同的潜在用户时，能够量身定制出它所需要的有扮相特点的形态原胚，这会直接影响将来是否能够设计出一款出色的智能产品。

第二，通过扮相设计实现角色的扮演，还需要以下两个条件的配合：① 需要有一定氛围场景的营造；② 塑造出一个可以和未来潜在的用户扮演对角戏的角色。回到我们的话题，这个以兔儿伙伴为主题的智能产品，通过扮相设计，从而让它们同时进入特定的戏剧场景。如果还是以上述的这位中年男人为例，当他辅导小孩学习后，进入书房继续他的写作，这时候就需要一个类似中国古代书童式的朋友，描述他上一次协作的最后状态，协助他进入沉浸式的写作空间。这样的生活助手，使他更容易在几个角色中进行切换。

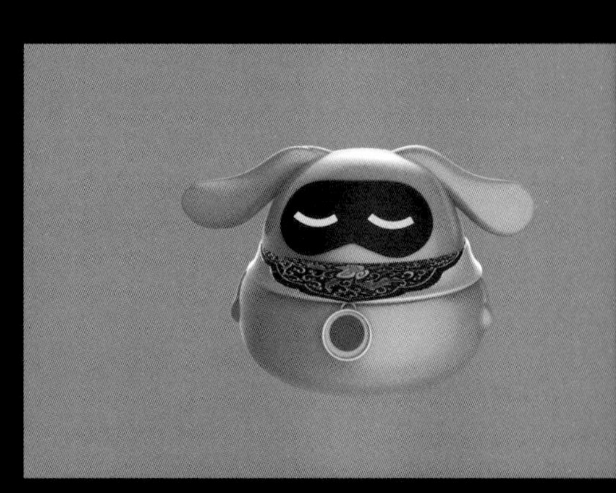

第三，“扮相”二字，究其根本，产生了以下两个作用：① 扮相设计的背后其实实现了人们在生活中，对转换自身角色的迷恋；② 未来潜在的用户和智能产品通过角色扮演，产生了在生活中更为亲和的关系，催生了他们之间更亲密的共情。

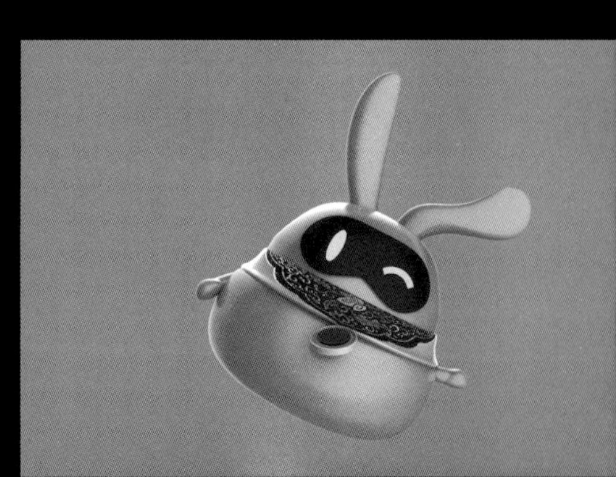

扮相，在本节中，兔儿伙伴恍惚成为某个演员，装扮成某个戏中人物的形象。本节将讨论兔儿伙伴设计所独有的扮相设计特征，就是如何把拟人化的非遗形象——兔儿爷装扮成舞台上的某一个形象。这也是非遗形象拟人化设计里的一个重要内容，也是让传统的文化符号成为现代 IP 的独有内容。扮相设计，是指针对主要人物的性格、动作等形式进行特定的组装和设计，让它成为舞台上的某个形象。[①] 在这里，兔儿爷通过扮相设计产生了以下效果：让兔儿爷的形象拥有更多的剧情效果，成为一个舞台上叙事的戏剧和感情成分，有戏剧冲突和感情爆发的戏剧形象。

所以，兔儿伙伴形象拟人化得到进一步升级，在扮相设计上主要有以下 3 个特征：① 性格化与共情；② 叙事性与共情；③ 感染力与共情等表现手法，让它不自觉地进入生活的大剧场中，直接面对戏剧冲突和情感爆发，从而进一步增强兔儿伙伴这个形象在未来潜在用户心中的丰富性，让用户有可能更主动地参与到兔儿伙伴形象的设计中，产生对它的情愫。

它将从扮相设计的性格化、扮相设计的叙事性、扮相设计的感染力等 3 个角度，建立未来潜在用户与兔儿伙伴的共情。

2.3.1 剧情——性格化

通过性格明晰、带着叙事性和感染力的扮相设计，从传统文化的符号提炼出兔儿伙伴形象，转化为现代有性格、能讲故事、感染力强的 IP 形象。

兔儿伙伴机器人的外形设计，扮相设计的研究其实是属于它的前期准备。兔儿伙伴的形象基于民俗的非遗形象——兔儿爷，它的扮相设计是 IP 形象“剧情化”的一部分。首先我们要强调它的性格化，当然并不是一味强调它的脾气很特别，而是强调它具有共情力的性情秉性。也就是说，要深入民俗生活，找出它的性格特征，特别是对他人有爱的情感，加以强调和夸张。

扮相的性格化设计，也是形象设计的过程中把生活“剧情化”的一个方式。“剧情化”的开展要基于有血有肉的情感，要真实地反映生活，也是兔儿伙伴这一传统文化符号能够转化成为 IP 形象的重要前提。

① 王孟孟．从游戏设计看数字时代的虚拟美学 [J]．青春岁月，2014（16）：134-135．

图：房倩钰

能否成为未来潜在的用户所喜欢的智能产品，为下一步智能产品设计做前期的形象塑造，取决于这个智能产品的形态原胚，是否和未来潜在的用户具有共情能力，同时这也是衡量智能产品是否优秀的主要前期因素之一。通过一系列丰富的扮相设计，使其在内容上更加丰富变化；在形式上，兔儿伙伴的扮相更加具有特殊的生活气息和生活情趣；在表达上，兔儿伙伴的扮相，具有类似一个角色上了舞台后的特点，它与观众之间面对面之时，既有一定的距离感，又有产生的共鸣和亲切感。

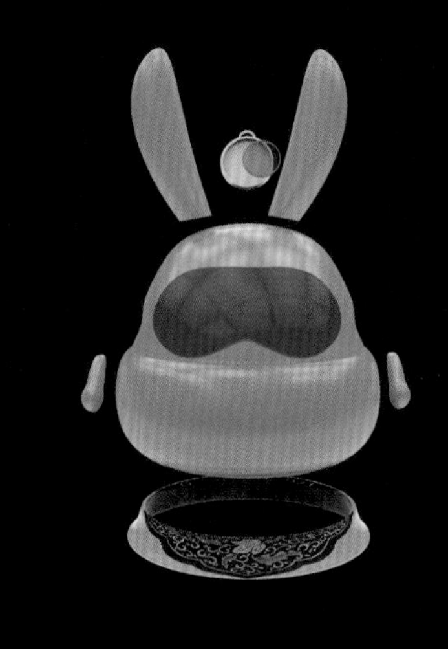

以下主要从 3 个方面来讨论如何开展设计：① 性格化与共情；② 叙事性与共情；③ 感染力与共情。

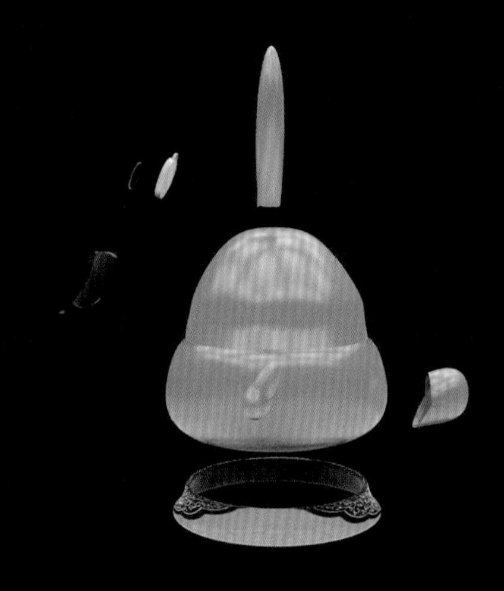

兔儿伙伴的扮相设计的性格化要素，要和让这个形象拥有的共情力放在一起讨论。两者缺一不可，过于强调性格化，缺少共情力，会让未来潜在的用户觉得这种智能产品不好用。而缺少性格的共情，会让未来潜在的用户觉得这种智能产品乏味无趣。

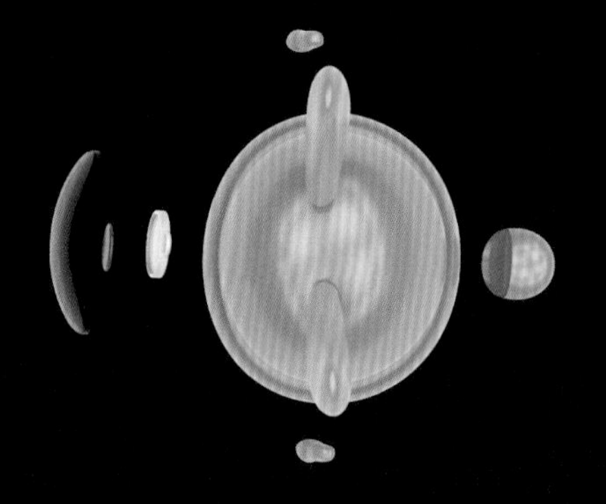

首先，基于民俗的文化符

号进行现代设计，要想升级为 IP 形象，扮相设计是这个工作中的重要内容。也可以说，如何在设计的过程中既要发挥具体形象兔儿伙伴的魅力，又要注意未来潜在的用户在使用这个智能产品时，在形态上对它产生好感与情感共鸣，建立与它的共情关系。该工作的重点是“剧情化”在设计的第一个手法呈现为性格化，性格化不是简单的强调性格夸张，而是为未来的智能产品设计埋下伏笔，就是这个形象具有与未来潜在的用户交流情感的共情力。其次，扮相设计要深入日常生活，找出它的性格特征，并加以强调和夸张，它的目的是用夸张的形象，来吸引未来潜在用户的眼光，建立与未来潜在用户的共情。

当然，这部分的设计还要关注兔儿伙伴这个形象在拟人化设计之后，具有活态的情绪和性格。在剧情推进的环境里升级，形式和内容会随着时间而变化。不了解兔儿伙伴身份背景的人，都认为兔儿爷是由兔子演化而来的，会错以为它的原身是一只可爱的兔子。这其实只对了一半，兔子是指生物学上的小动物。其实，老百姓心目中的兔儿爷形象来自神话故事中的玉兔原型。它的个性脾气、心理气质、言语谈吐等，来自生活并不是照搬生活，而且具有一定的典型性，这样才让未来潜在的用户对它有着比较稳定的认知，从而对它容易产生共情。

兔儿爷升级为现代 IP，我们还要从传统文化符号谈起，有时候它并不是非常具体的文化形式，不仅是内核，它的外在表现也非常复杂。传统文化符号如同一个宗族的母神，孕育、抚育、核对、繁殖整个文化体系，以各种方法构成了整个社会的思想和精神体系，可以说它是当下社会的最大的符号。建构未来兔儿伙伴机器人这一产品和未来潜在的用户之间的关联，除了要在形式上建立这个符号和传统文化之间的关联外，还要用情感纽带，用有性格的形象塑造建立他们之间的关联。

图：房倩钰

兔儿爷

人工智能产品IP

INTELLECTUAL PROPERTY OF AI PRODUCT

智能音箱设计

DESIGN OF A SMART SPEAKER

图：房倩钰

性格化是扮相设计的重要部分，它既源于生活又高于生活，既要关注生活中情感的丰富性，也要通过对该形象的性格进行归纳，让它呈现出比较明晰的特征。这个工作不仅能解决未来产品设计对外形设计的苛求，也预示着这一智能产品对角色性格的理解。角色设计——特别是有性格特征的扮相设计，是在真实反映生活的基础上，成为民俗生活和舞台想象融合后的性格化形式。经历多个层面的想象，兔儿伙伴形象有可能形成性格与共情的融合，为未来的智能产品设计做好前期的铺垫。

扮相设计的性格化也要关注生活的丰富性。IP 的设计包含“剧情化”内容，它要基于生活的观察和体验，在真实反映生活的同时，在两个内容上下足功夫，用形式语言使设计前期的准备更加充实。

第一，用剧情展开的方式引导扮相设计，挖掘民间文学里的丰富内容，表达出它内在的性格。兔儿伙伴起源于神话故事。而神话故事经过人们的想象、添加和流变，变得多样复杂。不管是民间传说，还是街头街尾的故事，都非常丰富。查阅北京的民俗文化，可知兔儿爷的形象原身并不是生物学上的动物兔子，而是来自神话传说里的玉兔。有人考证说“玉兔”这个说法本来是源于“於菟”，而“於菟”是古代楚地称呼“虎”的土语。上古时代，巴楚一带有的民族崇虎，并把月神叫虎神，嫦娥的故事出现后，嫦娥就成了“於菟”。后来，有人就把“於”念成“玉”，“菟”在简化之后就成了“兔”。此后“於菟”顺其自然地成了“玉兔”。在民间口口相传的故事里，甚至有人说“嫦娥 = 於菟 ≈ 玉兔”。究竟是嫦娥抱着玉兔，还是嫦娥和玉兔就是一回事儿，就不好分辨了。嫦娥是姑娘，这玉兔自然也是雌性了。兔儿爷这一传统文化的符号，来源于民俗中的形象。其扮相部分的设计，随着民间神话故事“剧情化”的展开而展开。这种故事十分质朴，具有浓厚的生活气息。通过搜集信息进行有效的表达，将民间生活中浓浓的情谊书写在字里行间。非遗形象可以真实地反映生活，在想象的基础上，挖掘气息醇厚的生活故事。

第二，扮相设计为未来智能产品的设计做前期的准备，不仅要注意表现形式的丰富性，还要发现其在生活层面存有的趣味性。

兔儿爷

人工智能产品IP

INTELLECTUAL PROPERTY OF AI PRODUCT

智能音箱设计

DESIGN OF A SMART SPEAKER

图：房倩钰

形式语言是兔儿伙伴机器人——智能产品外壳设计的前身。扮相设计是形式语言的一种，它的目的是除了要把造型做对、做像以外，还要表达这个形象在生活里有趣的一面。比如兔儿伙伴来源的另一个版本，在兔儿爷这个形象里隐藏的趣味性。有趣的是，在老北京的故事里，兔儿爷究竟是男的还是女的，让人捉摸不透，这本身就是一个有趣的话题，足够在生活里讲很多遍。在北京地区关于兔儿爷最开始的传说是兔儿爷是姑娘。相传有一年，北京城里忽然闹起了瘟疫，几乎家家都有病人，吃什么药也不见好。月宫中的嫦娥看到人间情景，心里十分难过，就派玉兔到人间去为百姓消灾治病。玉兔就变成了少女来到北京城，她走了一家又一家，治好了很多病人。[①] 接下来的故事就发生了有趣的变化。人们为了感谢玉兔，都要送给她东西。可玉兔什么也不要，只是向别人借衣服穿。这样玉兔每到一处就会换一身装扮，有时候打扮得像个卖油的，有时候又像个算命的……一会儿是男人装束，一会儿又是女人打扮。这时候，兔儿爷的性别就开始变得模糊。[②]

民间的神话故事口口相传，最大的特点就是添油加醋，讲得特别有趣。从传播学角度，可以说这是一个非常成功的传播案例。究其原因，有趣的背后是一份浓浓的情义——是亲人之间的嘘寒问暖，是邻里之间的互相关爱，是陌生人之间的互相帮扶，是一个社区的共情。未来的智能产品要想有效地建立与用户的共情，就要在设计开始之前将所收集的外壳造型，在图形上已经具备与丰富的民俗故事之间的联系，也可以说，它应该做了充分的前期准备——具备了未来用产品体验的情感唤醒。

扮相设计所具有的性格化，一定是活态化的性格。也就是说，随着产品外壳的设计与“剧情化”的进一步融合，外壳设计的原型兔儿爷——变得具有像人一样的特征，有出生和成长等生命现象，而它的性格也随它的生长产生相应的变化。在民俗生活的土壤里，它如同种子一样发芽——要善于抓住刚刚出生的生命特点，设计出胖嘟嘟的可爱形象，以及萌萌的性格。随着时间的推移，要善于抓住其在少年青春时期成长的样子，设计出和年龄相符的形象，以及奋发和叛逆的性格。

---

① 熊亮．兔儿爷 [M]．天津：天津人民出版社，2016．1

② 杨莹．京城当代悬壶济世的“兔儿爷”[J]．北京纪事，2012（12）：42-44．

图：房倩钰

图：房倩钰

兔儿爷也在成长和变化中讲述它的故事。逻辑上讲，玉兔下凡是男儿身，而我们平时看到的兔儿爷在舞台上都是男性将军的形象。这是老北京传说的另一个版本：相传有一年北京闹瘟疫，玉兔下凡给大家治病，但它是“女儿身”，不得随意抛头露面，只好去庙里借来神像的盔甲，打扮成男人的样子。[①]这时候，扮相设计就出现了一个活态化的性格转型——兔儿爷就从女儿身变成了男儿像。当然这个变化还没有停止，为了尽快给更多人治病，玉兔将马、鹿、老虎等各种动物当坐骑，跑遍了京城内外。这时候，扮相设计添加了坐骑这个道具，也添加了与之相呼应的俗语和与坐骑相关的故事。

这个变化还在延续中。瘟疫过去后，玉兔也累倒在庙门外的旗杆下，现出原形。人们这才知道救人的是玉兔，感其恩德，每到农历八月十五都要供奉它，给它摆上好吃的瓜果菜豆，祈求它给人间带来幸福吉祥。[②] 这些变化中的性格，有可能会成为重要的内容，通过产品外壳造型的设计，写入未来智能产品的基因中去。基于民俗生活，提炼出人们喜爱的非遗形象，这个喜爱成为产品设计的一部分，它会随着年龄的增加而成长。这就是我们说的活态性格，它具有生长的特点——随着年龄的成长而成长。这是形象 IP 化的重要特征，如同跟随有情感的生命，与生命共同成长，设计出每一天鲜活的体验。

基于民俗的非遗形象，它的性格化应该自然而然。

非遗形象的扮相设计，在民俗生活的土壤里不断成长。扮相设计带来的兔儿伙伴性格特点的塑造，要像花瓣一样成长，没有丝毫的矫揉造作，顺应自然。非遗形象兔儿爷性格的成长也是从工艺的幼年到成年，从朴素到奢华，从这个人群到那个人群，它从外形到性格的变化是自然而然、浑然天成的。从“以泥抟兔形”“以黄土博成”的描述来看，明代兔儿爷的制作工艺略微粗糙，兔儿爷的形象也较为朴素，可能是习俗的萌发阶段。到了清代，兔儿爷已经“面贴金泥”“身施彩绘”，形象上华丽许多，而且身价倍增——“值近万钱”“贵家巨室多购归”，甚至“禁中亦然”。可见供奉兔儿爷的习俗已经蔚然成风，不仅平民百姓和达官贵人祭拜，就连皇宫禁苑也不能免俗。[③]

① 胡玉远．兔儿爷老北京民俗 – 日下回眸：老北京的史地民俗 [M]．北京：学苑出版社，2008.
② 胡玉远．兔儿爷老北京民俗 – 日下回眸：老北京的史地民俗 [M]．北京：学苑出版社，2008.
③ 胡玉远．兔儿爷老北京民俗 – 日下回眸：老北京的史地民俗 [M]．北京：学苑出版社，2008.

兔儿爷

人工智能产品IP

INTELLECTUAL PROPERTY OF AI PRODUCT

智能音箱设计

DESIGN OF A SMART SPEAKER

图：房倩钰

这是一个成熟设计的路径。非遗这一传统文化符号，经过设计要回归到民俗生活，成为品牌。品牌是符号的消费，也是新民俗生活方式的载体。民俗的特点简单、有效，它不需要非遗品牌在各种渠道的推介，不需要广告铺天盖地地轰炸，甚至不需要智能手机上的 App 每天推送信息，重要的是它很简单，也因为它的简单，老百姓接受它时会很容易，它是基于老百姓日常生活起居的、是最普通的衣食住行中真实的生活。

与此相比，经营豆浆、油条、包子的店铺没有一句广告词，照样摩肩接踵、人满为患。重要的是有效。正因为有效，它承载着整个传统文化符号的满满记忆，在豆浆、油条、包子店勾起的是曾经左邻右舍的生活方式。不管是热腾腾的蒸笼，还是香喷喷的气味，或者是各种声调的吆喝，从气味到视觉都是多角度的体验。这种记忆的背后就是我们所说的民俗，它是早餐吃什么，午餐吃什么，晚餐吃什么，夏天热了穿什么，冬天冷了盖什么；它是老百姓的经验传承。

2.3.2　剧情——叙事性

扮相设计要深入民俗生活，热爱民俗生活，用充满感情的剧情化语言来描述发生在身边的民俗故事。

换句话说，**兔儿伙伴扮相设计是基于民俗的非遗形象，融入“剧情化”的叙事性表达，也就是说讲 IP 故事要融入情感。**

IP 形象的“剧情化”是基于民俗耳熟能详的生活。让生活充满故事，并用饱满的感情讲出来，这是非遗形象“剧情化”设计的重要工作，也是扮相设计的第二个手法，具有共情的叙事性表达。非遗形象兔儿爷，既生活在舞台的剧情中，又生活在现实中。作为智能产品设计流程前期工作的一部分，真实并具有共情力的现实生活要比剧情生活更为重要。通过以下 3 个部分开展分析。

① 舞台感最重要的表达方式是“剧情化”。兔儿伙伴的扮相设计要具有叙事性，想象是不可缺少的重要手法。② 这个扮相设计可以来自真实的生活，也可以来自对美好生活的想象，它具有通过想象产生特殊形式扮相的特点。③ 基于民俗的非遗形象，其扮相设计可以来自真实或虚构的生活，为未来潜在用户的共情生活增添内容，也为设计师提供参考。

扮相设计要深入民俗生活，渗透到生活中的各个层面，用独有的形式语言叙述一系列感人的故事。

在互联网文明的不断渗透下，非遗形象成为 IP 渗透到各个角落。当下，建立在虚拟空间中的民俗生活也在社会生活中变得越来越重要，甚至会在将来成为习以为常的生活现象。把兔儿爷打造成非遗 IP，如果能够通过它所属的产品和相应的服务体系、销售门店、连锁店、产品供应商和经销商，以及生产产品的企业对商品品质的保证，那么就会形成一个庞大的 IP 形态群，共同讲述一个用体验建立共情的故事，从而形成兔儿伙伴 IP 在社会生活中全范围覆盖的态势。

兔儿伙伴，既生活在舞台的剧情中，又生活在现实生活中。作为智能产品设计流程前期工作的一部分，**真实并具有共情力的现实生活要比剧情生活更为重要。**通过剧情的时间细分，扮相设计要和时间场景同步，有序变化，与一连串故事相呼应。一连串故事发生有规律的形态变化，会让基于民俗的非遗形象更加丰富。在这里，大家仿佛看到了扮相设计具有时间的节律美感。

老一辈的人都记得，非遗形象“兔儿爷”是孩子们在中秋节的玩具，它跟普通的泥人玩具不同。兔儿爷有神像的性质，北京人有供奉兔儿爷的习惯，所供兔儿爷有两种：一种是泥塑造的，一种是纸上画的，后者又叫“兔儿爷码儿”，完全是神像。

民俗形象从被这群人喜爱到被那群人喜爱，是用讲故事的方式传播文化的。扮相设计成为现代产品外形设计的来源，其实是用扮相设计这种语言方式向特定人群讲述故事。每一个角色都有喜欢它的人群，每个舞台都有它的粉丝圈，这主要经过了两个过程：首先是人们喜欢这个故事，其次是人们变成喜欢讲这个故事的人，也就是说，人们喜爱的非遗形象都具备这两个特点。

这在传统习俗里，一样有着相应的体现。旧时的北京，兔儿爷就像是一个故事里的主角。人们对待兔儿爷，不能像对别的泥娃娃那么随便，要把它摆在桌上，不致轻易摔碎。把玩的兔儿爷是一种泥塑玩具，既可以哄小孩高兴又可以把它当神敬，是玩具和偶像的结合。后来，不管是过节还是不过节，各家都要小心地摆着，给家里增添喜庆氛围。当然，这时候的故事不仅仅是家长里短，也不仅仅是为了让小孩高兴，更多的是承载着各种文化记忆。

扮相设计现在还只能算产品外壳的粗坯。传统中各种好玩的扮相文化，不仅给产品带来了讲故事的能力，而且给它带来了双重结果：一是用剧情化的形象自带故事融入现代生活，二是现代设计需要用叙事性这种方式来唤起人们对传统文化的记忆与共情。

舞台感最重要的表达方式是“剧情化”。

作为智慧产品外壳，扮相设计的“剧情化”不同于绝对的舞台式的剧情，而是类似朋友之间建立起来的圈层，这个圈层的人有共同的话题，有相似的价值观，会建立伙伴关系。

扮相设计的主要功能在于讲故事，它的表达需要多种方式。这与传承传统手艺的人是不一样的，他们甚至认为老祖宗留下来的规矩一点儿都不能改。北京传统的民间手艺人认为，像兔儿爷这种脱胎于民间习俗的物件，它承载的民族记忆是极有讲究的。[①] 现在很多制作出来的兔儿爷依然沿用清代以前的造型，没有为贴合现代审美做过多改变。也许在老手艺人的心里，只有经得起时光的砥砺，才能称得上至美。作为设计师我们进一步要做的事情是对这个词进行多层次的分解。不能把我们的设计简单地认为是有悖传统的肆意创新，而放弃了对产品造型原胚多种可能性的再创。比如，传统兔儿爷只有一杆靠背旗，有人为了好看，增加到两杆或四杆。[②] “这就是不了解民俗文化。”民俗的手艺人这么说道：“兔儿爷后背的一杆旗说明了它的出处。传说兔儿爷是在寺庙的山门外被发现的，这杆旗代表了它被发现的地点。从前老北京有句歇后语叫‘兔儿爷的靠背旗——独挑’，市井小混混打架时常用，意思是一对一单挑，因为兔儿爷只有一杆靠背旗。”如果真正回归到民主的生活场景中，兔儿爷的扮相应该和戏剧的扮相相关联，也就是在什么场景里讲什么样的故事。在传统文化符号活化的过程中，设计师所要承担的主要是对传统文化符号成为当

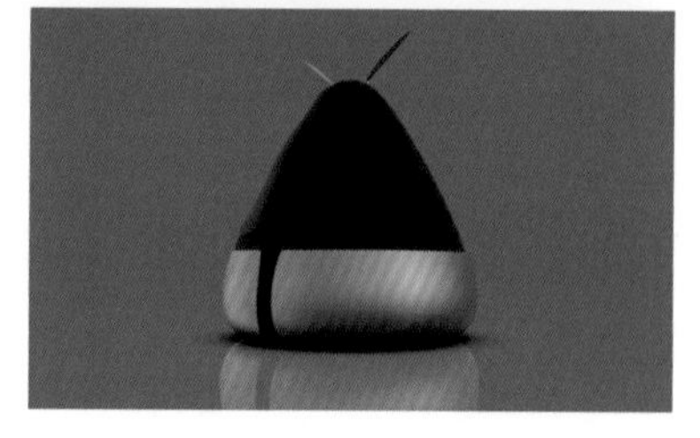

① 胡玉远．兔儿爷老北京民俗 – 日下回眸：老北京的史地民俗 [M]．北京：学苑出版社，2008.

② 胡玉远．兔儿爷老北京民俗 – 日下回眸：老北京的史地民俗 [M]．北京：学苑出版社，2008.

代智能产品设计某个部件的再创造。他要做的工作主要有两方面：回到更大圈层的文化场景中，去体验人们和非遗形象之间建立的文化共情；去寻找传统非遗符号在与之相应的人群中的文化叙事性。面对有文化价值的非遗内容，设计师需要对它进行全方面梳理。在这里，人们把非遗的传统作为一个有文化、有故事、有情节的 IP 进行全方位的设计。这就是兔儿爷这个民俗形象——与生俱来讲故事的能力，能影响非遗形象会不会成为现代 IP，以及如何对它进行再设计工作的展开。

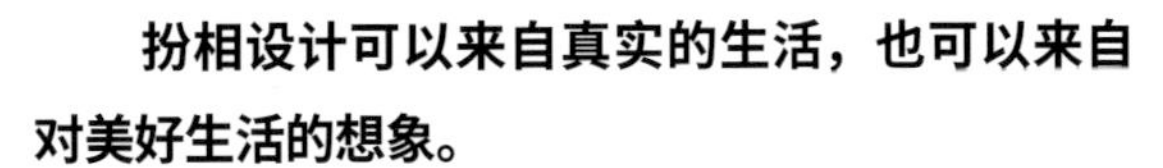

扮相设计可以来自真实的生活，也可以来自对美好生活的想象。

扮相设计通过外形的设计，能不能深入民俗中体验活动，能不能用简单的方式建立与潜在用户的共情，为未来的设计埋下关键的伏笔，究其根本，很多的民俗活动，本质上是用十分质朴的方法讲故事，用十分轻松的方法唤醒情感共鸣。民俗是基于普通老百姓而约定俗成的生活方式。中国北方的赶集和庙会就是一场民俗形象和角色活动，庙会最早是在寺庙周围产生的，到了特定

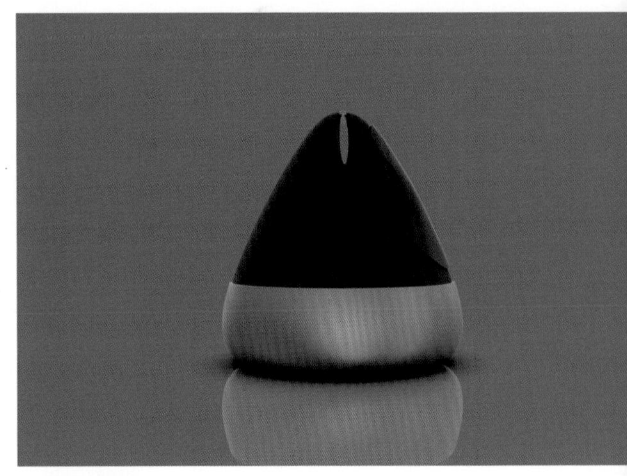

图：蔡 哲

的日期，在这里烧香拜佛，聚集很多人。有了人群就必然会有消费和交易，小商贩们就固定在这里摆摊设点，从而形成了定期的民俗活动。从品牌的角度来看，这就是现象级的传播方式。有合适的时间、合适的地点和合适的话题，还有固定的人群聚集，可以为这种稳定的消费买单。这种民俗比一篇刷爆朋友圈的营销文章，或是其他一些一鸣惊人的营销动作，更能扩大非遗品牌的影响力。

能不能让 IP 成为新民俗，是中国未来产品设计努力的方向之一。普通老百姓的生活是社会运行的基础，因为它基数大、覆盖面广，所以是所有品牌都要抢夺的主战场。与以品牌的方式进行文化传播不一样，IP 设计更愿意通过理性和非理性交叉的方式成为新民俗。它倡导服务至上的理念，用潜移默化的方式让它旗下的产品进入人们的视野，换句话说，就是用各种方式对人们的生活进行浸润和覆盖——IP 服务的核心并不是说自己的产品有多好，而是用产品和产品背后的服务来讲述一个与用户共情的故事，这使得用户对产品的使用和对 IP 的传播是处在同一个时空的。

基于民俗的非遗形象，扮相设计可以来自真实的或虚构的生活。为未来潜在的用户的共情生活增添内容，也为设计师将来在设计产品时提供参考。

类似舞台场景的 IP 形象的扮相设计，要注意两个特点：① 对内容而言，它来自真实生活的提炼；② 对形式而言，它要贴近民俗活动范式。很多民俗活动的非遗 IP 模式有着惊人的相似。当设计中的兔儿伙伴形象在视觉上发生有规律、简洁化的形态提炼时，它的扮相设计就要基于民俗、贴近民俗，越是贴近民俗，就越能产生打动人的创新设计。

我们都知道，产品具体的功能是为现实生活服务，而形象设计——扮相艺术来自传统文化符号，它和虚构生活中的精神因素联系得更密切。这时候，我们会发现有一种力量更为强大，那就是民俗的力量。也就是说，民俗往往是老百姓的一种生活自觉，不用人们去宣传和监督，久而久之也形成了普通老百姓的生活习俗，形成了老百姓在什么时候该做什么，什么时候不该做什么的习惯，这些习惯成自然的东西已经深入某一地域人群生活的方方面面，成为他们的基本生活方式。举个例子，在民间有很多兔儿爷的俗语，如坐象兔儿爷，“象”与“祥”同音，寓意吉祥如意；坐虎兔儿爷，虎为百兽之王，是统帅，寓意事业兴盛、人脉广博；坐黑虎兔儿爷，镇宅平安，健康有寿；坐麒麟兔儿爷，取意“麒麟吐书”的典故，象征学识广博、学业有成。这些俗语，讲的都是老百姓生活的日常，如门店生意的好坏、家人身体的安康、学龄小孩的读书，简简单单、朴朴素素，都是和老百姓的生活息息相关的。[①] 而设计对象的主角兔儿爷，猛一看以为是威风凛凛的武将，仔细打量一下，却发现是温顺稚气的兔嘴孩童。

① 胡玉远．兔儿爷老北京民俗－日下回眸：老北京的史地民俗 [M]．北京：学苑出版社，2008．

这种扮相配搭着俗语，又衍生出兔儿爷扮相中的另一个内容——兔儿爷的坐骑，如黑虎、白象、狮子、麒麟、骆驼、孔雀、凤、鹤、鹿、马、牛等。可以说这是一个重要的表现手法，和在舞台场景的设计十分相似——形象——扮相设计，通过道具带来虚构情节的插入。这一切和兔儿爷相关的民间俗语，包括扮相、道具等，又构成了一个十分丰富的大故事，在虚构中充满着情感。

可以说，兔儿爷拥有十分深厚的民俗基因，它不仅和人们的中秋节庆有关，而且也是儿童的少年玩伴，甚至喜爱京剧的人们在家里都会体验它的形象妆束。更有意思的是，兔儿爷还通过它的辅助道具如坐骑，讲述了更多亲切的故事。这种民俗，不再是宣传它要怎么做，也不是某一品牌高声倡导的某种生活模式，而是让它成为家里的一部分，愉快地和家人共同创造和睦的生活，用质朴的共情体验，串联起人们与兔儿爷之间的情感。

图：蔡　哲

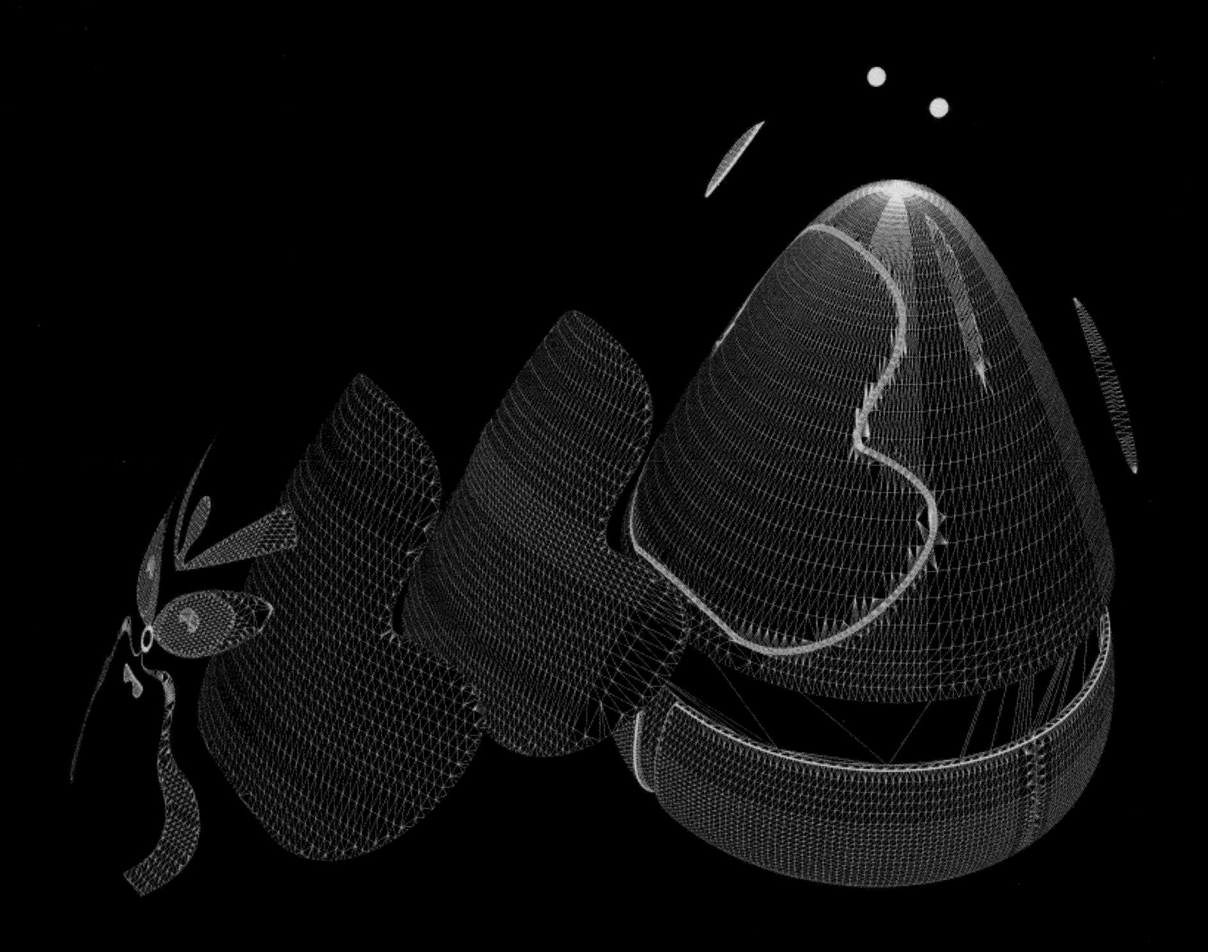

2.3.3 剧情——感染力

基于民俗的非遗形象，通过增加生活气息和生活情趣等扮相设计手法，用感染力触发它与未来潜在用户的共情。它是 IP 形象“剧情化”重要因素之三。

非遗形象兔儿爷，在内容上具有生活气息和生活情趣；在形式上，丰富多彩、错综复杂，具有特殊意味的审美。换句话说，合适的扮相设计要能在内容和形式上给设计一种启示，能引起观者产生相同思想与感情的力量，能给观者带来智慧的启迪或感情的激励。

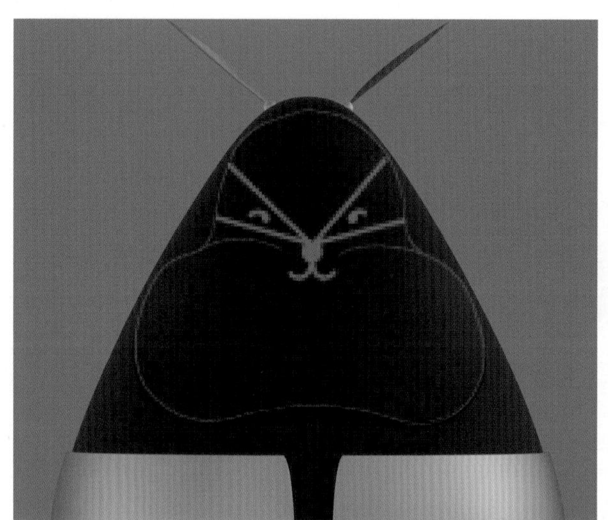

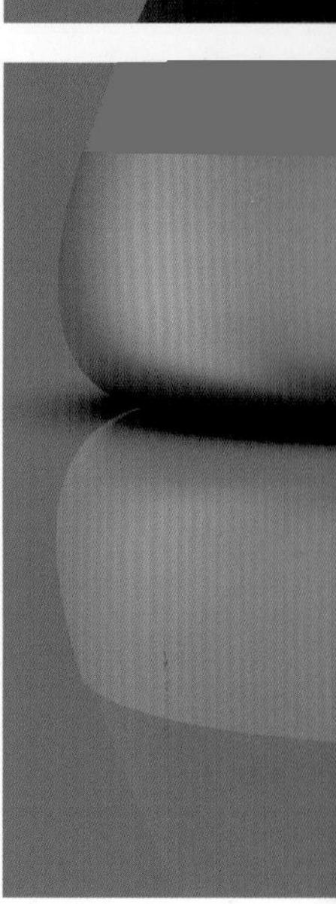

图：蔡 哲

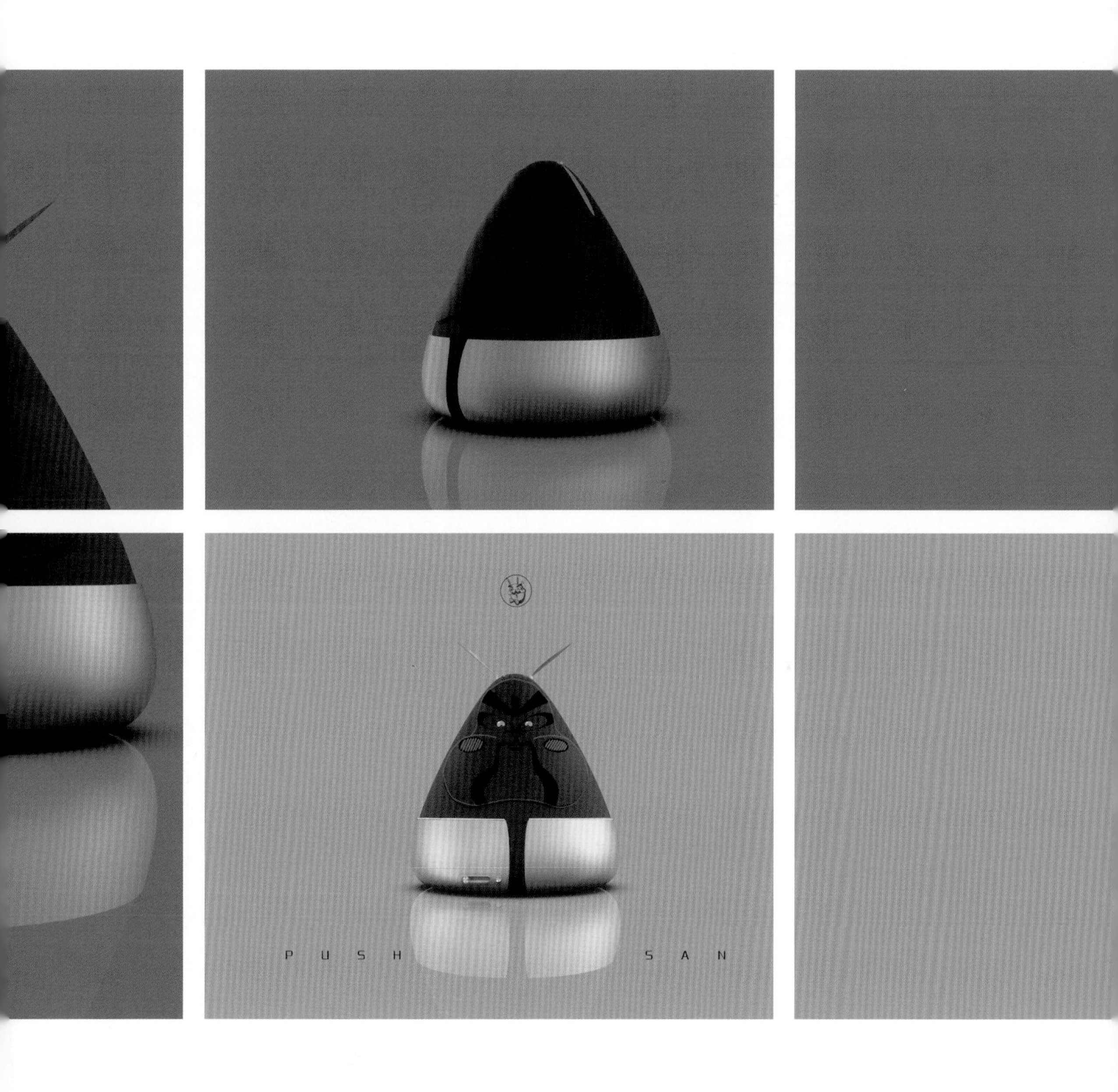
P U S H S A N

人们对兔儿爷的喜爱并没有因此而停止。从兔儿爷的造相、工艺、祀拜活动等角度出发，自然形成了一套与它有关的歇后语，如兔儿爷掏耳朵——崴泥。有了形象就会有它自己的语言的民俗活动，从简单的形象喜爱，到文字再造，如此深入老百姓的内心，完全成为民俗文化的一部分。兔儿爷是源自民俗的公共活动，它代表的是生活在这里的人们共同美好的愿望，也让人们看到，皇城北京这一传统文化符号演变而来的形象所具有的 IP 魅力。

非遗形象的扮相设计，在设计时要注意它的感染力，这也是 IP 形象“剧情化”带来的智能产品共情力的重要内容。换句话说，扮相设计要能引起别人产生相同思想感情的力量，具有启发智慧或激励感情的能力。好口碑的智能产品具有产生相同思想感情的力量，扮相设计的感染力，是通过剧情表达产生影响力的一部分，能产生相同思想感情的力量。也就是说，它与剧情化的舞台之上和舞台之下表演产生的感染力有很大的不同，它还需要在现实生活中产生思想与情感的共融。

非遗形象设计，一方面用归纳简化等造型手法，解决了外形设计的提炼；另一方面，在简洁的外形下又隐藏了诸多可以置换的设计内容，为表达这一形象应有的感染力埋下了伏笔。

和“爷们儿”一词相似的词有“哥们儿”“姐们儿”，先看看“哥们儿”和“姐们儿”这

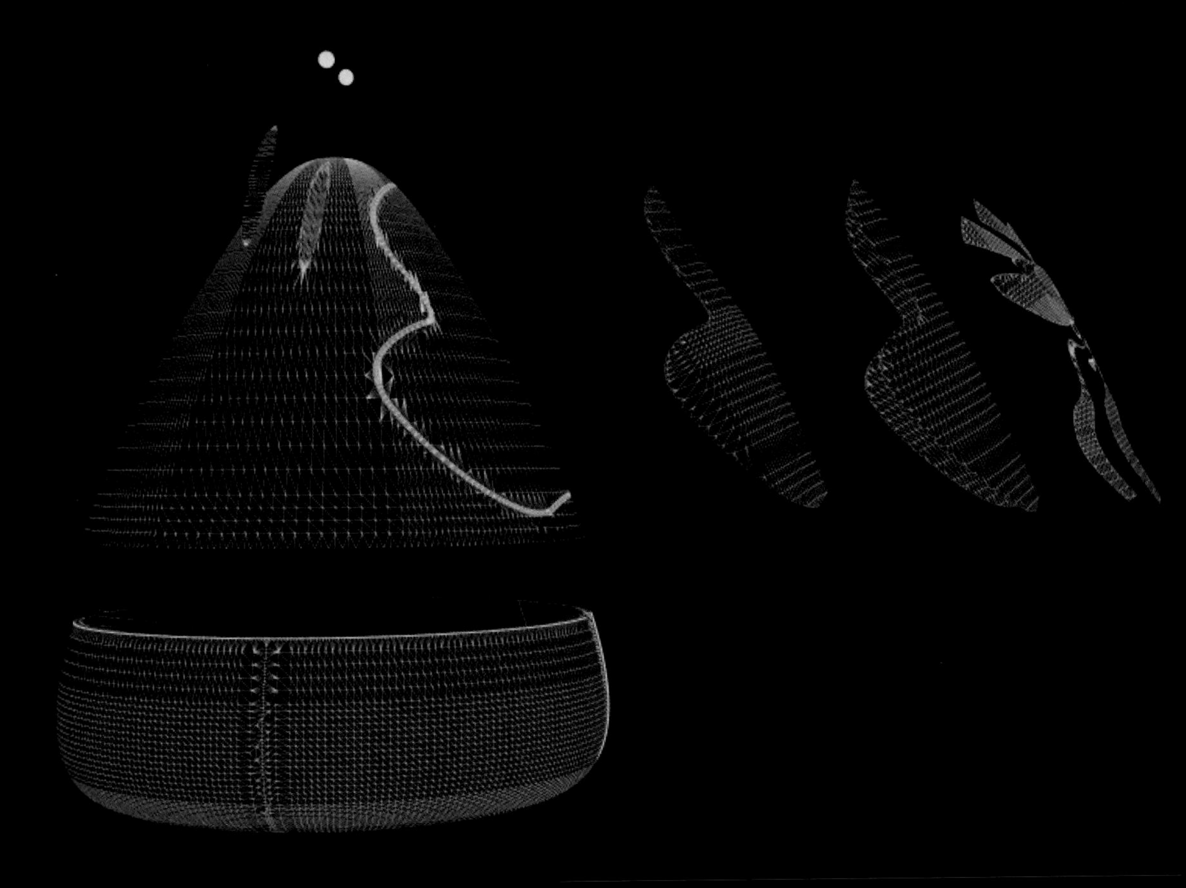

两个称呼词。我们经常听别人这样说“这件事儿就交给哥们儿了”。“哥们儿”不仅是朋友间称兄道弟的代名词，也是朋友之间信任一词的替代语。因为听上去没有辈分上的上下关系，不存在人际关系中的尊卑。“哥们儿”这个词很有意思，它不仅作为男性朋友之间的称呼，还可以用在男女之间，关系融洽的男女关系中女性也会称呼男性为哥们儿。与哥们儿相似的是“姐们儿”，具体怎么称呼、在哪里称呼，和刚才我们说的称呼哥们儿的方式非常接近。

再看看“爷们儿”一词，它本身具有很强的角色特征。它像一个符号，很容易和其他词汇区分开来。唤醒另一种情感与另一种记忆共享，在这个词的背后是人们对它的尊敬，从而产生类似崇高的情感，有种回归到传统文化的语境中，激励感情向上的能力。借用当下人们常说的一句话就是它具有满满的正能量。所以，提升扮相设计的感染力是这个角色在“剧情化”中产生的影响力的一部分，这也是未来的产品设计中外形设计应该具有的视觉特征，也是一种能激发、引导人们情感的视觉特征。

“爷们儿”一词不仅是朋友之间信任的替代词，更重要的是在人际关系中带着隐约的尊敬。看上去是老故事，但是设计上提供了新的内容，它从不被人关注的边边角角里被挖掘出来，成为未来设计具有感染力的补充内容。放下设计的巧妙之点就是，把生活当成无时不在的舞台，

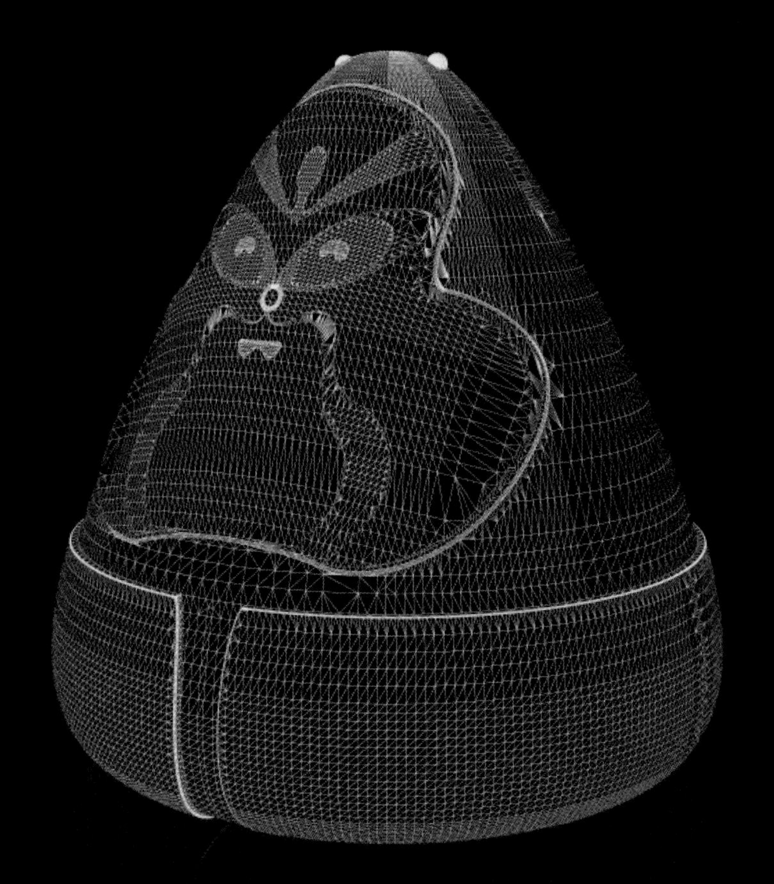

图：蔡 哲

并把未来的产品当成舞台上的角色。在这个舞台上，无论是正大光明的爱好，还是羞于启齿的痴迷，都能找到合理的解释。这也吻合了旧时兔儿爷的逸闻趣事。

扮相设计的感染力，是“剧情化”后的非遗形象特别具有对未来潜在用户影响力的一部分，能带来激发人们思想感情的力量。也就是说，通过一种类似舞台的情感表达，让未来潜在的用户产生相似的情感感受。

增强感染力是非遗形象扮相设计的重要内容。所谓的“剧情化”就是在舞台的方寸之间，用真情感动“舞台下的观者”，对产品来说，也就是用真情感动用户和未来潜在的用户。设计时就要抓住每一个机会，给一个形象赋予感染力，让浓厚的情感从开始存在于普通的生活里，最终呈现在活色生香的舞台上。

设计时要把角色的扮相特征，作为产生产品设计差异化的重要因素。产品的设计方，借此梳理出未来潜在的不同用户各自喜欢的门类，并在他们之间传播类似思想感情的感染力，建立共情。

接下来再看看“娘们儿”一词，这个词带着很强的贬义性。如果女生被称为“娘们儿”，在语气里就带着很强的调侃意味。如果一个男人被称为“娘们儿”，那就带着鄙视的意味，说明这个男人不讲义气，不够血性，做事不果断，黏黏糊糊。所以说，兔儿爷的形象虽带着女性的特征，而在称呼里被敬为“爷们儿”，足见人们对它的尊敬和喜爱。如果我们未来的智能产品兔儿爷，能够呈现出这种体验，那么就是用感染力的方式唤醒情感记忆的成功案例。

我们把扮相设计归类到 IP 设计之中，把这个形象来自普通民俗生活的特征性，用归纳、总结的方法提取出图像的符号。这时 IP 设计还需关注两个问题：① 要找到属于这个形象的独有社群，因为它自行带来了粉丝。② 同时关注未来的智能产品设计，如何借用扮相设计作为外壳乃至内核的设计因素，成为一套综合的体系。也可以这么说，每个门类都有自己喜欢的人群，所以要把角色的扮相特征进行专项分类，并针对性地做专享设计。

作为“剧情化”影响力的一部分，扮相设计的感染，具有启发智慧的能力，它能引发人们对生活的思考。也就是说，它能产生一种高级创造思维的能力，能影响人们对自然与人文的感知、记忆、理解、分析、判断、升华等能力。有人说，越是国际的，越是民族的。这话不假，非遗的影响甚至超越了时间和空间。如同舞台上的戏剧形象，非遗形象的扮相设计是一种有着“感染力”的剧情化设计，是一种影响他人价值观的“传播”设计。在本章中可以看到，类似舞台之上的 IP 剧情，如同在舞台上的声音和图像一样有着很强的传播力。有可能涵盖全球各个热门城市，从华夏大地到缤纷世界，从高冷的北欧到激情的拉美，从佛教净土到摇滚圣地。在各个地方都能领略不同的风情文化，遇见有趣的人和故事。非遗形象如果通过艺术的方式形成情感的共鸣，既具有类似艺术作品的特征，又拥有不分人种、不分地域传播的特征。

曾经每晚七点，全家人准时坐在电视机前观看新闻联播，这是许多人共同的回忆。以前是只能通过公共媒体获得信息的时代，那个时代一去不复返了。随着移动手机终端的进一步发展，现代传媒出现了一个重要的特征，那就是自媒体的兴起。移动手机终端加上有性格特征的非遗

图：蔡 哲

IP，这是一个非遗形成新的活化形式的有效方法。设计时要把握非遗角色的扮相特征，进行 IP 的重新设计，用各种手法使得该形象具有众人转发的传播力。究其根本，这也是设计师把握的非遗智能产品的再设计需要做的工作。

智能产品——兔儿爷机器人应该拥有的一个重要能力是讲故事。从什么角度来扩展这个 IP，建立共情？如何从大家耳熟能详的一个形象“兔儿爷”出发，设计出一个有记忆温度的新产品外形？“兔儿爷”这个词是可以拆解的，把“兔儿”和“爷”分开，先从“爷”一词，再一次回到大家关注的话题——“爷们儿”来想想我们要从什么角度承接非遗文化，扩展这个 IP。大家管兔儿叫“兔儿爷”，这跟老北京的“爷文化”有关。老北京很讲究“爷”这个词，走到哪里“张爷”“李爷”“赵爷”的称呼不绝于耳。“爷”这个称谓在这里和辈分没什么关系，就是一种尊称。于是，有恩于百姓又深受大家喜爱的玉兔也得了一个“爷”的称号，也可以说“爷们”是有个性的，代表的是从人类进化过程中留存给男人的一种刚毅、果断的雄性特征，它混合了兔儿这个憨萌的特色之后，特性尤为明显。如果从品牌角度来看，具有这样性格特征的 IP，很容易让人了解到这是活化传统的重要内容。虽然兔儿爷这个形象和人们之间并不具备同胞血缘关系，但它们有着类似血缘关系的情谊。举个例子，同一公司的职员，穿了相似的衣服，或者佩戴了相似的标识，见面时打招呼说上一句朗朗上口的企业口号。通过相似的服装，相同的口号，告诉别人原来你我都在这里，在扩展他们品牌的同时，也在找回他们的共情关系。

接下来我们讨论兔儿爷角色的扮相特征，是不是兔儿爷机器人这款产品的外壳设计的灵感来源？会不会为一个有记忆温度的新产品提供设计元素？老舍在《四世同堂》中这样描写兔儿爷：“脸蛋上没有胭脂，而只在小三瓣嘴上画了一条细线，红的，上了油；两个细长白耳朵上淡淡地描着点浅红；这样，小兔的脸上就带出一种英俊的样子，倒好像是兔儿中的黄天霸似的。它的上身穿着朱红的袍，从腰以下是翠绿的叶与粉红的花，每一个叶折与花瓣都精心地染上鲜明而匀调的彩色，使绿叶红花都闪闪欲动。”进行非遗 IP 的重新设计，从文学家的笔下可以看到，传统手艺用各种手法——特别是彩塑的手法，使得该形象拥有了京剧戏剧人物的扮相，具有启发智慧的感染力，这如同在生活中兔儿爷和喜爱它的人们之间建立的通感关系，产生了多种模式的智慧交流的方式。

这种方法可以让产品带有情感的温度，有点像我们小学所学的算术——分数计算的通分法。做加减计算时，碰到分数与分数相加或相减时，需要先把分母相乘，形成统一的分母。

利用通分方式的计算需要先找到一个共同的分母，实际上是对经典文学的共同记忆，从经典文字中带来的感染力，给非遗形象增加了想象力。而非遗形象的扮相设计，也为未来的产品设计——兔儿爷机器人从外观和内涵的感染力方面提供了伏笔。这就像是给一款产品提供剧本——为未来“剧情化”展开产品设计，用细分法把相对松散相近的理念做梳理，展示出产品的精神内涵，把传统的文化符号融进现代产品中，从外形到内核得到多层次的展现。

扮相设计的感染力，是指兔儿爷的设计具有激励感情的能力。作为“剧情化”的影响力的一部分，它能激发、引导人们的情感，从而产生崇高的向上感。用现在人们常说的一句话就是激发崇高感。

感染力、非遗形象，特别是非遗形象的扮相设计，对舞台而言，需要关注舞台下粉丝的偏爱，对舞台上而言，应该留心舞台上和舞台下之间的关系。这是舞台之上的共融——IP 的剧情化细分，形成了舞台之间的联盟化，它们要结为伙伴需要共享观点和想法。通过对这项工作的细分能够看出不一样的舞台关系，它们的非遗形象，特别是非遗形象的扮相设计，也有着比较大的差异，可以分为以下两个方面。

设计时要把握角色的扮相特征，进行非遗 IP 的重新设计，建立舞台之间相对紧密的关系。这里所说的兔儿爷机器人和未来潜在的用户如同舞台演员和观者的关系，他们基于共同的价值观，有着互相依存、荣辱与共的激励感情。

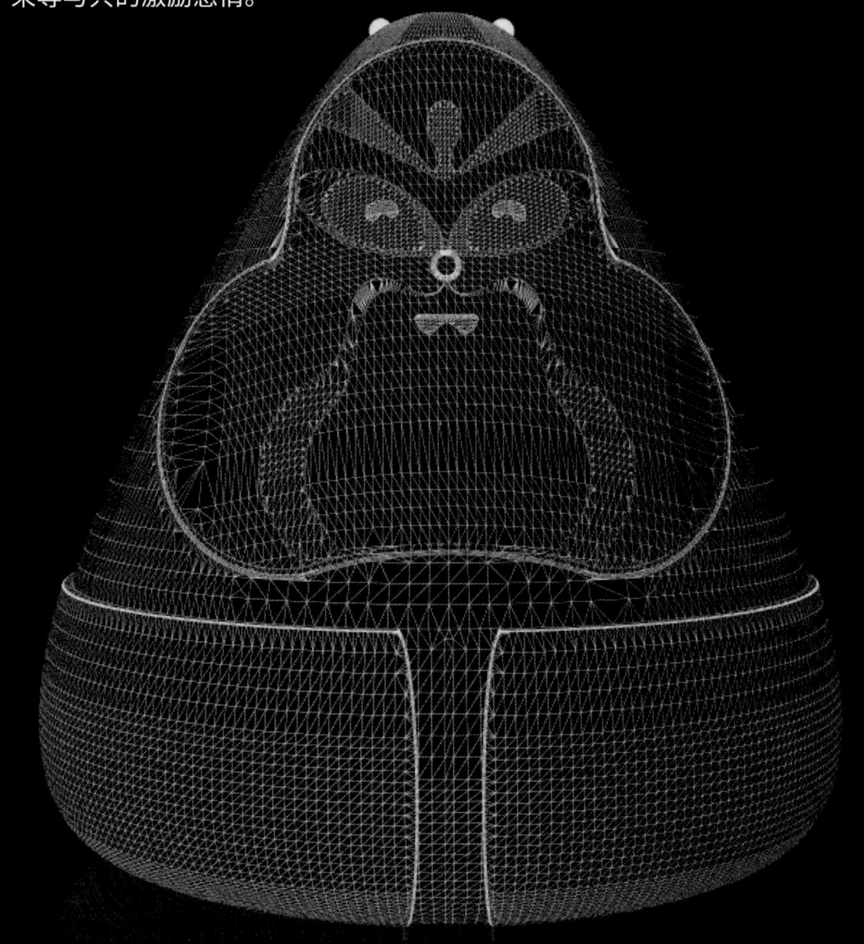

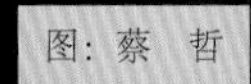
图：蔡 哲

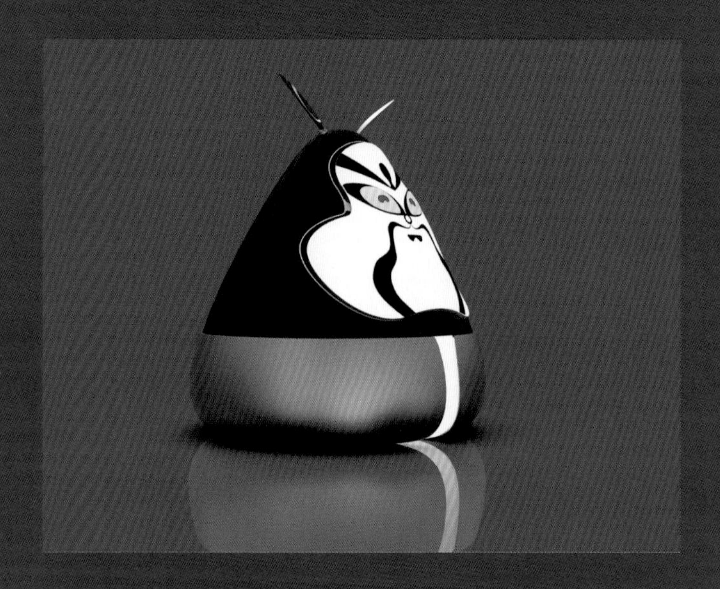

可以看出，兔儿爷这个角色显示出的扮相特征，不仅是产品的外壳，而且也是未来进行设计产品时可以切入的一个角度。把握这个 IP，重新进行拟人化的设计时，不可避免地要讨论这个产品的感染力——甚至围绕着舞台崇高情感的注入。

回到一直讨论的“共情”这个话题上。我们可以把生活看成一个舞台，未来研发出的兔儿爷机器人和未来潜在的用户，他们之间如同演员与演员、演员与观众的关系。这是一种联系紧密、有着共同理想而结合的关系。这种关系如同舞台上的他们拥有各自的形象，但在合适的生活场景里也会吸纳对方形象的特点，也可能会融汇成新的 IP 形象，从而把他们的形象整合在一起。这是产品在设计时，用共情来连接产品与未来潜在用户之间的方法。

一件招人喜欢的智能产品，除了质量不能有任何瑕疵，它的 IP 激活过程可以说是精心打磨的。非遗形象要放置在故事中展开，随着故事的展开，这个形象就慢慢鲜活起来。这也是传统文化符号活化的一个重要方法，它的核心是要把它作为一个经典长线的 IP 来经营，对它重新定位，发现它的亮点。只有完成对它形象和角色的定位，这个以非遗形象为出发点的 IP 才会得到激活。在这里，IP 可以比喻成一个容器，它装的都是人们对它的“了解、信任、偏好”，这是做好形象和角色平台合理布局的第一步。

通过以上文字也许可以得出以下结论。

（1）今天我们所引出的“爷们儿”这个大 IP，其实就是从另外一个角度来讨论这个话题。科技可以进化，人的性格却不会进化。也可以说这种具有明显特征的性格，对具有相同文化记忆的人来讲，给人的感受是不会改变的。几千年来，那些让人们喜爱的性格，如同一个长线 IP，一直没有太大的变化，该被人讨厌的还是被人讨厌，受人喜爱的性格，一样会继续被人喜爱。

（2）这个和 IP 一样隐藏着一种价值观。随着时间的推移，很多资源很快进入这个版块。非遗文化里所隐藏的其实是在人们的生活中大家耳熟能详的，人们共同认定什么是好的什么是坏的，什么是正确的什么是错误的，什么是让人亲和的什么是让人厌恶的。它要做的其实就是一件事情——记忆共享唤醒情感，回归到真正的生活中去。

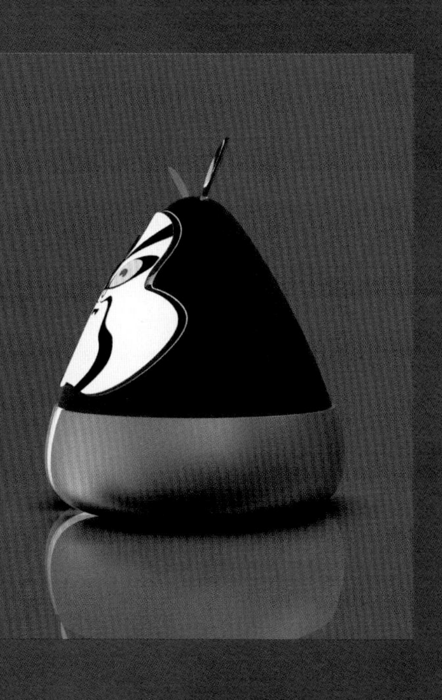

通过扮相设计显露出形象的性格特征。可以说，性格特征是特定的人群对外表现的相对稳定的态度，一种持续对外界发生影响的行为，特别是上文所说的“爷们”这类的特征比较明显的人格表达，是一种容易让人记住某种人格的显在表现。扮相设计综合应用这个方法，进而有可能用记忆共享唤醒情感，融合出具有一个价值观明晰、符号化很强、很容易识别的非遗 IP 符号。也就是说，通过建立一系列有效连接，把具有特征的性格综合用在非遗 IP 设计上，从而使传统经典形象进入当下生活。

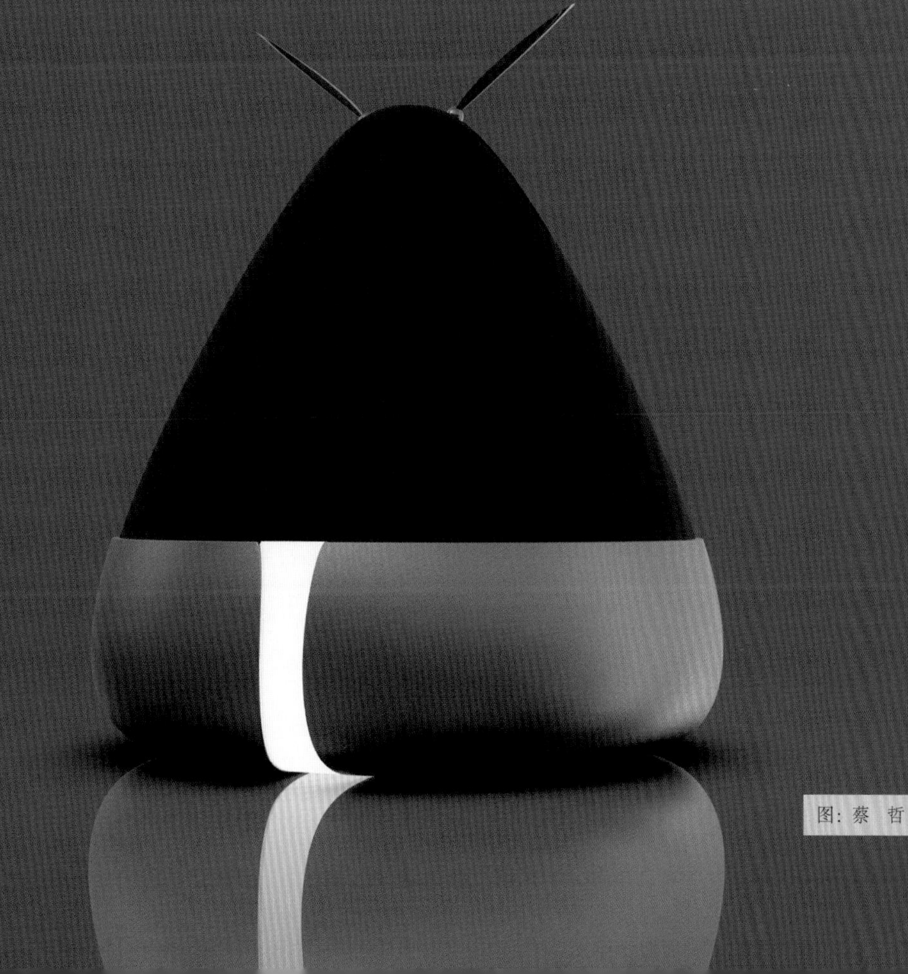

图：蔡 哲

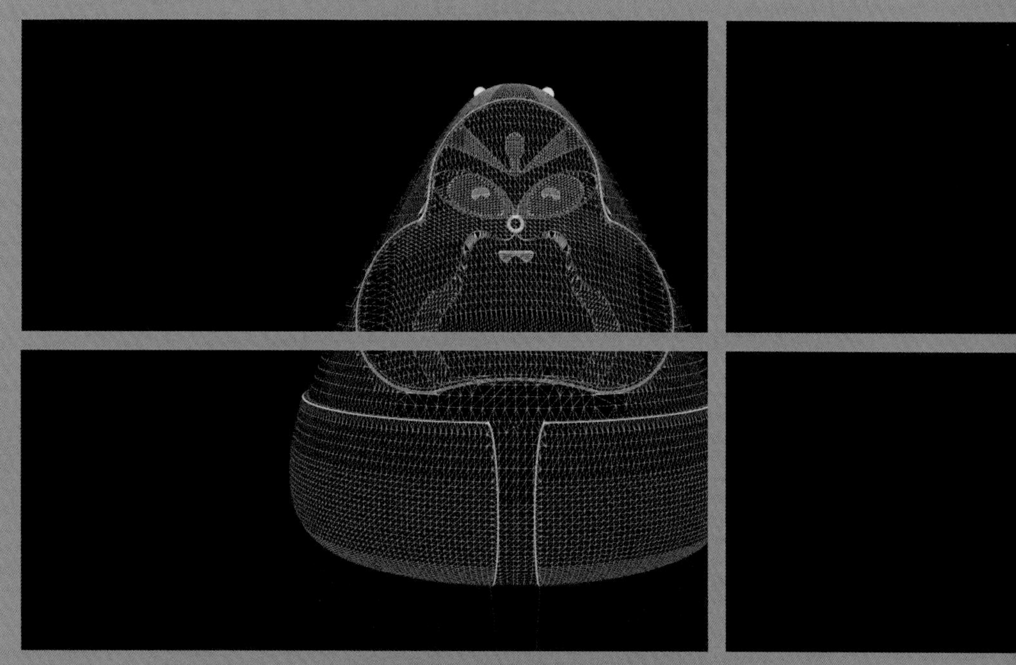

图：蔡 哲

未来，我们也可以从消费的角度论证这个话题。一个好产品的“扮相设计”，是要同时使人心动和让人行动的，心动仅仅是停留在内心的羡慕和喜爱上，行动就是对未来兔儿伙伴这个智能产品的买单。心动是行动的前提，行动是心动的结果。从实现社会价值的交换这一层面来看，消费动机和消费结果是一样重要的。没有消费动机就没有消费，而没有消费结果即便再好的消费商品也是没有价值的。从扮相设计延展到传统文化符号的角度，成功的非遗 IP 是要让人心动的；从消费的角度来看，成功的非遗产品是让人行动的。

成功的非遗 IP，能让人读识文化符号，能使心动和行动融为一体。

2.4 共情语境下的 IP——原创设计

什么是原创设计？原创是指反模仿与反抄袭，独立完成。原创设计是指通过有亲和力的、不一样的体验，共享对形象的符号化表达，让人们认识、感受和体验所要设计对象的文化原型，并为它与科技原型的交叉融合埋下伏笔。

从共情讨论对传统文化符号的原创设计，是文化原型与科技原型交叉创新的体现，本书讨论的内容原创设计也可以看作第一版块“共情——用 IP 唤醒传统非遗符号”到第二版块“共创——用智能技术唤醒传统非遗符号”的过渡。

讨论文明的延续和进步，不论是从文化还是科技的角度，都离不开“传承——发展”两个词汇。从文化的角度讨论文明记忆的续存，需要讨论它的传承和发展。也就是说，存放在博物馆里的非遗陈列品，就算对它保护得再好，也免不了锈迹斑斑，人们记起它的时候，只能在崇敬和珍惜中，夸奖它曾经为人类做过的贡献。而非遗真正的生命来自对当下生活的介入，也就是人们常说的“再创造”。

从科技的角度推进文明记忆的进步，是需要对它进行创新和培育的。能被继续使用的非遗角色就成为了产品，它的境遇完全不一样了，因为使用的前提是需要有功能，有功能的前提要依赖科技技术的发展，有了科技的支撑就会产生新的价值，延续新的故事，使用它才会在人与人之间手手相传、口口相颂。可以说，它存活在我们的生命里。

设计如果只从文化的角度讨论非遗形象的活化，那就意味着它的方法过于单调了；只从科技的角度讨论非遗形象的活化，也意味着它的观点过于片面。只有同时讨论所要设计的传统符号的文化“共情”与科技“共创”，才不会使它的 IP 化陷入自以为是的误区。

原创——非遗 IP 和智能技术的融合，是通过把文化的原创力与科技的推进力作为讨论的前提，名正言顺地把智慧产品——兔儿伙伴机器人的设计作为本段落的新角色，为下一个“共创”章节做好铺垫。原创性通过设计独立构思，对所设计的传统形象进行符号化表达，让人感受到它的亲和感和独特感，感知不一样的体验和产物。

（1）符号化表达是注重原创设计的重要表达方式。回到兔儿伙伴的外形设计这点，人们会发现，让人认识文化原型，是原创设计让产品直接或间接体现出的东西。原创设计使用的重要方式就是非遗形象的符号，用符号清晰地表达非遗形象，一方面它是传统非遗“文化原型”

的流露，另一方面是圈子中各个用户自带流量的共融。非遗 IP 形象设计，我们重点要讨论的是原创设计兔儿伙伴成为符号化的形象，通过传统原型到智能科技对它的赋能，使它拥有了“生命”，成为未来智慧生活中的机器人。

（2）原创是一种有亲和感的特立独行。让人感受文化原型，体现在原创设计上就是要让人感知原创的魅力。可以说，形象设计要做到“语不惊人死不休”，所以这也是特立独行的原创设计要挖掘的重要内容。但在非遗形象的设计上，有一个必须兼顾的就是既要做到设计的独特性，又要赋予它和人之间的亲近感。也就是说，原创力其实是独特性和亲和力的融汇。

优秀的非遗传承，不管是技艺还是故事，在过往的生活中，肯定对某个地方的一群人的一些生活方式产生过巨大的影响。也就是说，它们肯定被人们认同过、使用过，成为人们生活中的一部分，这也是文化原型作用的结果。它们现在不再留存，是因为它们的某种方式和现在的生活产生了割裂。要进行非遗门类产品的设计，需要从挖掘到创新的工作过程，把非遗存留的各种痕迹，以及背后隐藏的文化基因，通过设计的各种手法，转化为现代生活不可或缺的产品。

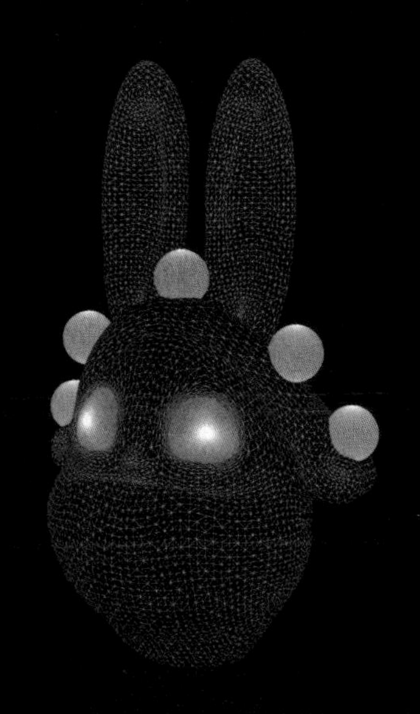

图：沈晨曦

（3）原创是一种让人产生不一样感受的体验共享。让人体验文化原型，是原创设计要让多个人群在一个语境中共享的重要内容。所以，在进行非遗形象设计时，除了要体验它与其他传统形象的不同，还要让人有不一样的体验感受。因为支撑非遗的手工技艺具有耗时长、价格高、出活少等特点，加上它的一些功能被现代工业产品所覆盖，所以非遗与当下的生活，特别是当下生活的实用部分，存在较大的距离。非遗的存有基础渐渐远去，形式和内容甚至消失了，但依旧有很多东西无法消逝，那就是作为曾经流传在一个地域或者对地域中的人群有着比较深远影响的文明记忆，这是一种沁入人心的文化，是无法消逝的东西。它对人们的影响是深远的，在这里，设计要做的工作就是创造性地从留存的文字、图片和实物里，挖掘大量充满精彩的文化记忆，植入人们当下的生活；换个角度来说，设计要做的工作就是把非遗形象看作一个 IP 符号，一个源自共享的文化记忆，能唤醒当下人们生活中的喜与乐。

它通过抽象化的设计手法，使得各种方式的文化原型得以流露，原创文明的核心价值才会被体现，财富才会被积累，市场的供需关系才会在文化原型的流露中被平衡和改善。文化原型体现在具体的产品上，其实是从非遗衍生出的品牌，在价值上和顾客的心理上，人们可以看出文化原型流露的本身其实是符号。而究其根本，所有文化原型的流露，其实都和非遗品牌这个巨大的符号群有关联，也和它背后隐藏的文化母体有巨大的关联。所以，原创文明就是对符号文明文化原型的挖掘和提升。也可以说，原创性就是文化原型通过图像和图像进行的 IP 化。

原创 IP 设计是通过非遗形象的图像化、符号化来体现文化原型的一种表达。在这里，它用图像的符号化来表达原创，表达方式具有独创性。当然，这种易于辨识不是挪用别人已经使用且被人熟悉的形象，而是在有别于他人的前提下，做好自己的辨识度。

2.4.1 符号化

非遗 IP 形象设计的原创，应该把较高辨识度的图形作为核心的设计内容。它用图像的抽象化来表达原创，用易于辨识的图形来表达内容。在这里，原创性就是文化原型的图像化、符号化。也就是说，所选择的设计内容要让人看到后联想到自己熟悉的记忆，也就是在视觉上要具有较高的辨识度。社会经济的发展离不开生产产品的交换和流通，文化原型的挖掘和提升是促成整个社会交换和流通的动力源。

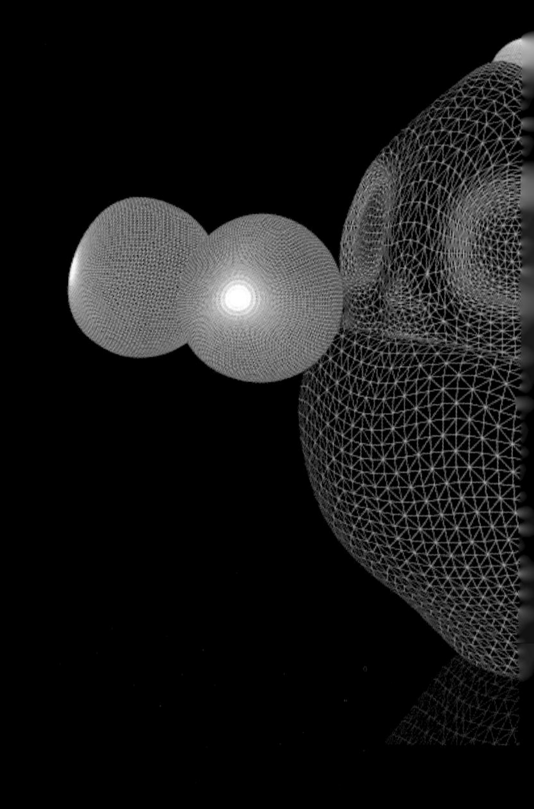

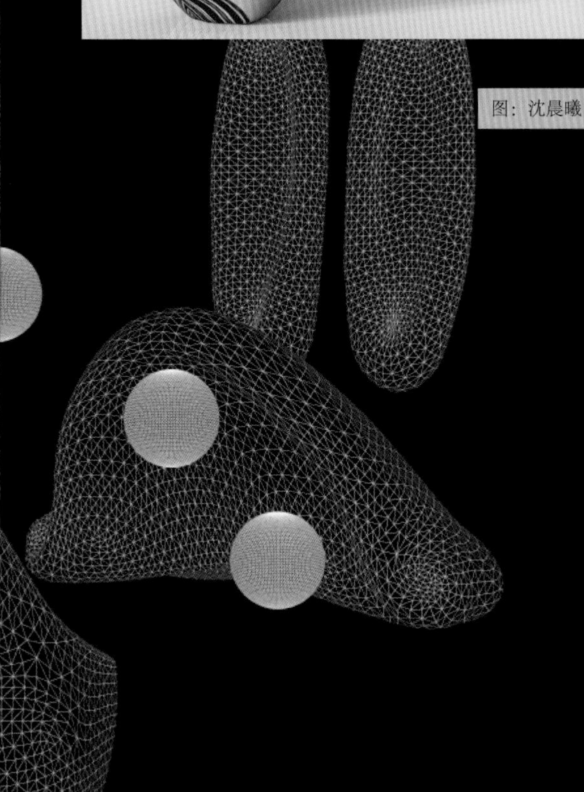

图：沈晨曦

不过，原创不能独立存在于品牌的系统之外。远古时代，原始人为了生存，通过捕猎和采集向大自然索取生活的必需品。那么在现代，原创文明已经形成了极其完善的合作体系。看上去原创服务于品牌，是品牌的外在表征，其实是品牌通过原创向客户表明它的立场，对客户说出它背后的文化原型，以及它为客户所提供服务背后的系统。从这个角度来看，品牌其实仅是原创的替身，它是文化母体通过一个超强符号的外在表达。所以，原创其实是文化原型符号，它和它的服务也是文化原型符号的外化表现，是非遗符号 IP 化的一个方法。

非遗的形象，不能只放在博物馆里，也不能只留存在记忆中，它需要成为消费品进入人们的生活。在很多研讨会上，人们经常听说这样一个观点——为了非遗的留存，社会要对非遗进行全方位、无死角的保护。可仔细推敲，我们又得出了不一样的结论——如果非遗需要保护才能存活，那它的生命是十分脆弱的。现实的情况是，作为社会生态链中的一分子，非遗必须有效地进入整个社会生产文化原型的循环之中，这样它才能继续存活下去。如果没有自己的商业业态，不能和其他行业进行交换，那就意味着自己不能“造血”，不能有效地建立自己的发展轨迹，那它的生命必不长久，这是需要对非遗符号进行 IP 化的一个重要原因。

非遗形象要成为原创 IP，须借助设计的原创性手法之一——易于辨识形象的塑造手法，让它获得文化原型的支撑。从 IP 的角度来说，符号就是用人们熟悉的图形来表达文化原型。非遗符号的原创设计，通过塑造易于辨识形象，与所属的文化母体建立连接。在设计上应用什么样的形式呈现出来是十分重要的，可以考虑从以下两个角度入手。

可以从“顺”“逆”两个角度入手考虑。第一个角度是顺着所设计的形象特征，用简约的方式进行原创的主要图像设计。具体来说，通过原创设计进一步分析“爷们儿”三字的 IP 特点，会发现这样一个现象，“爷们儿”这种很强的性格特征，对于每个人来讲会产生不同的反应。面对兔儿爷的特征，一方面，众人的个性在不知不觉中被某些潮流和风格所覆盖；另一方面，

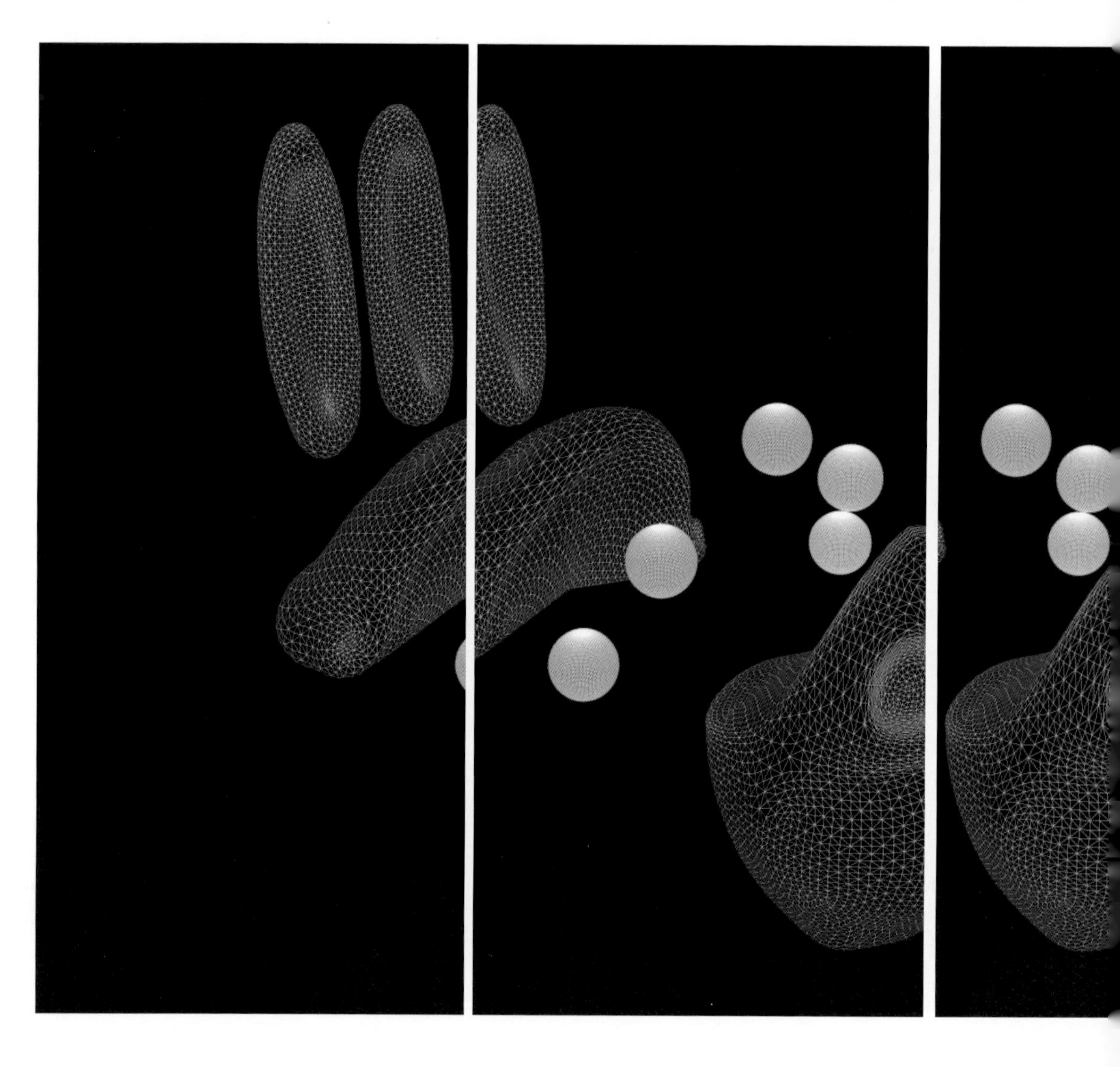

渴求个性张扬，被人关注的另外一种渴求如同青春期的内心一样躁动，时不时从这个角落或那个角落迸发出来。从“顺”的角度来看，顺着兔爷的原来形象及它该有的性格，用“简”的手法简洁明快地塑造一个温润可爱的兔儿伙伴。

另一个角度，捋清楚所设计的形象特征后逆着它的特征开展工作。也就是所谓的“反其道而行之”。具体来说，“爷们儿”的个性是明晰的，诚信、刚毅、讲义气，选择这样的形象特征作为它的设计元素，其实是对当下尊重多维人格的推崇。当然，这个手法也满足了品牌规律，具有出其不意的策略。如果设计能把握这个与众不同的特点，通过强调“爷们儿”的特征，作为容易让人接受的 IP 形象的出发点，那么这个非遗形象就能从没有特征的形象群中脱颖而出，

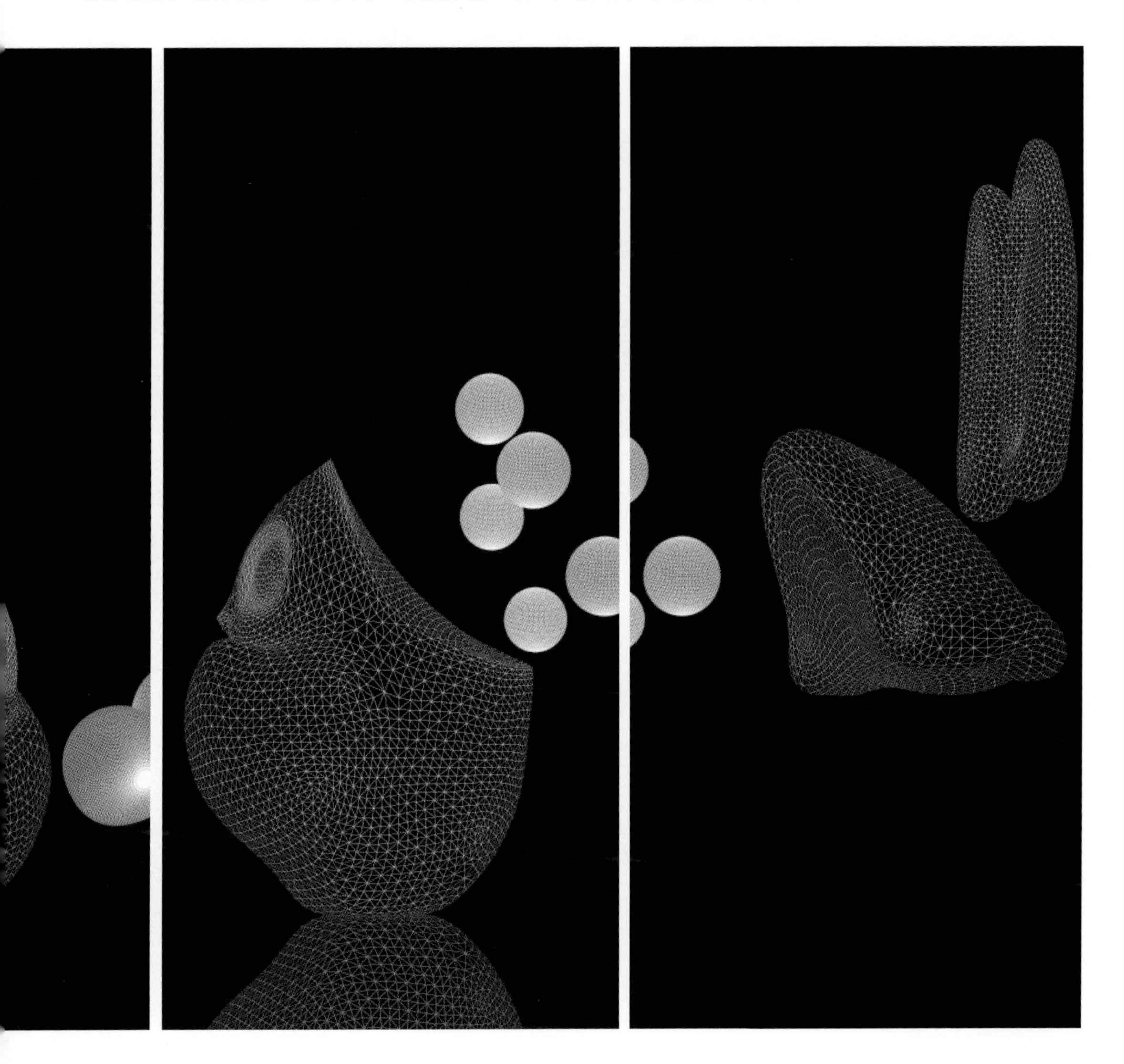

图：沈晨曦

在众多的相似形象堆中，创造一个与众不同、口碑较好的刚性 IP 形象。

不管是“顺”还是“逆”的设计手法，简约的图像都是文化原型表达的最好通路，通过它产生的文化原型体验符号，能为将来在网络平台上与人们形成共享服务打下基础。

非遗形象要成为原创的 IP 须借助设计的原创性手法之二——符号夸张化手法，促成文化原型的外溢。设计师通过丰富的表情设计，强化图形的符号化，进而表达 IP 形象。这里主要涉及两个手法：第一个手法是如何在局部造型上夸张处理人物；第二个手法是综合运用夸张的手法。试图都达到同一个目的，那就是突显所设计形象的情感特征。如何在局部造型上夸张处理所设计的形象，这是非遗 IP 形象从生活中出发成为原创设计的一个路径。通过夸张形象的局部特征，用它特有的情感语言唤醒体验。

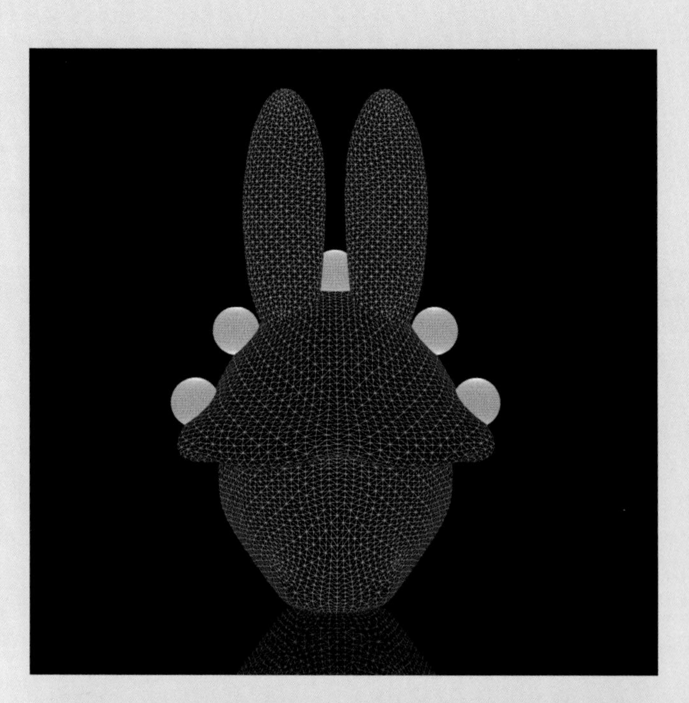

众所周知，在互联网经济时代，所有原创机构对粉丝都极其看重。在各大重要的活动节点，资本雄厚的各种巨头用砸钱等方式引入流量，这是一个非常有效但投入的经济成本很高的方法，存在巨大的风险。而根植于传统的非遗记忆的成功 IP 角色，如果通过对局部形象的夸张设计，对原创进行多维度的塑造，就能够降低成本，以较低的投入去获得较多的粉丝群。“爷们儿”一词在互联网世界里，用人们常说的一句话就是“自带流量”。

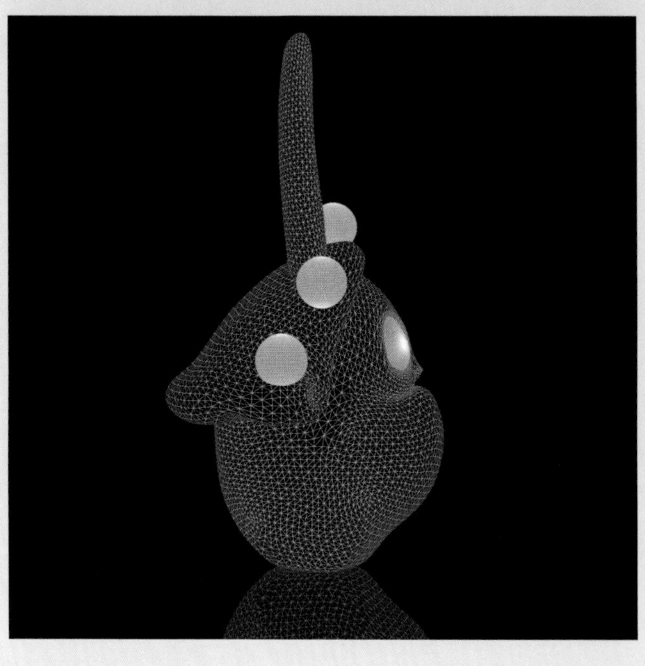

往往在书本的概念里，“销售 = 流量 × 转化率 × 客单价”，流量的数量多少是原创 IP 成功的第一要素。如何综合运用夸张的手法，使非遗 IP 形象成为让人耳熟能详的设计，这是对世俗生活的回归，也是非遗 IP 形象进入生活的一个路径。在原创平台上共享服务，用文化原型的外溢来唤醒情感。在重新进行原创设计时，应重点挖掘它的性格特征，进而衍化出较强的气质性质。

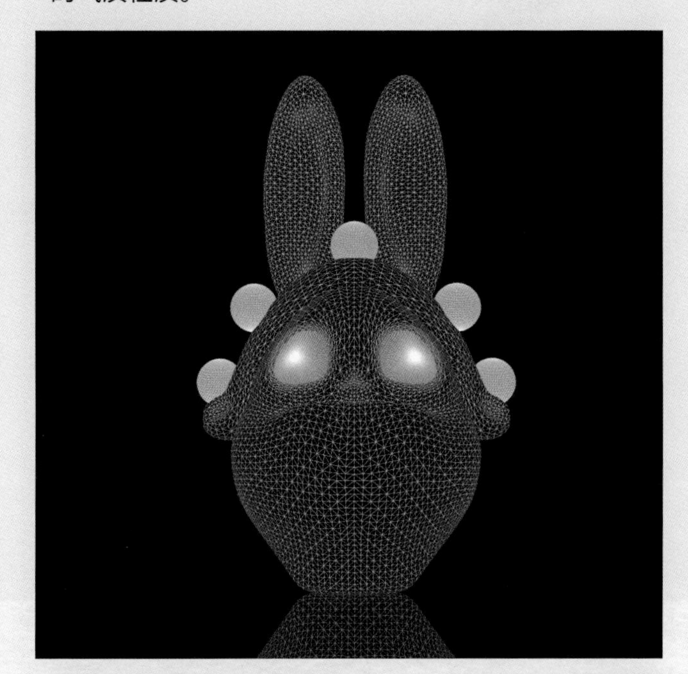

设计时需要考量的一个重要因素就是应用各种夸张手法，把握核心气质，让人觉得它具有与众不同的特征。举个例子，如果从性格特点分析出发，兔儿爷中“爷”一字，代表的是一个值得夸张的特征。它往往对自己的得失不屑一顾，好结交朋友，气质豪迈，对朋友往往称兄道弟，并搭建出一套荣辱与共、超越友情的关系。对待女人既礼仪适度又愁情百结，既不失君子风度又柔情似水，汇聚了儒家的伦理和道家的自然，二者浑然一体。

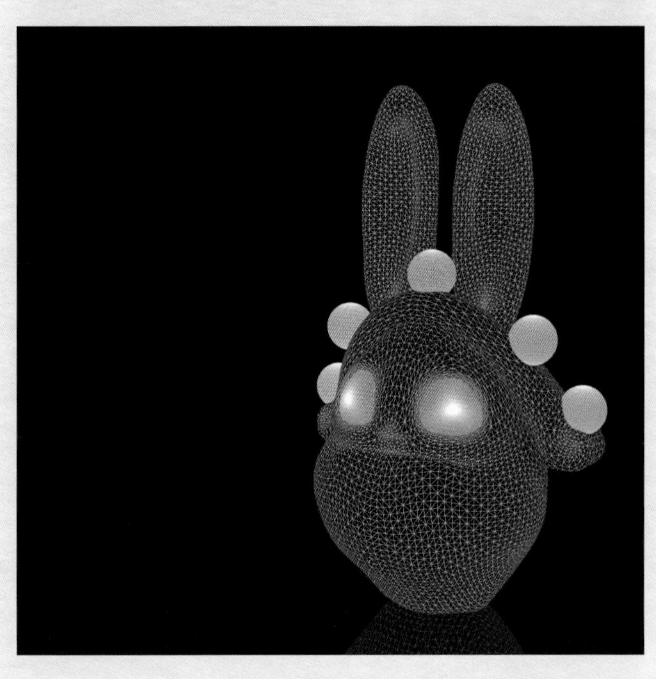

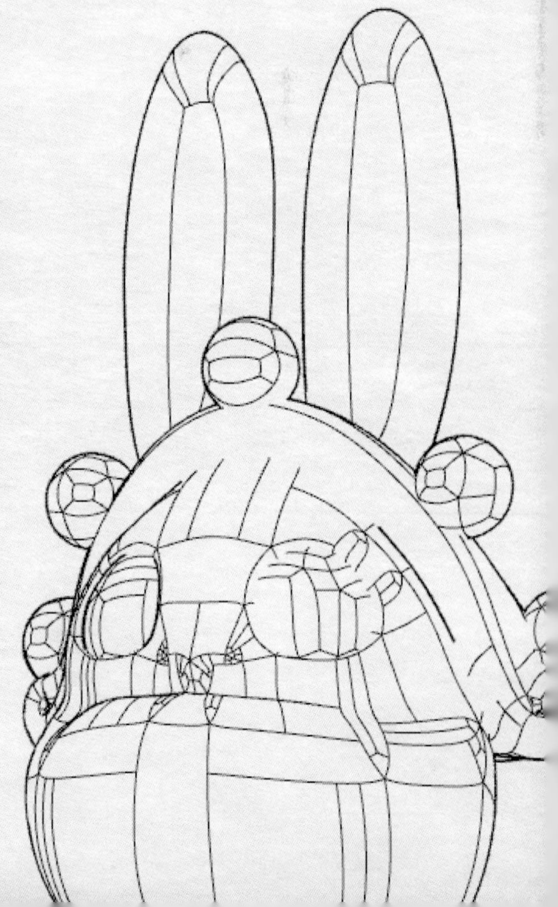

这种特征通过夸张的手法，容易被人群所认同和喜欢，让人们将一个陌生形象转化为熟悉亲和的形象。这种非遗形象及其产品被人们从了解到熟悉，再到喜爱，这是文化原型外溢的结果。原来是互联网巨头期盼得到并砸重金达成的艰难工作，在这里有可能被一个有 IP 价值的非遗形象，通过夸张的手法轻松完成。

2.4.2 亲和感

非遗 IP 设计，特别是原创设计，在表达上要注意做到两方面的兼顾，

图：沈晨曦

一是有自己独特的表达方式，二是这个表达方式要容易让人亲近，也就是说，让人耳目一新并不是原创设计的全部，而是让人觉得由衷的亲切和耳目一新的综合感受。

具有自己独特的表达方式，让它具有亲和力，是非遗形象成为非遗 IP 的重要条件。也就是说，既要充满亲和力，又不要和其他设计形象雷同。本书要讨论的兔儿伙伴原创工作离不开设计手法，可以参考动画手法开展它的设计。它通过夸张的表情和动画的有效表达，形成了独特的表情设计。首先，原创设计要做的工作是，在对兔儿伙伴进行设计时就像绘制过渡动画一样，关注这个形象在情感过渡时的表达。兔儿伙伴源自兔儿爷这一非遗形象，设计时可以从它的传统形象中寻找灵感。从“兔儿爷”一词中的“爷”字可以看出，在北京能被称为“爷”的人是一个招人喜欢的角色。他的特征化情感，是 IP 形象原创设计的主要内容。也可以看出，这个角色隐藏着一个可能——通过情感过渡、状态和反应等设计，能展现出招人喜欢背后的故事，这是大家都认同的价值。这种价值表达了一群人对它的认可，也是在文化记忆中人们对它的爱恋。

其次，原创设计要做的是通过添加情感适当反应的动态画面，提升兔儿伙伴这一非遗形象的亲和力。“亲和力”是一个看似简单的特征描述，但背后隐藏着潜台词，它不仅代表了一群人对它的喜爱，还代表了一种新的创新模式，人们习惯称之为社群效应。社群，是指有某个共同点聚合在一起的人群。具有“亲和力”就是社群效应成功的重要标准。可以说亲和力是建立社群的第一个动力，因为有了共同喜欢的内容，大家才会聚在一起。

原创设计要做的工作是通过参考动画表现手法——添加情感状态多幅动图，使兔儿伙伴表情呈现出鲜活的形象。如果把社群比喻成一个池子的话，一个引人入胜的 IP 就是这个池子的主要泉眼。非遗形象应该第一时间把握住这个话题，把它从一个公众喜爱的角色，转化为原创社群中吸引粉丝的入口。因为一个成功的社群有了这个重要的源泉后，不管在什么时候，这个池子的水一直是满盈的，并且永远不断在更新。设计时如果能抓住添加情感状态动画这个方法来吸引目光，就如同抓住这被一大群人喜爱的特色，并以它为中心建立一个有着共同话题的圈子。接下来，可以看到的是以这个圈子为基点，不断扩大话题的范围，进而扩大 IP 的影响。

也就是说，不管是通过表情内容设计——表达感情、情意，还是通过表情表达方式设计——情感过渡动画、情感反应动画、情感状态动画，在设计形象时都要回到核心的工作，寻找合适的机会，利用合适的方式对这个 IP 进一步推广。这种从粉丝推广到粉丝，从人推广到人，从社群推广到社群，就如同战争中的阵地战一样，稳扎稳打，逐步推进。它的目的是要更多人了解它的形象，认可它的价值观，这个形象以及背后的很多故事会被得到它的粉丝喜爱，进而成为一个大家喜爱的公众形象。

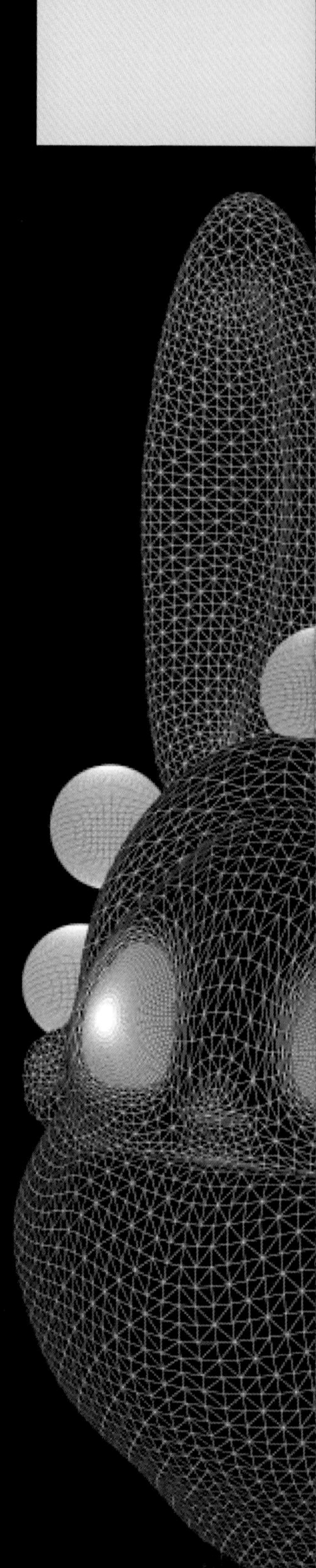

通过表达方式与人亲近，智慧产品兔儿伙伴的外壳这一非遗 IP 吸引粉丝，拥有如同一出舞台剧的鲜活生活。就像是把生活理解为一出舞台戏剧，通过物和场景、戏剧效果、戏剧技巧等手法，设计时就可以从典型形象的构想出发，综合考虑它所处情节与所在的环境，进行多维设计。

在这一类原创设计中，参考舞台剧的表现手法，在物和场景上下足功夫，就能使兔儿伙伴在特定的时空中展现特定的形象。因为它塑造的形象招人喜欢，所以这个经过设计的“爷们儿”形象会主动吸引粉丝。当它具有主动吸引粉丝的能力时，就容易形成社群。当有了社群之后，与之相关的文化就容易在社群中流传开了。IP 形象借戏剧效果的场景营造，在传统社区和网络平台上通过共享服务、传播文化等，触发了文化原型在场景中的流露，进而唤醒传统文化的情感，这是设计时要关注的独特价值。

这类原创设计除了在物和场景上下足功夫以外，还要参考舞台剧的表现手法，强化戏剧效果，使兔儿伙伴更具亲和力。也就是说，通过这种对形象进行舞台剧强化设计的手法，未来“爷”字这一性格特征的产品有可能自然而然地产生了。它以非遗的故事作为起点，融汇了舞台剧中特定形象讨人喜欢的气质。当它从记忆走到当下生活中时，就会在人群中自动形成自己的吸引力。这会形成一个后果，那就是多重文化会以舞台场景化的方式出现在生活中。

最后，在这类原创设计中，兔儿伙伴还要参考舞台剧的表现手法，使它具有眉目传情的功能。对 IP 形象进行戏剧化的设计需要了解戏剧技巧。而这种表达需要在设计时基于对舞台表演的研究，又要进行艺术化的提升，并把它应用在实践里，形成一种导向，在戏剧化的导向中，用户不知不觉踏上了共享服务的原创平台。

通过一系列把舞台感融入生活场景的设计，兔儿伙伴尽可能兼顾到情感、情节与环境等 3 个方面的原创因素。这种设计，必然生动地带来文化原型在特定场合的流露。换个角度来说，在当下流量为王的现代互联网世界，一个成功的 IP“爷们儿”形象，会从各种渠道低成本地吸纳它的铁杆爱好者，从而形成社群文化基础。

2.4.3 体验共享

通过原创这一 IP 设计的重要手法，为兔儿爷形象升级为兔儿伙伴打下伏笔。习惯来说，一方面，原创设计具有反模仿与反抄袭的特点，它需要独立完成；另一方面，原创设计不是一个人的指向自我的艺术表达，它需要体验共享。通过使用该产品的人建立广泛的互联，特别是让多个人群感受到不一样的广泛体验互联，进而让多个人群从原创设计里共享文化原型的魅力。

图：沈晨曦

图：沈晨曦

通过非遗 IP 形象设计——兔儿伙伴的原创设计呈现出不一样的感受，重要的是这种不一样利用互联网适时的技术，在不同空间、时间上形成感官的共享体验。这种体验有很强的穿越感，可以让不同的人群同时拥有在同一个空间和同一个时间内的体验。这时候，可以感受到文化原型在不同时空的共振。在进行原创设计时，首先，要关注的是这一外壳设计给人带来的感知层面的东西，如何形成复合共享，同时要注重触发和过程的工作，让人体验到不一样的共享感受；其次，在设计时要梳理出体验的层次，一种简单明了又层次多维的信息让人体验到不一样的共享感受。可以说，内容越复杂、越多维，它在视觉上的呈现就越简单清晰。设计时要注意技术的保障，让它在同一个空间，表情、动作和语言的设计要有适时的应答、反馈和交流，及时回应、反馈和交流的信息可以让人体验到不一样的感受。

关注体验的触发感知和过程感知的复合共享，是智慧产品兔儿伙伴的外壳，这一原创形象在进行原创设计时必须兼顾的一个路径的两种方式。

通过文化原型进行连接的设计思路，会形成多个路径。在这里主要讨论体验共享这一个路径，它可以分为两种方式。第一种方式是点状的触发感知，第二种方式是线状的过程感知。触发感知，顾名思义就是“有触即发”的感知，由它的设计会让人体验到比较纯粹的感受，它的方式是点状的。兔儿伙伴设计融入原创，从视觉感知会促成单向感知的升级，汇聚在形式语言上，形成对原创文化原型流露的触发。如同兔儿伙伴从非遗故事里生发出来的 IP 设计一样，隐藏着原创逻辑。非遗 IP 原创设计需要关注的一个逻辑就是通过非遗充满魅力的内容展现，产生巨大的吸引力。这个吸引力是社群汇聚凝聚力的文化基础，当凝聚力进入一个活跃的社群时就会触发整个社群用户对它的关注。

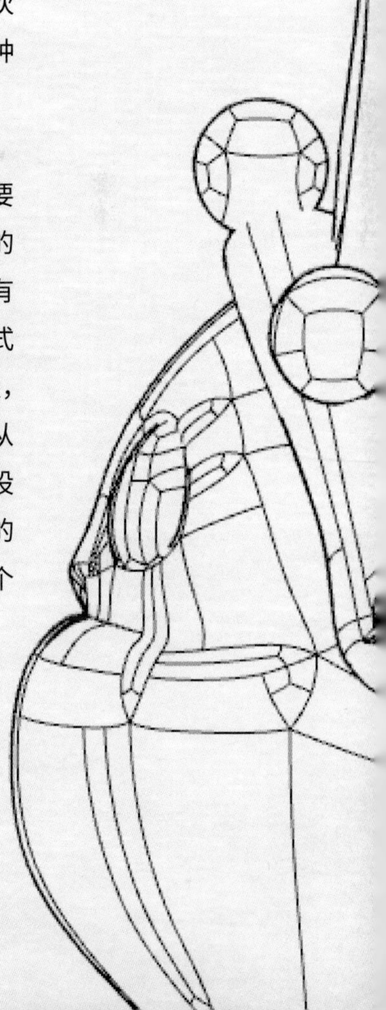

图：沈晨曦

人类的感知是有时间和过程的，是多维的、复合的，而设计时也可以通过过程让人体验到独特，它的方式是线状的。在非遗 IP 兔儿伙伴的原创设计中，除点状感知外，线状感知是人们熟悉的另一种感知形式。当用户通过这个文化社群悄无声息地进入 IP 圈就表明这个过程开始了。用户对非遗形象从陌生到了解，从了解到喜欢，之后可能会进入非遗产品的门店，访问有这个非遗故事的网站，或者在有这个非遗 IP 的微博里做评论，这些都是社群文化转化为社群粉丝的过程。这些行为暗示了人们已经开始关注它的价值，如何从关注价值再转为进入文化原型的热爱，这是一个非常漫长的过程。

针对原创设计，体验共享越复杂、越多维，它在视觉上的呈现越简单、清晰。人们喜欢的设计成果，就像互联网上一个页面里只有一件事，兔儿伙伴的外壳——这一非遗 IP 设计，也应该删除冗余，明确信息。

这是提升设计的第一原因，通过记忆共享吸引粉丝形成流量，共享有一种场景，进而大面积传播文化符号。

这时候设计师就得关注，“爷们儿”作为让人忘不掉的一个大 IP，它的价值才被慢慢发现和挖掘。这个潜在用户可能会对非遗产品进行下单，也可能不会。如何让一个只是路过的潜在客户，成为真正的文化原型流露的用户，从而最终对某个产品或某个服务进行下单，要关注的一个重要问题就是转化率。可以看到，关注一个有效的 IP 形象，需要从文化认可演变的喜爱，成为愿意为它买单的原创行为，真正达成非遗形象——IP 角色设计的闭环，使所喜爱的“爷们儿”这个形象更具有特征。

促成文化原型的流露——形成有情感的非遗 IP，特别是兔儿伙伴——这一非遗 IP 原创设计，需要在形象设计方面注意以下问题：它的信息需要提炼成简单的形象，这一简单的形象需要承载复杂的信息。

越是简单的东西，越会呈现两种特征来唤醒情感。第一种特征就是越容易的东西，传播的速度就越快，范围也越广；第二种特征是容易形成一种效应，在某个类似的场合，碰到类似的情景，有了类似的条件就会有人模仿。但这种模仿仅仅是模仿设计师设计的产品，需要和他的用户要有很强的匹配度，这个匹配度就是建立在简单的基础上。简简单单的一个重要特征，未来在很大程度上会影响非遗产品的原创转化率。

非遗 IP 原创设计，通过简单清晰的视觉呈现，唤醒人们的情感共享，进而与它们形成共同的体验经历，为形成粉丝和导入流量打下基础。

体验共享会在多角度促成文化原型和科技原型的融汇。作为智慧产品的外壳，兔儿伙伴这一 IP 形象设计，不是一个只会听而没有反应的单向接收信息的产品。一方面，智能技术赋予它未来具有在智慧生活中与人的反馈和交互的能力；另一方面，非遗记忆赋予它未来具有在文化生活中与人的反馈和交互的能力。

用非遗形象设计出来的智慧产品有着共享体验，未来是人们生活里一个高效贴心的伙伴。一方面，从产品的文化属性来说，它促成文化原型的唤醒情感——在同一个空间和同一个时间，而不是时空错位式的情感交流；另一方面，从产品的技术角度来说，要做到减少等待，适时反馈和交流，做到每一件事情在得到信息时及时解答。

智慧产品通过智能技术赋予了自己与人的交互能力，在同一个空间和同一个时间与人们进行情感交流。以兔儿爷的“爷”字为例，就像在社区里人们会称某人为爷一样，这是因为大家在这个特定的时空中，经常会被这个人的大哥气质所吸引。关键是在人们需要该智慧产品时，它能与人们共同出现在这个时空中，用现代流行的一句话来说就是 “共时性”。通过智能技术激活这个非遗角色时，显然是通过智能技术来诱发情感原型和文化原型。当人们喜欢上这个形象时会逐渐让人上瘾。同理，社群经济也是文化原型的流露，也是基于某一个共同点。

减少等待、适时反馈、事无巨细、及时解答，这些都是智慧产品具有的特点，也是非遗记忆从文化的角度塑造了它在文化生活中的角色。共享体验非遗 IP 的形象，通过类似动画表达的原创设计，除了要做到高效贴心以外，还要做到让人们减少等待的时间，用现代 5G 时代的话来说就是“低延时”。一个成功的社群文化是建立在一个高频度交往的人群中的，如同兔儿爷——这些被称为“爷”的人，他们的行为一般敦厚实在，为人处事有一定的见识，处理问题不偏不倚，出现突发性的不良事情时，及时敢于站出来说公道话。它成为这个人群的核心关注点，是由于它对事件反应的“低延时”。一款被众人喜爱的智慧产品，一样也要具有这样的品质，它会从各种角度吸纳文化原型的流露，并让人们为它买单。这时候，以它为中心向人们传递着共同的价值观，如果这个非遗形象被适时地激活，它背后的故事也被激活，那就是同一个社群的共同文化 IP 亦被适时地激活。

在本书的下一个部分我们将进一步讨论传感器、深度学习、及时反馈，使得智慧产品兔儿伙伴的外壳拥有类似人的特征。非遗 IP 和智能技术为兔儿形象共同提供了新鲜的亲和体验。在以兔儿伙伴——这一非遗形象为主题的原创设计中，通过这些行为唤醒情感和身体，形成与人们的文化原型与科技原型的双重共享，从而使得兔儿伙伴的形象设计拥有了不一样的亲和感。

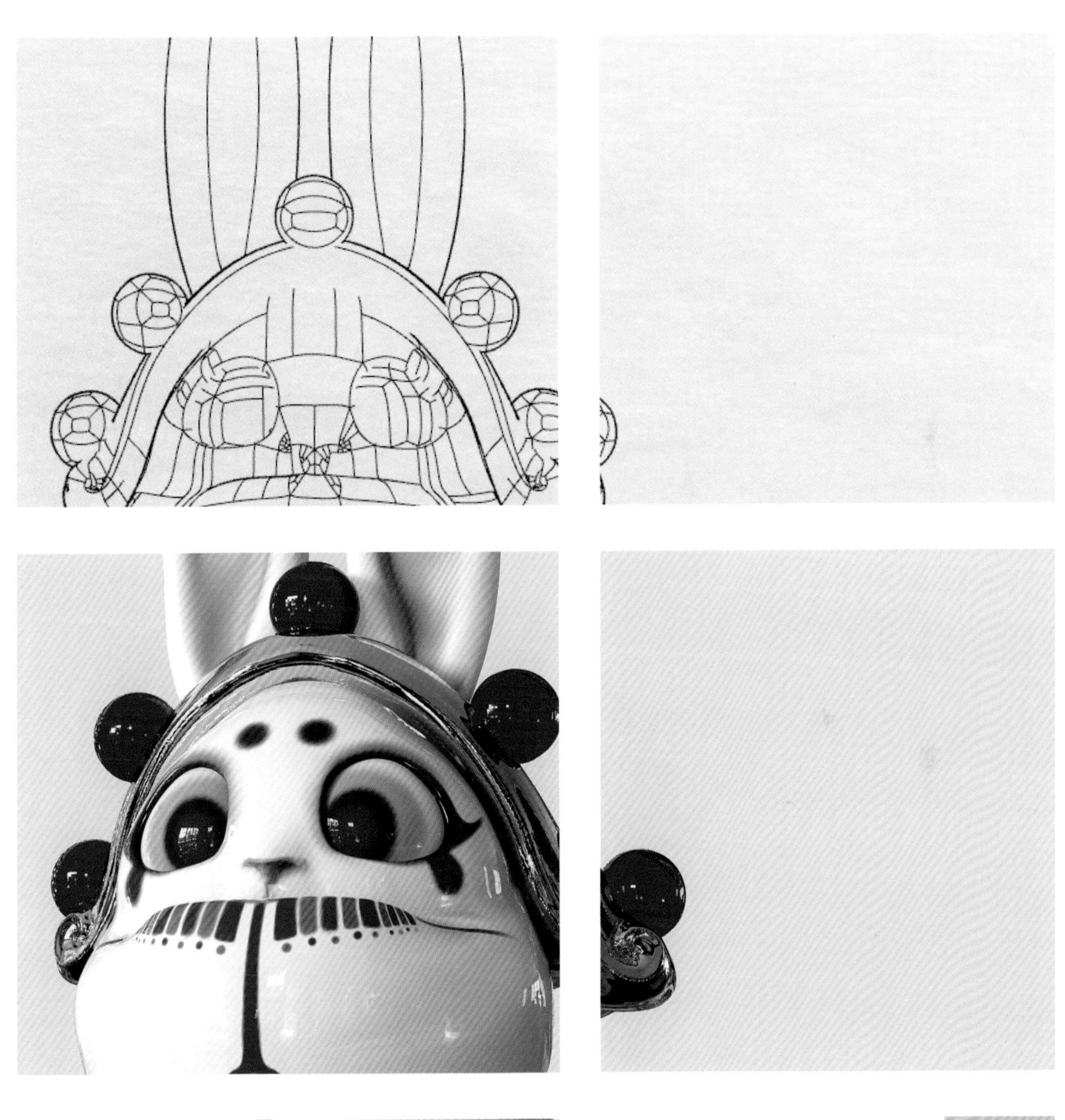

图：沈晨曦

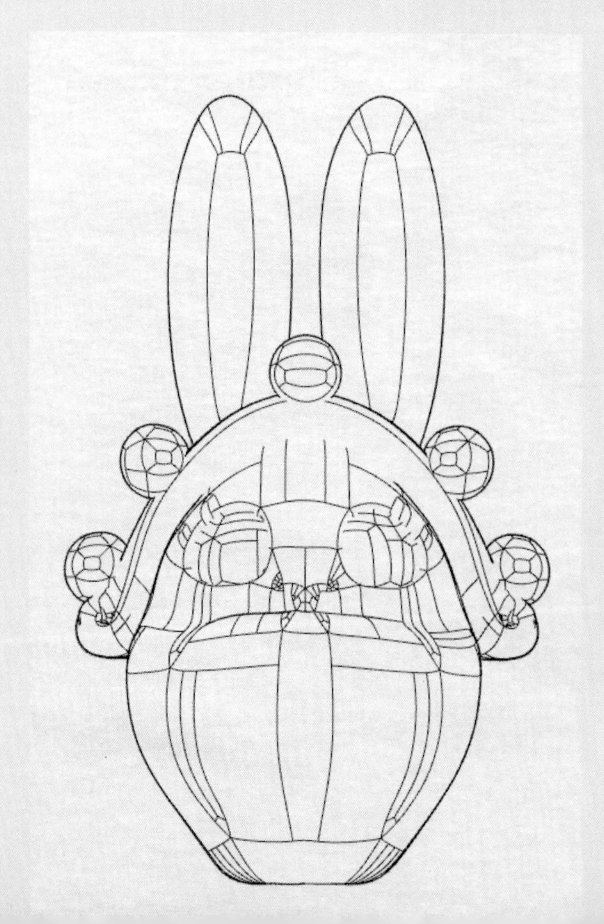

图：沈晨曦

在未来，该机器有可能拥有一个成为贴心伙伴的智能技术，它的形象设计及智能功能的设计是不是要受到挑战？

它能够在场景里察觉到不良情绪，填补不良情绪的空缺。如果说好的贴心伙伴是一个心理医生，那么智慧产品能不能借助智能技术，扮演一个心理医生的角色，帮助人们寻找不良情绪的起因并为人们解决相应的问题呢？

未来的智慧产品是否能拥有这种功能，甚至说它的这个功能不仅针对个人，有时候还要针对有相同体验的人群？这种体验能不能从某个人群进入某个社区，从依附感向向心感靠拢，在社区中形成一种向心感？比如，通过智能语言交流等柔性服务，做到安抚和它在一起的人的心态，为人们缓解焦虑。

智慧产品能不能借助智能技术，随时随地展示出自己表达情绪的技能——及时反馈并得以传播？如果具有以上能力，兔儿伙伴这个角色将是一个被 IP 化和被科技成功激活的传统符号。

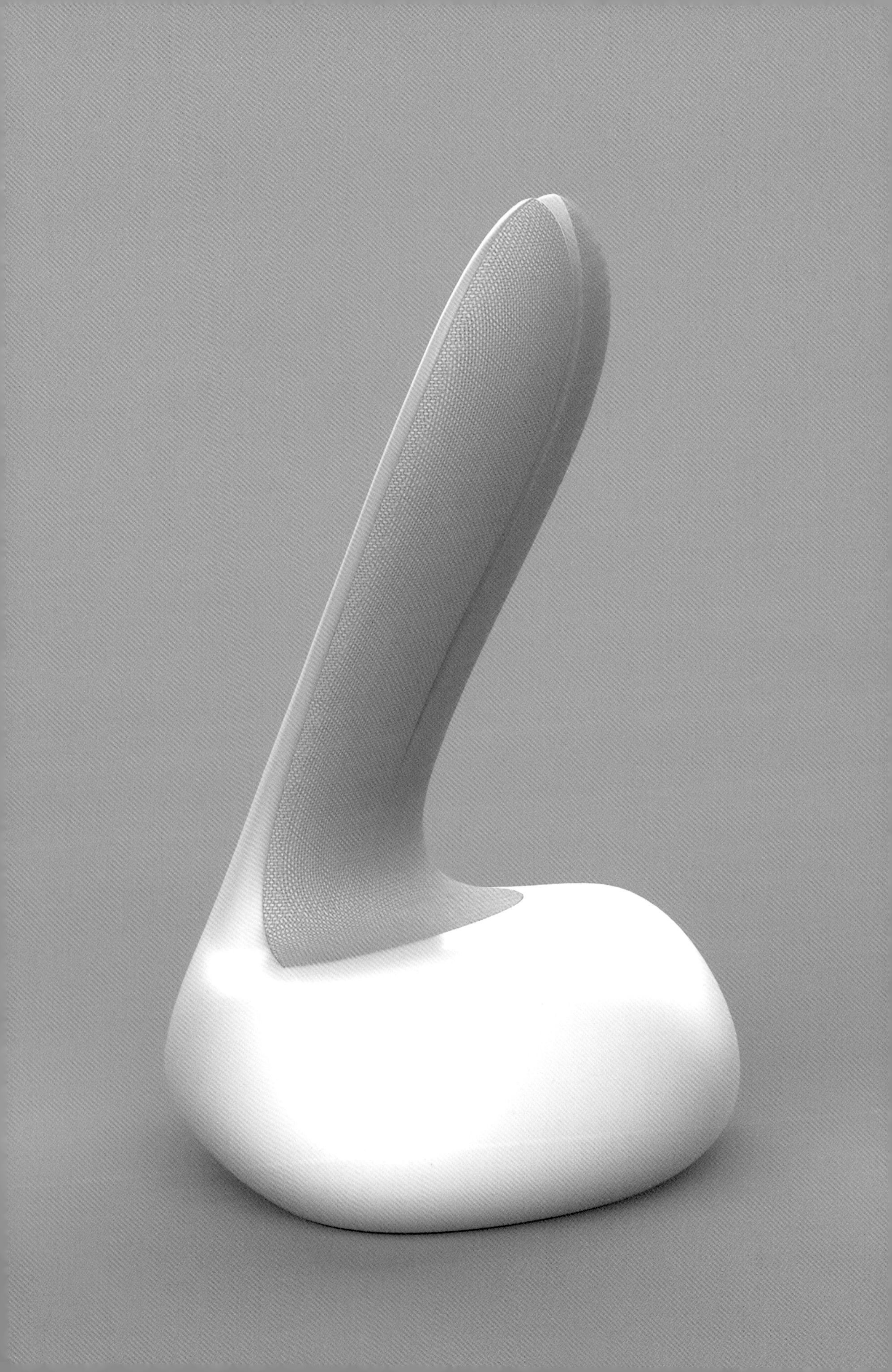

第 3 章

共创：用智能来激活文化符号，从形态上唤醒非遗形象

什么是"共创"？什么是智慧产品设计中的"共创思维"？可以说共创思维是一种设计思维，内容十分丰富，层面复杂。它以用户为中心，创造条件和路径让用户参与到产品的体验、场景和服务之中[①]。其覆盖了设计过程的诸多内容，体现在主题、角色、体验、场景和服务设计等多个方面。共创的"共"有共同、共计之意；"创"有创意、创造之意；智慧产品设计中的"共创"指的是用户协同智慧产品，通过接收信息、存储信息、加工信息及输出信息等活动，共同作用于以下 3 个方面[②]：① 用户在产品体验中实现交互提升与角色转化；② 用户在场景中贡献数据的同时与产品建立多维交互方式；③ 用户在接受产品提供的标准化服务的同时，与之共同构建可塑造的柔性服务等方面，进行富有创造性、营造更好生活空间的一系列协同工作。

本书在智慧产品已经具有新技术，以及将来可能拥有新技术预测的基础上，从以下 3 个版块分别介绍以非遗为主题的产品设计路径：共创思维下的体验设计、共创思维下的场景设计、共创思维下的服务设计，从这 3 个方面对共创理念及共创理念下的设计模式进行讨论。思维是"思考""思索"的近义词，共创思维是从设计的角度建立智慧产品设计的工作重点，从未来发展的角度建设智慧生活的核心。在这里，用户和产品直接建立共创，拓展思维，形成具有共创思维的设计模式，并以此讨论建立智慧产品设计的共创工作方法。

产品从功能主义到拟人主义的转变，是后工业时代转向智能时代之产品设计的一个重要特征。功能主义，顾名思义是以"功能"为先，经济和技术效益为上的一个设计学派。

作为设计史上一个重要的概念，功能主义是 19 世纪七八十年代第二次工业革命——"电气革命"带来的产物。因为电以及与电相关的技术充分发展并普及，造成产品的一个重要特征是它尽可能"带电"。通过产品的按键，使用的人得到相应的功能，帮助人们解决问题——这对应的是人与机器的交互方式，它的设计重心放在了尽可能充分体现产品的功能和用途上，讲

---

① 苏蕴辉．用"互联网思维"践行公司经营发展 [J]．环渤海经济瞭望，2016（4）：58-59．

② 王秉，吴超．安全信息行为研究论纲：基本概念、元模型及研究要旨、范式与框架 [J]．情报理论与实践，2018，41（1）：43-49．

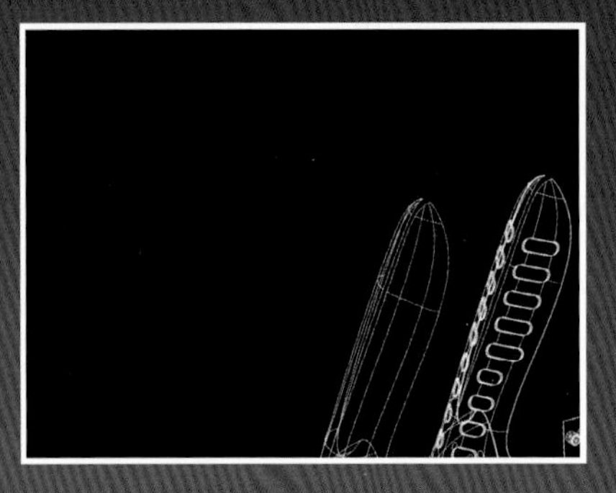

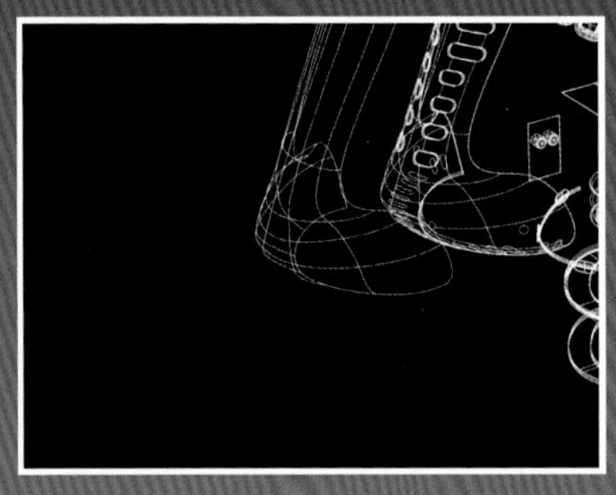

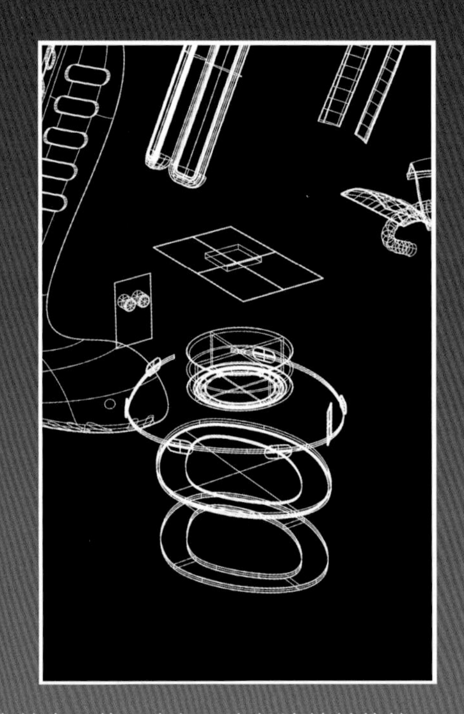

求设计的科学性，要求产品达到生产高效率、使用方便、高经济效益的统一境界。它的审美则是在保障产品的功能性和实用性的基础上带有趣味性体验。其核心思想是密斯·凡·德·罗提出的“少就是多”的理念。这理念从诞生开始一直影响到现在产品设计这一称为“极少主义”的技术美学，帮助复杂的科技找到了秩序感和简洁美，提高了效率，也节省了时间。

智慧产品中的拟人主义是正在发生和未来即将发生的一种流派，是信息时代转向智能时代这一过渡时期在产品设计中初步呈现出的风格苗头。计算机技术、微型芯片、传感器，以及与它相关的科技包括互联网、5G 等，这些人工智能技术的发展和普及，使得产品呈现出一个重要特征，那就是带有“智能”。人们不再局限于通过产品上的按键获得产品的某种功能与服务。功能主义呈现出诸多弊端，既没有减轻劳动强度，又没有减少劳动时间。甚至设计被市场销售所控制，比较前沿的理念也被预先规定好的成本、工艺、色彩和外壳等条件锁死。

人们常说的“拟人”一词最早是用在把事物人格化的文学修辞上，是一种将不具备人动作感情的事物变成和人一样具有动作和感情的修辞手法。[①]

智慧产品中的拟人主义，发端于功能主义建立的相对高效的沟通方式，

① 聂璐. 论幽默艺术在现代平面广告中的表达 [J]. 大众文艺，2011（23）：118.

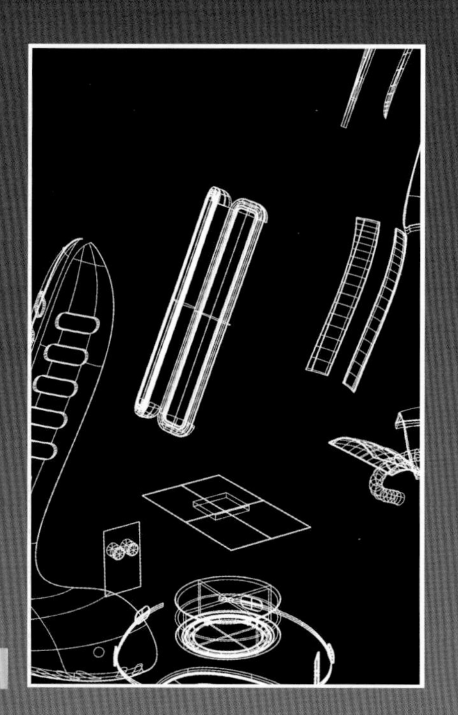

图：徐 超

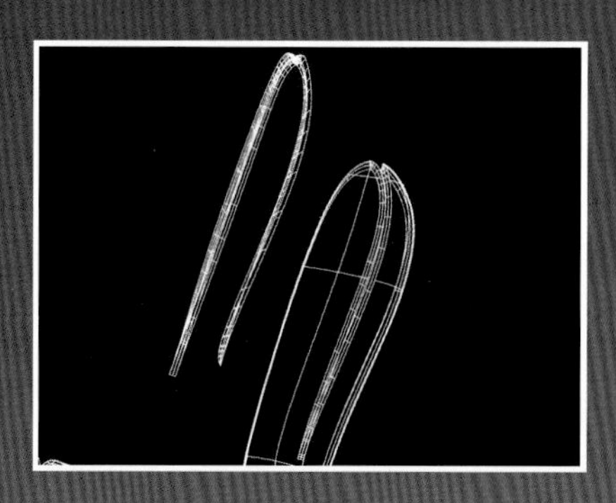

产生于“拟人化”文学修辞对未来世界的描述的基础上。产品的拟人化，不管是电影中的变形金刚、赛博格世界，还是现实生活中AI音箱的智能家电，都在很多设计领域中初现端倪。它通过人、技术与物在体验、场景和服务等方面的共创，用“拟人化”的手法理解、看待没有生物特征的物品。在智慧产品上，它一方面吸纳了信息时代由网络的连接而超越了单一操作，及时反馈，所见即所得的工作路径；另一方面，在当下信息时代转向智能时代所产生的前所未有的复杂系统中，从按一个按键实现一种功能的简洁操作，到通过“屏读”“屏点”实现人与机器的交互，进而迭代为人能通过自然语言、自然行为与机器进行交流的模式——从而实现了类似人类的交往方式、人与机器的多次复杂交互方式。这时候，产品的设计重心除了尽可能体现产品的功能和用途、讲求科学性以外，还将通过拟人化的工作手法，一方面让产品成为有沟通和感知能力，有生命体验并能为用户做出人格化服务的智慧产品，另一方面创造各种可能让用户不再只是把产品当成机器，而是看成具有智慧，甚至理解为“佣人”“宠物”或“同事”一样具有生命的伙伴。“拟人主义”是一个网络新名词，它带来的智慧产品设计即将呈现出不一样的审美样式，可以肯定的是它一方面延续了极少主义的风格流派，另一方面又吸纳了动态雕塑、AI绘画、游戏电影动漫等包括传统工艺在内的艺术范式，产生多层次、多维度的设计美学，从而满足不同人群的个性化需求。这应该需要一代人或者几代人的设计与实践来完成，现在对它进行直接简单的界定还为时过早。

技术的跨越性进步和科技的多层面拓展，为当下的智慧产品设计增加了细致且高效的功能提供了基础，同时倒逼产品的迭代多角度升级，从而提升了灵活且专项定制扩展的功能。它们分别在体验、场景和服务3个层面上，

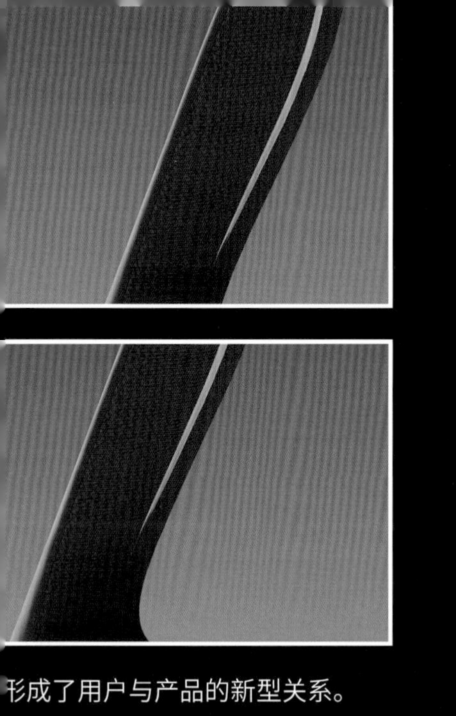
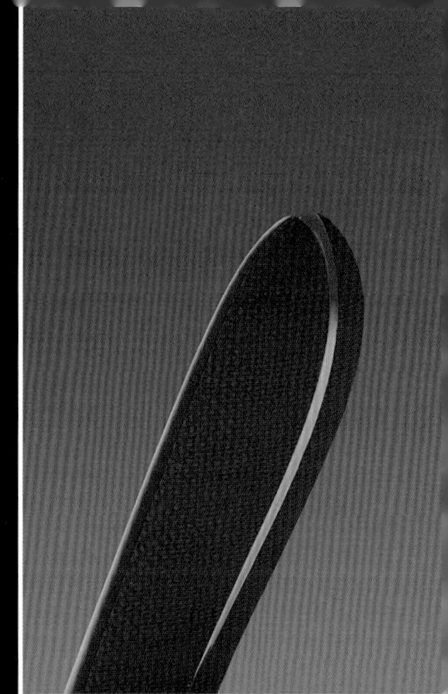

形成了用户与产品的新型关系。

（1）体验层面上，建立针对用户精准化的服务模式，从体验共创上看有：交互提升——共创体验、角色转换——共创体验、体验内容与共创，形成产品深度对接用户的服务模式。

（2）在场景层面上，通过交互方式的拓展，改变了人们对场景在概念上的认知。这个认知既包括用户把使用场景作为多频次交换信息的地方，同时也把它作为物理概念上的现实场景与互联网信息的虚拟场景共融的沉浸式平台。在这里，场景共创关注的是当产品落地到具体时空中，直接的服务与用户是建立在用户与产品、用户与设计及用户和用户之间的信息共享、感知共享、服务共享之上。

（3）在服务层面上，从智慧生活的角度关注人与产品、产品与产品及人与人之间在感知上的关联性；在保证信息交换的频次、有效性的同时，重点提升针对用户服务的个性化、柔性化品质。实现用户从把产品看作物，到把产品看成“佣人”“宠物”或“同事”类的伙伴。

联合人与机器进行体验、场景和服务的共创，其目的是超越一个人的有限性，包括时间的有限性、个人条件的有限性、个人精力的有限性、个人能

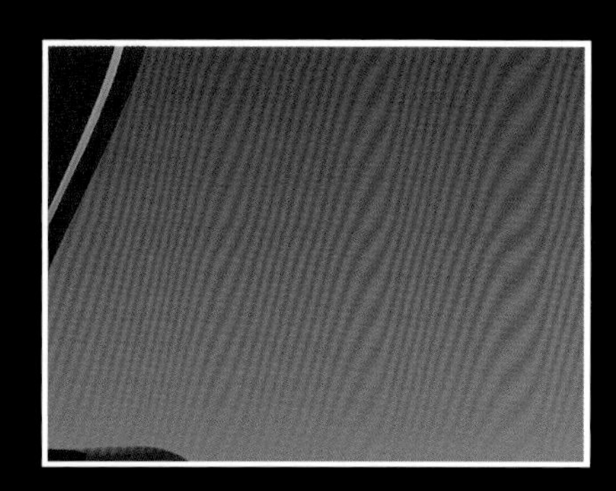

图：徐 超

力的有限性，实际上就是连接用户与产品创造舒适的生活。

3.1 共创思维下的智慧产品——体验设计

共创思维下智慧产品的体验设计包含了交互提升、角色转换、体验内容与共创。习惯上，用户体验指的是用户在使用产品过程中建立起来的一种纯粹的主观感受。[①]

用户体验是用户通过亲身感受，实地领会获取的经验，有较强的真实性、现实性和深刻性。它不仅会在我们的记忆中留下深刻的印象，而且会对未来有所预感。共创体验即是用户使用产品的感受，包括用户与产品第一眼的对视。本节主要讨论用户的参与中智慧产品在3个方面的工作模式：一是交互提升——共创体验，二是角色转换——共创体验，三是体验内容与共创。把满足用户的需求作为设计的第一关注点，具体是怎样形成了用户的体验，是什么促成了用户体验的升级？本节主要讨论在共创思维模式下，人与智能机器共同面对问题、发现问题和解决问题，通过提升和调整用户的体验，进而改善人们的生活环境这一问题。

① 许竹．未来新媒体用户体验模式的发展 [J]．新闻与写作，2016（11）：106-109．4

体验共创形成的重要前提是科技的发展。谁也无法改变科技的进程，计算机、传感器、智能神经网络、深度学习等人工智能的技术促进了生活产品的迭代，进而促进了智慧产品，特别是具有新型交互方式——拟人化的智慧产品——也可以称为初级智能机器人的发展与改变。

科技改变了生活，智能交互技术的发展改变了人与机器的交互方式。[①] 这种改变形成了拟人化的智慧产品，形成了智慧产品和用户、用户和用户、用户和智能机器之间的体验共创。

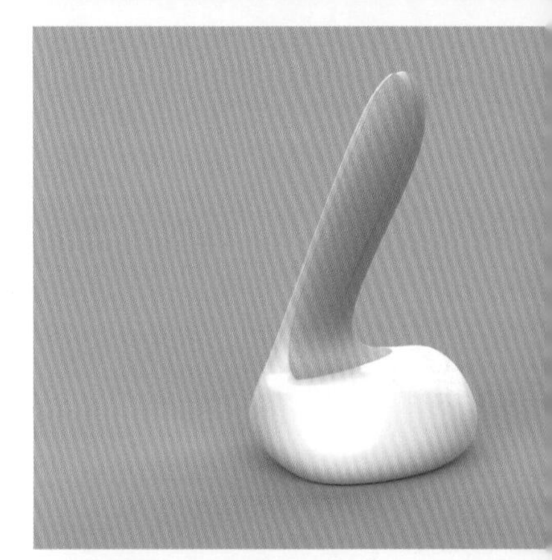

图：徐 超

3.1.1 交互提升

交互技术的发展——交互方式的改变，促成体验从单一模式向多种维度的转换，形成共创思维下的智慧产品和用户之间的交流体验。

交互技术是拟人主义的技术基础，也称为人机交互技术，主要指的是人与机器，特别是计算机之间的信息交流对话技术。针对智慧产品的交互技术，产品通过自身携带的微型计算机输入、输出设备，以有效的方式实现人与计算机对话的技术。[②] 人机交互的传统模式主要有以下几种特点：交互精确、通道单一、二维图像信息、界面简单。随着科技的跨越式进步，特别是人工智能技术的发展，人机交互的发展正在从传统的精确交互、单通道交汇和二维交互向非精确交互、多通道交互及三维交互转变。[③]

① 黄留信．无线传感器网络栅栏覆盖问题算法研究 [D]．杭州：浙江工业大学，2019．

② 俞传飞，韩岗．从图解到影像——当代数字媒介对建筑设计表现的影响及其应用 [J]．城市建筑，2010（6）：18-20．

③ 邹少俊，陈定方，徐桂芳，等．桥式起重机虚拟操纵系统研究与开发 [Z]．武汉市特种设备监督检验所，2009．

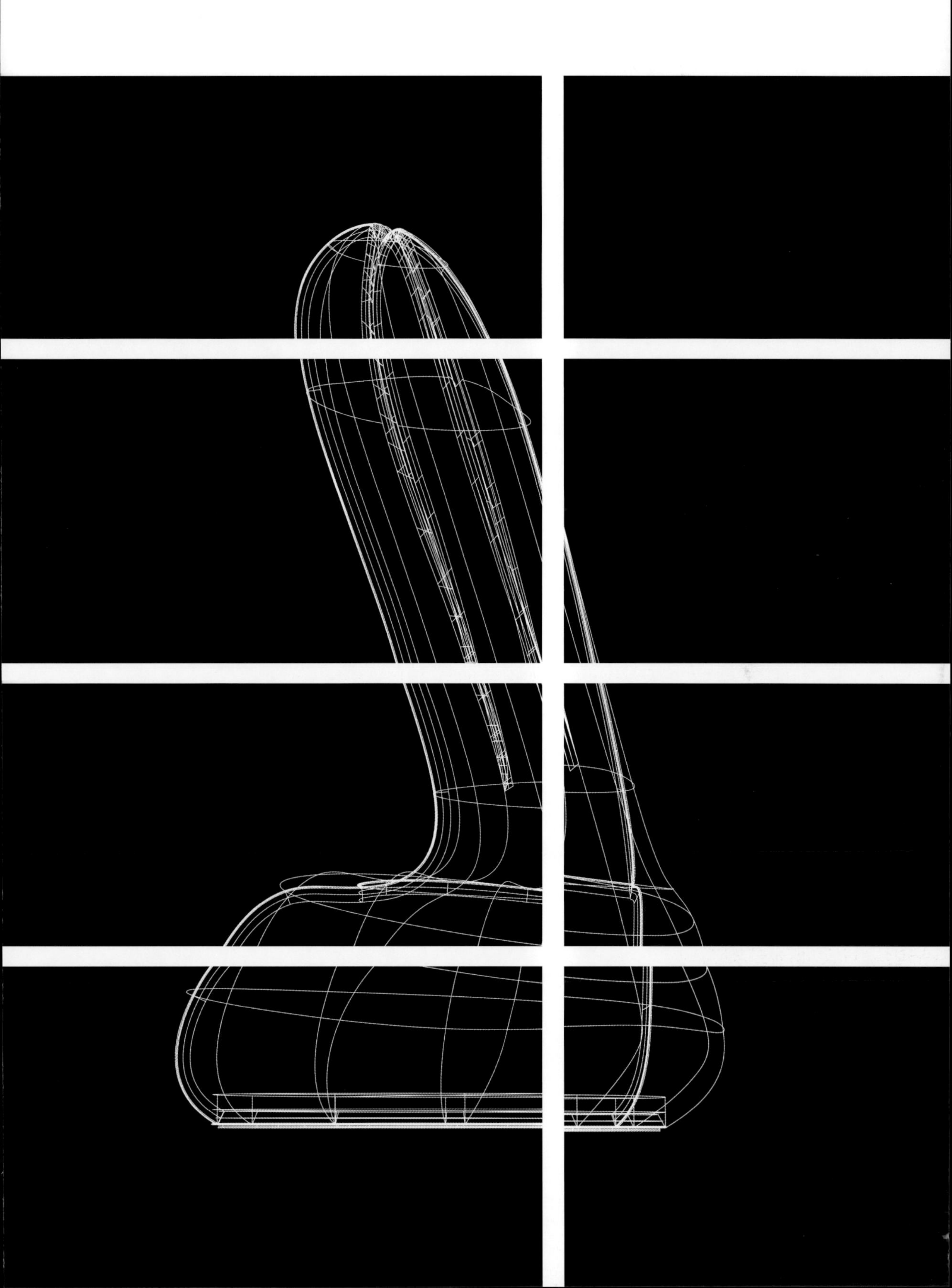

发展用户与智慧产品所携带的计算机之间快速、低耗的多通道界面，从 1946 年在美国宾夕法尼亚大学诞生的 ENIAC 计算机，用打孔的字条实现了人与机器之间最初的交互方式，到 Douglas Engelbart 发明了滚轮鼠标，都标志着 1964 年是人类进入 PC——个人电脑的时代，人与机器之间的交互变得顺畅。20 世纪 70 年代和 80 年代，Alan Kay 发明的重叠多窗口系统、IBM 为个人电脑配置的 101 键标准键盘，在技术上奠定了现代键盘布局，在交互上迎来了字符用户界面时代的到来。而当下比较先进的人机交互技术，诸如语音交互、姿势识别交互、头部和视觉跟踪交互及虚拟现实等技术，都为智慧产品实现与用户之间便捷的交互提供了技术基础。

智慧产品通过以语音交互为主，姿势识别、头部和视觉跟踪等交互技术为辅，建立与用户的交流模式。智慧产品具有拟人化能力的前提是实现与用户无障碍语音交互。语音交互的前提是用户主动发出语音指令，产品接收到语音后体会用户语音的含义，做出相应的反应来满足用户的需求。它是一种用户主动的指令式交互，是智慧产品与用户主要的交互方式。根据人的行为心理学推断，语音交互所占的比例超过产品与用户之间的交互总量的 80% 以上。而语音交互之外的其他交互模式，能够细心地发现用户的行为及行为背后的身体状况；发现用户的表情及表情背后隐藏的情绪，判断用户的大脑活跃状况及背后的因素，这将是未来智慧产品与用户交流情感、建立友谊，让产品成为家庭中一分子的重要因素。

“交互”二字是指信息之间有来往，也是产品在“拟人主义”设计上的路径。智慧产品所具有的智能技术，从诞生开始就注定了它必须与用户之间要像人与人（或生物）之间一样实现亲密无间的关联。一方面，作为智慧产品，它的操作模式，决定了它与用户之间必须有信息的同步与行为的融合，决定了它与人、物之间必须形成有着关联关系的智能共创。

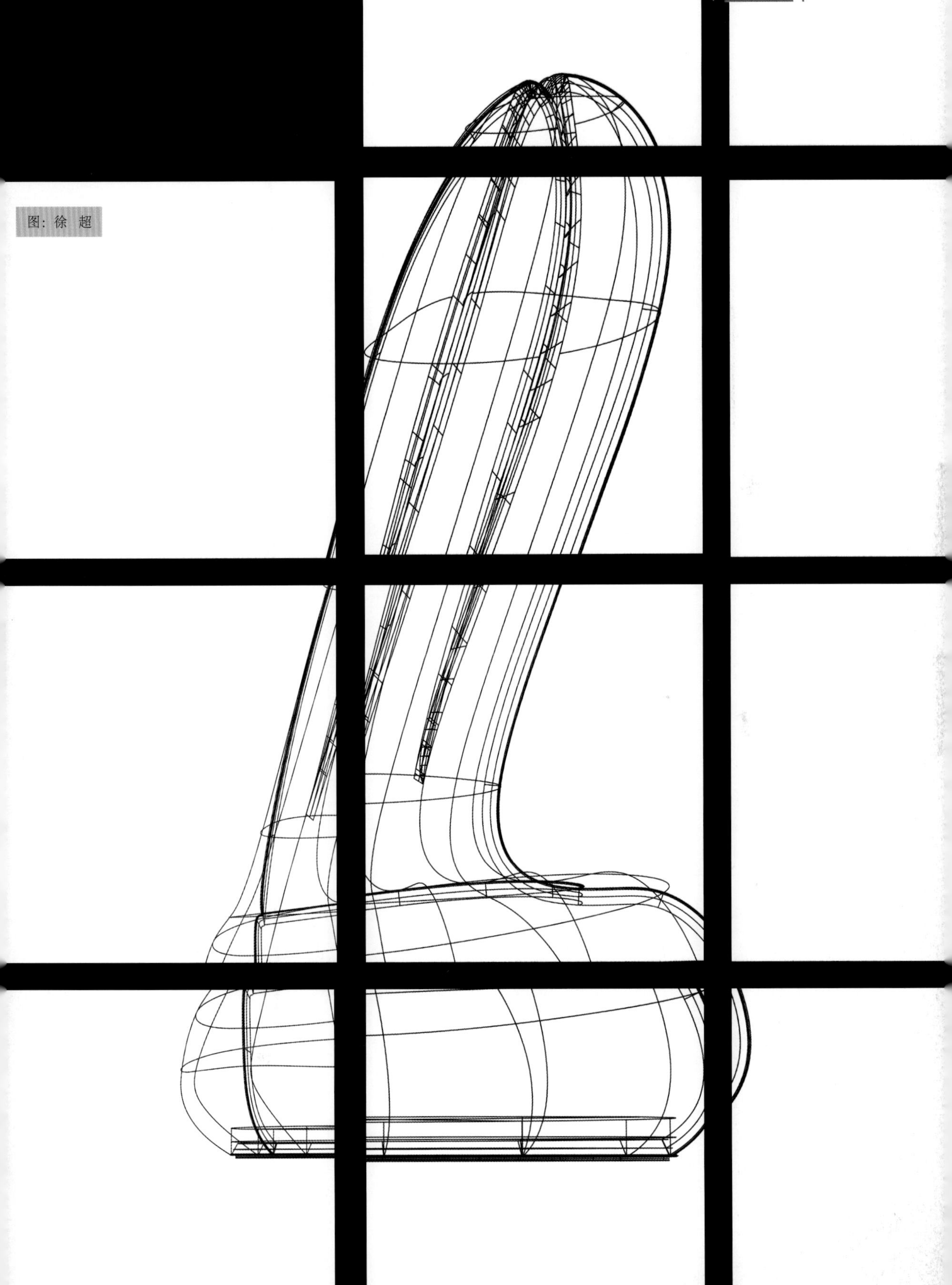

图：徐　超

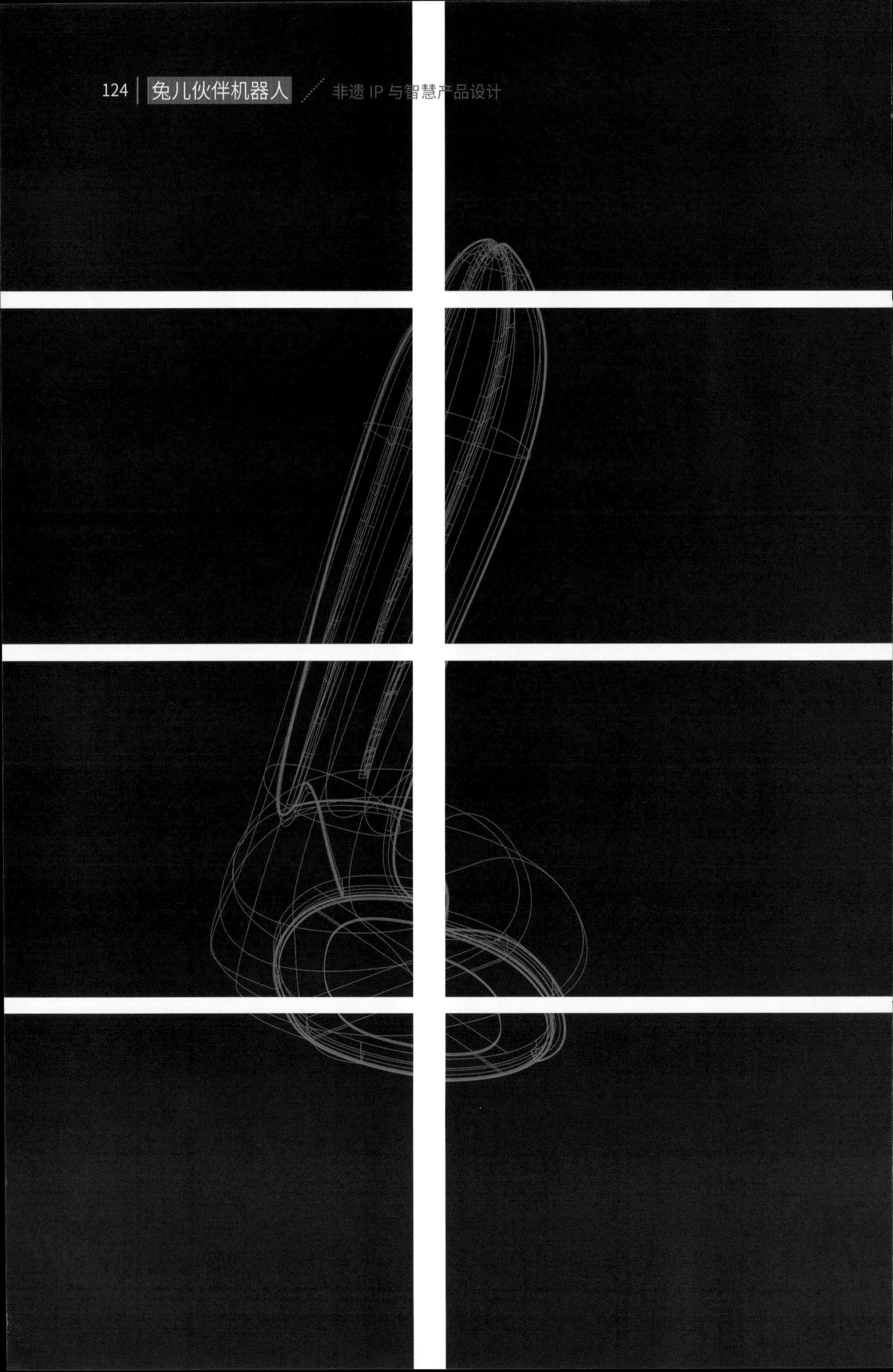

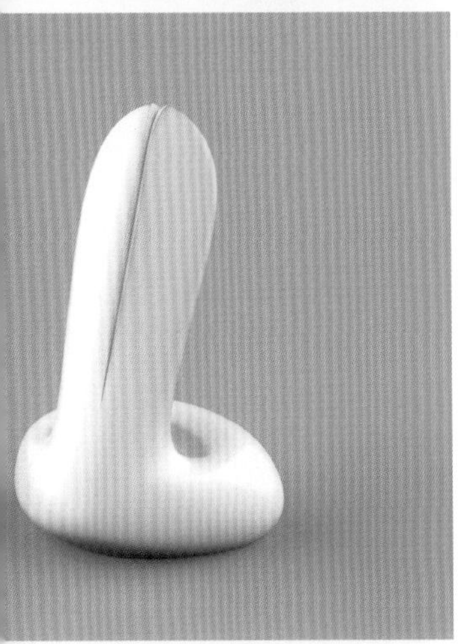

图：徐 超

另外，作为兔儿伙伴——一个以非遗形象为主题的产品设计，因为它具有传统文化的基因，就与用户有着共同文化母体的关联性，这决定了它更容易被用户认识、熟悉和喜爱，与人之间拥有共情关系。从这两个角度得知：① 智能交互既是产品与用户形成共创思维的前提，也是产品与用户形成共创思维的结果；② 联系产品和用户的情感纽带，来自兔儿伙伴本身——非遗为主题的产品，与用户有着同根文化的情感互联，即人们经常说的文化共情。

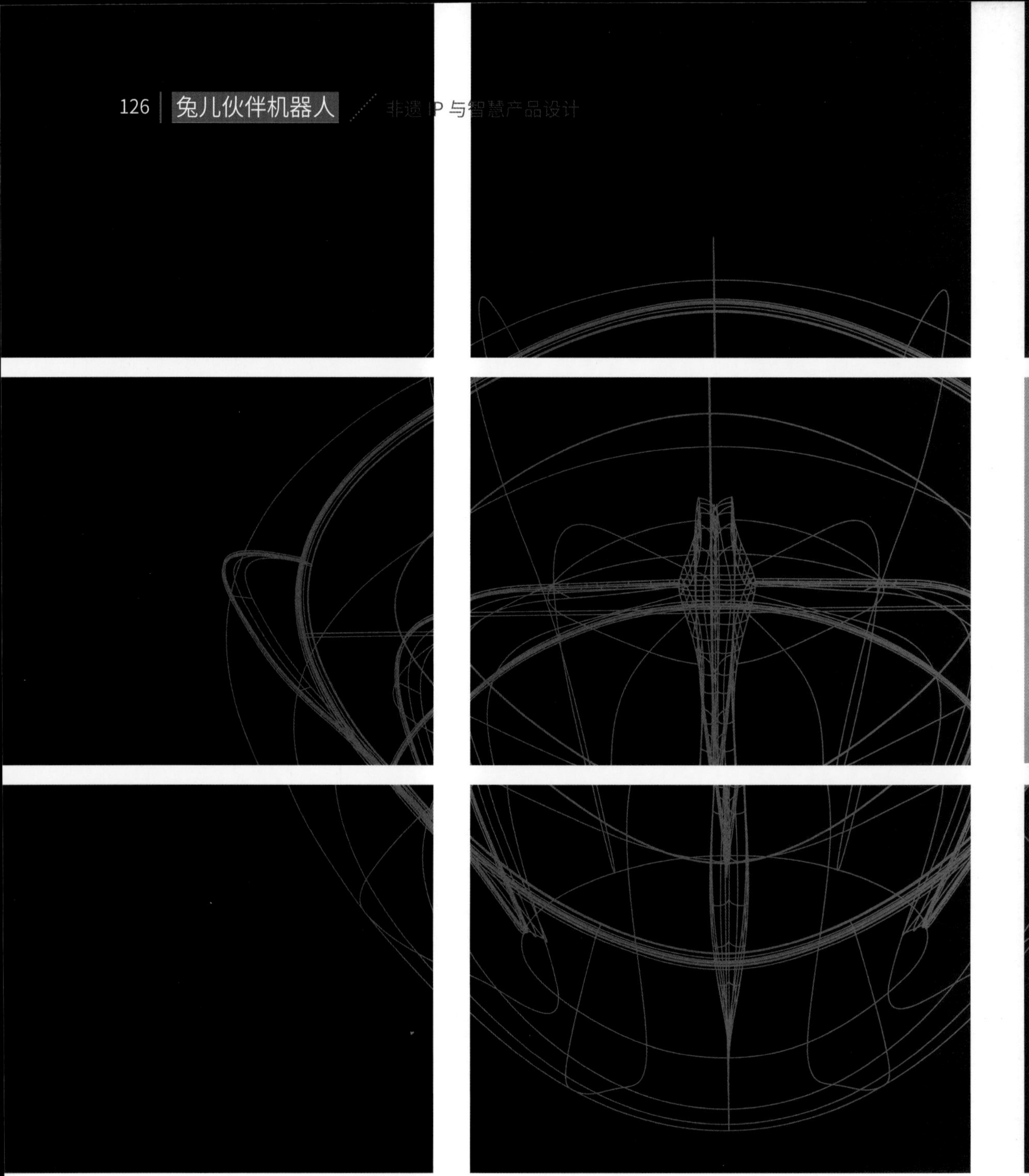

图：徐 超

共创体验：

（1）初级智慧产品，用户是体验的接受者，产品与用户之间缺少信息的回复，信息的沟通呈现单一方向，可以把它形容为“从点到线”的体验。

（2）成为升级版后的智慧产品，用户既是体验的接受者也是体验的反馈者，虚拟、双方向、可循环、有交流，可以把它形容为“从线到面”的体验。

（3）再一次升级后的智慧产品，用户甚至是体验的创造者，多方向、发散式、可循环、有交流，可以把它形容为“从面到体”的体验。

功能主义的产品，要在产品设计制作之前吸纳用户的意见。它们遵循这样的步骤：产品在打样阶段，通过调研等路径把设计的用法传达给用户，搜集用户的意见，进行归纳、整理和推衍后对产品进行修正。首先，因为技术上的局限能被挑选并使用，打样阶段产品的用户在数量上是极其有限的；其次，选择使用打样产品的用户并不一定会发生真实消费，那么他的真实意见有可能就会被隐藏；最后，这种模式有一个致命的问题，那就是产品一旦产出，与用户的交流就停止了。这种模式缺乏一直有效、反复多次的信息沟通，所以它并不能持续地影响产品设计。产品已经生产，产品使用对用户来讲，要么放弃对该产品的使用，要么就“因陋就简”。

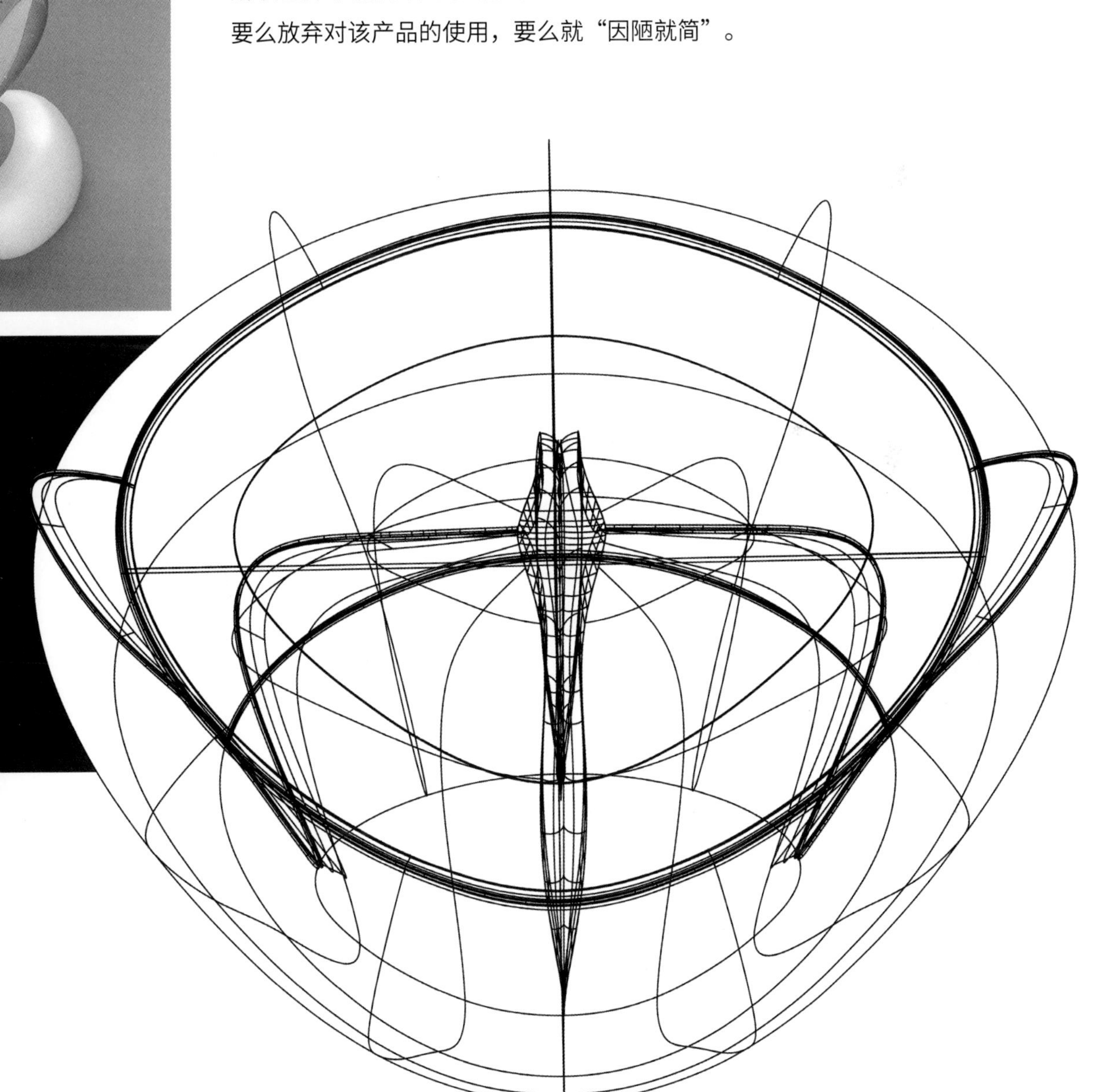

单一，简单、有效，缺少反馈，是初级智慧产品的特点。用户是体验的接受者，是一种比较简单的“物理体验”，可以比喻为“从点到线”的体验。在这个时候，产品和用户之间缺少交互体验。

经过几代技术工人、工程师和设计师的经验积累，以功能主义为主体的产品，也就是第二次工业革命以来的产品，它的设计思维主要建立在生产流水线化的基础上，通过设计单方向挖掘用户的需求而形成。在大数据、云计算及人工智能的技术（AI 时代）出现之前，设计的工作已经形成了一种行之有效的模式。

当设计师接到新的设计任务时，有着一套理性的工作步骤来完成他们的工作。

第一步，拜访客户，对产品进行调研。他会针对以往的类似产品，对曾经使用过类似产品的客户，以及潜在客户进行问卷调查，并及时反馈进行归纳和分析。这个阶段称为调研阶段，在这里，他和客户通过准备设计的产品连接在一起，建立对产品的同理心。

第二步，在调研的基础上对产品的内核进行定义。对主要用途、核心功能、辅助功能的增加或减少进行调整，重新定义未来的产品概念。

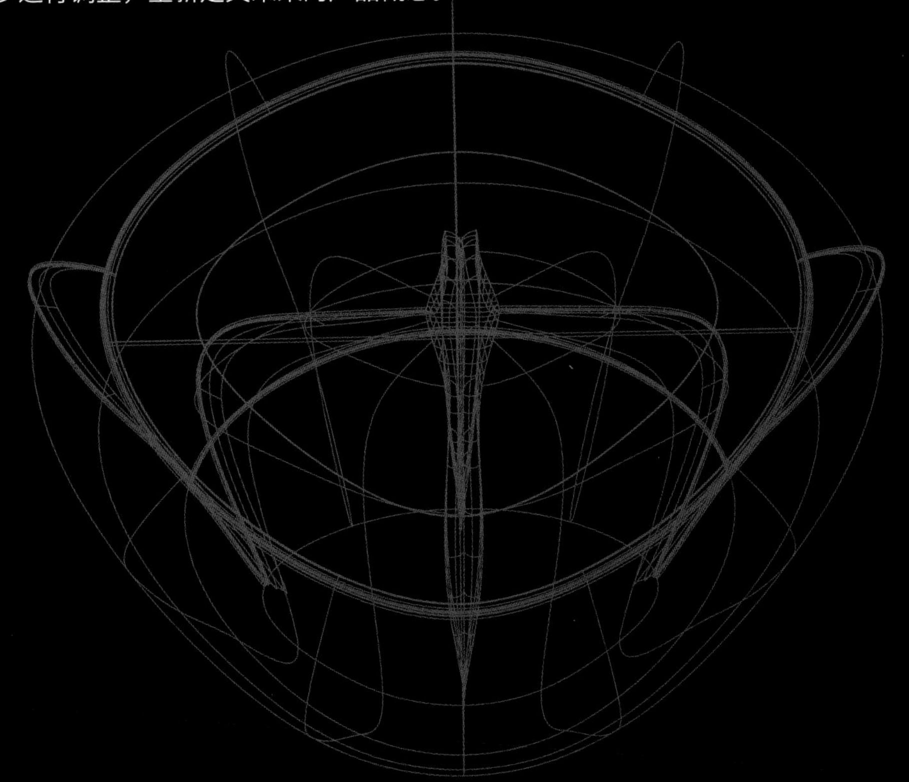

第三步，创意是设计思维中主要的步骤。组织设计人员进行头脑风暴，突破思维，在调研和定义的基础上出发，有效结合设计师丰富经验和超人的想象力。

在这个步骤中创意落实到图纸上，其中包括思维导图、头脑风暴图、效果图，当然结构图、平立剖、功能流线图等图纸也在这个时候被绘制出来。这一步的工作是要把创意的想法落实到纸面上。

第四步，配合设计部门进行模型制作工作。选择材料，和工程师商议，和流水线生产部门协调与对接，制作第一批原型产品。

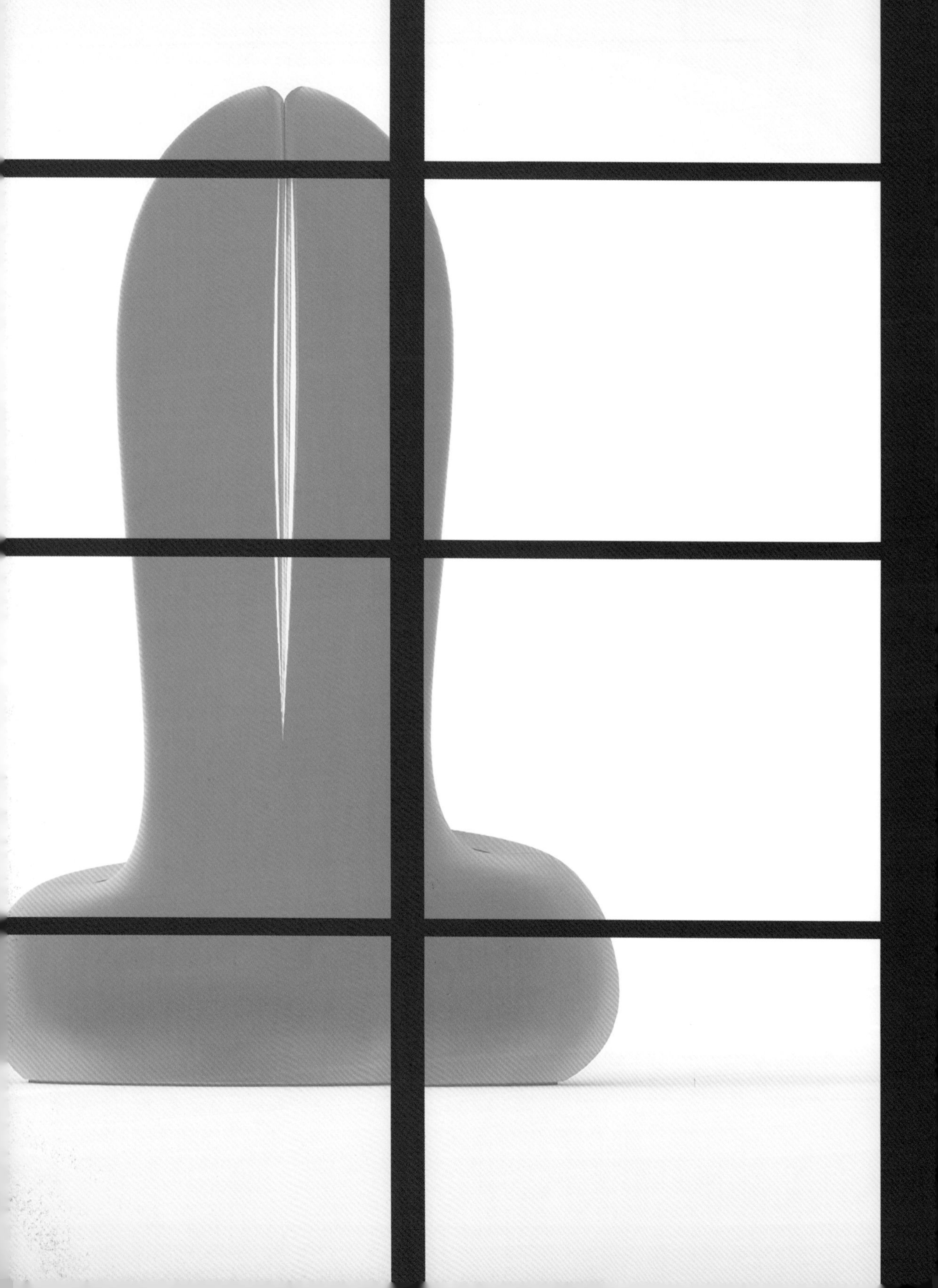

图：徐 超

第五步，这是设计思维开展的最后一个环节，需要对产品进行测试，测试的目的就是要验证产品和设计想法是否符合客户的要求，除此之外，设计时还需要和销售部门讨论价格，讨论客户如何使用，以便提升产品品质，研究产品与用户感受之间的关联性。这样设计思维指导下的工作流程基本完成了，如果测试没有达到应有的效果，那么设计就会重新从拜访客户开始，回到工作的第一步，也就是设计思维的不断验证。设计思维指导下的这 5 个工作步骤，事实被证明是最有效的，大量的产品设计都由此而来。在很多设计公司里，这种方法也还在使用。在设计类高校的教育中，也把这个方法作为实现设计有效的思维路径。

当然，功能主义是作为设计方法基于工业革命一系列的新技术及工业革命给社会带来的新思维。虽然现在还没有人把因人工智能技术的出现而给人类社会带来的发展成果称为“智能革命”，但它带来的影响和工业革命一样深远，甚至超过了工业革命。未来，人们可能会把工业革命称为前智能时代，大数据、云计算及人工智能的时代称为智能时代。它的来临也是我们讨论智慧产品这个话题的重要前提。如果把这项科学技术放在更长的时间长河中进行考量，大家会发现当下人类正在进入另一个文明模式中。人们不禁要问：它们之间最大的差异在哪里？用更加宏观的眼光来审视它们，最大的差异在于形成文明的基础条件是不一样的。而与之相应，当人们把它放在设计领域中讨论，它产生的设计思维模式——拟人主义的智慧产品设计思维必然也是与众不同的。

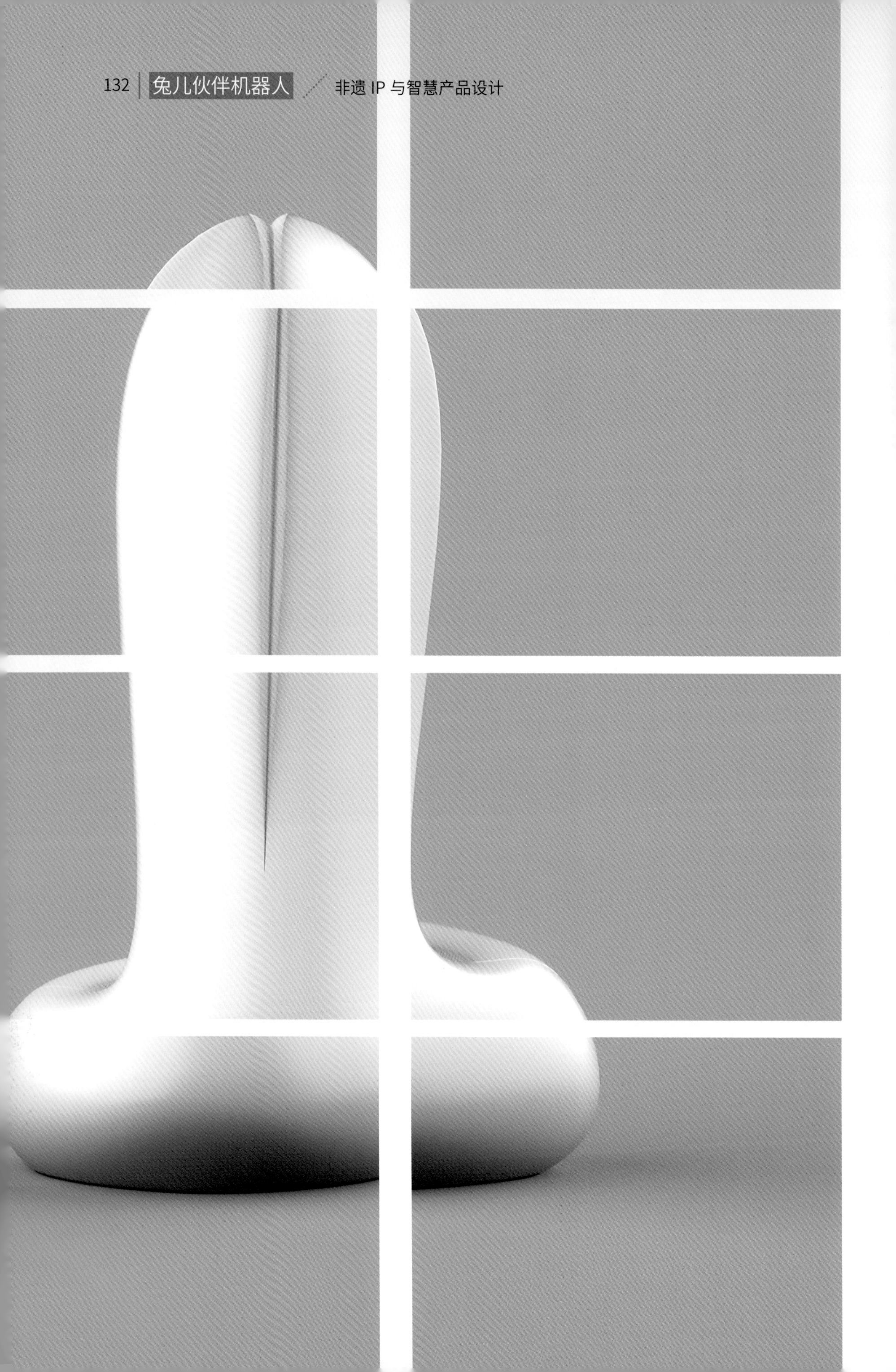

图：徐 超

升级后的智慧产品，用户既是体验的接受者也是体验的反馈者。

功能主义这种看似十分理性的设计步骤，源自把人为的不确定因素对工业设计的影响尽可能降到最低的诉求。而智能时代的设计，必须考虑两个关联密切的重要因素：一是智慧产品不仅拥有某种冷藏、煮饭、扫地的使用功能，还拥有获取用户体验时产生的数据功能；对用户来说，他既是产品的使用者，也是让产品迭代的数据提供者。通过功能的输出，数据的搜集，使产品成为中间环节，从而建立设计师与用户之间的连接，既为产品与产品之间的连接建立通道，产生内容，也为下一步产品迭代提供信息并产生新的可能。二是在这些理性工作手法和它的思维背后，还要关注诸如兔儿伙伴一个以非遗为主题的智慧产品，它通过拟人主义的手法提炼传统文化符号并建立与用户的情感通联。换句话说，就是从情感的角度唤醒非遗形象，因它与文化母体的亲情关系，成为用户选择某种智慧产品的重要因素。

如果回到设计主题，找一找智慧产品与非智慧产品之间的差异，我们可以看到，市面上以兔儿爷为主题的产品并不少见。它们主要延用了现代化的设计元素，模仿它的造型，使之成为文创产品。在这里，我们回到要讨论的主角兔儿伙伴上，它是以兔儿爷为主题的机器人，是智能化的产品。如果把造型的模仿比喻成一个“壳”，那么机器人是具有“壳”与“核”并存的现代产品。也就是说，兔儿伙伴的机器人既要有兔儿爷带来的外形特征和文化记忆，还要有通过智能技术带来的表情、语言和动态等拟人特征。更重要的是，它与世界的连接是多维度的：它纳入了 5G，通过互联网与其他产品建立连接；通过物联网，

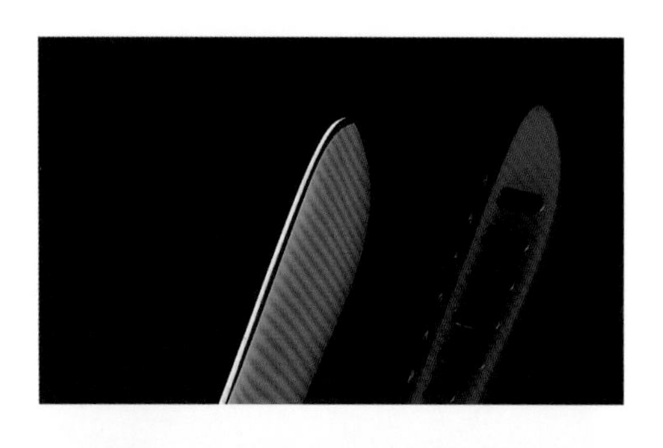

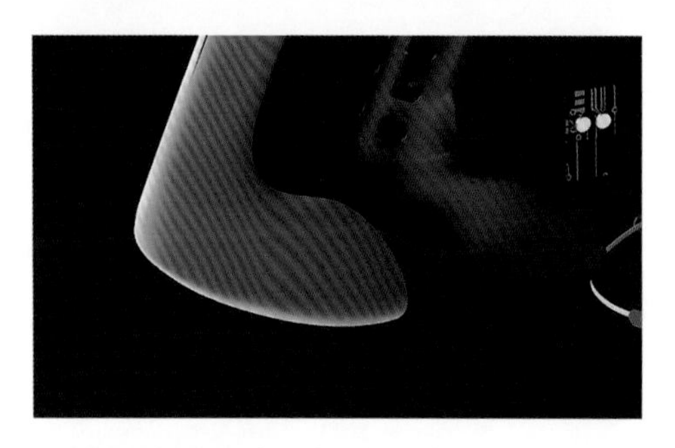

物物相连进行人人相连，建立用户和用户之间体验的连接。 图：徐 超

用户的使用与用户的体验产生的数据，像连串的点在体验中延伸，形成了从点到线的体验共创。兔儿伙伴智慧产品和用户之间有双向的体验交流，在交互体验的基础模式上实现共创。这是一种双方向、可循环的同时适用于现实与虚拟环境的感知交流，可以形容为“从线到面”的体验。

由于用户个体基础行为十分复杂，所以设计时需要接收、吸纳和梳理用户行为反馈的意见。更重要的是，设计也需要反复多次修正，持续迭代，甚至推倒重来以适应用户的需求。

（1）基础行为具有以下特征：① 行为的自发性。个体行为具有内在的动力是自主发生的，外在环境因素可以影响个体行为的方向与强度，但不能发动个体行为。② 行为的因果性。可以将行为看作表现出来的结果，这个行为必然存在事先的原因，在行为产生之后，这个行为又可能成为下一个行为促发的原因。③ 行为的主动性。个体行为不是盲目的，任何行为的产生绝不是偶然出现的，任何行为都是受个体意识的支配。行为者可能并不自觉地意识到自己行为的原因，但这绝不证明他（她）不受自己意识的控制。④ 行为的持久性。由于行为是有目的性的，是个体主动发出的，在个体没有达到自己的目标之前，这种行为也不会停止下来。⑤ 行为的可变性。个体在追求个人目标及环境的变化时，选择最有利的方式达到个人的目标。[①]

① 罗宾斯，贾奇．组织行为学 [M]．孙健敏，王震，李原，译．16 版．北京：中国人民大学出版社，2016．

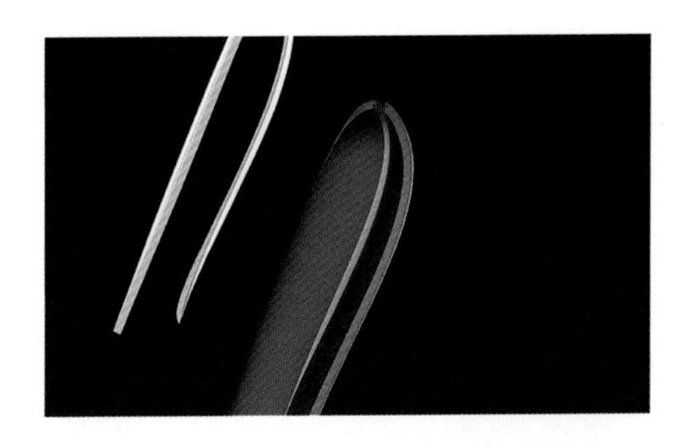

（2）产品与用户之间的双向多次交互，与人的行为互相呼应需要具有以下计算能力：① 结合环境因素，从行为的自主性找到用户的主要需求。② 联系行为的前因后果，判断用户行为的缘由。③ 去除偶然因素的干扰，发现用户行为的主动性。④ 了解用户行为的目的和持续行为之间的关联性。⑤ 用数据进行区域间记录，形成一个类似波状曲线的标准模态，捕捉用户行为的可变性及边界。

通过产品与用户之间双向多次交互，通畅信息的输出输入，实现了有效沟通。如果我们探究一下技术层面，就可以得出，交互的实现是建立在机器能够自动检测和自动控制的基础上的。智能摄像头、阵列后的麦克风、传感器这些都是实现自动检测和自动控制的基本物理元件。现在的传感器按基本感知功能分为光敏元件、热敏原件、气敏元件、力敏元件、磁敏元件、湿敏元件、声敏元件和味道敏元件等，以其微型化、数字化、智能化、多功能化、系统化和网络化等特点，成为现代智慧产品的重要元件。它使得原来物体智慧的产品有了嗅觉、触觉、味觉等感官，让成品成为一个活态的生物，进入人们的生活中。用户的各种特征通过敏感元件和转化元件的工作，被传感器所测量并按照一定的数学函数法则（规律）转换成可用信号，成为产品与用户交互可用的前端信息。

可以说，在不久的将来，智慧产品将用各种传感器来监视和控制用户居家生活的各个参数，使各种居家产品工作处在正常状态或最佳状态，并使其为用户服务的产品达到最好的工作状态。可以说，如果没有优良的传感器，智慧产品就失去了它交互工作的第一基础。

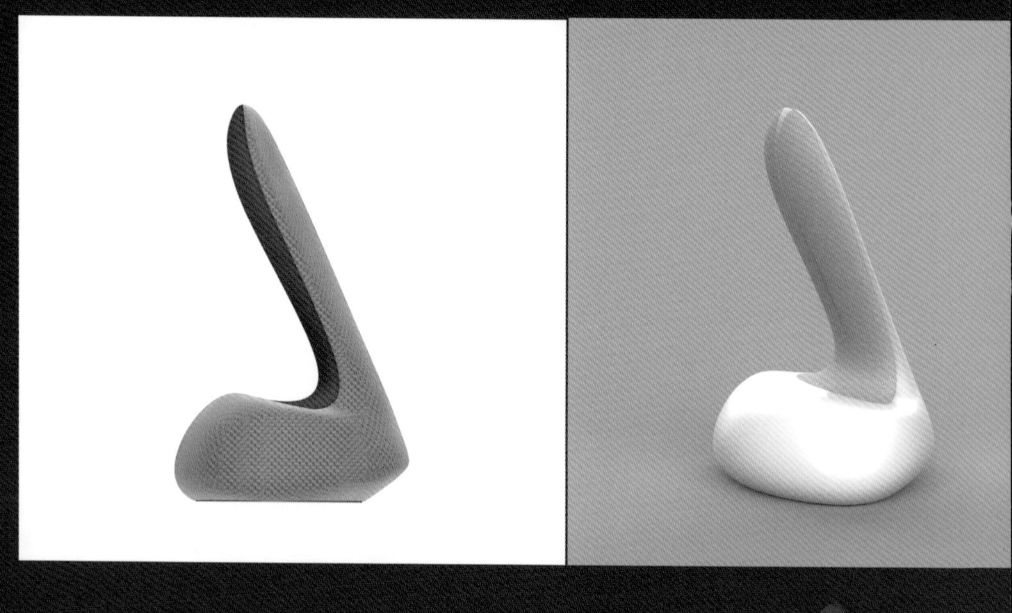

智能摄像头与智能麦克风是智慧产品非常重要的两个智能元件，是智慧产品和用户之间建立交互的重点。通过传感器建立起来的监视和控制系统，目的是给用户提供优良的生活环境。针对用户来说，他更多的是在被动的情景下接受智慧产品的服务，这里可以称为被动交互。而通过智能摄像头和智能麦克风建立起来的信息沟通系统，是未来智能家居产品和用户之间建立有效的信息共享、明晰的体验共享、密切的体验共创等工作的主要路径。这类智慧产品的工作原理源自人类的生理特点，实验心理学家赤瑞特拉通过大量的实践证实，人类获取信息首先来自视觉，它占据信息来源总量的 83%。科学的论断和人们的日常习惯，不管是科学家还是普通人都可以得出这样一个结论——视觉是信息的主要来源；人类获取信息其次来自听觉，它占据信息来源总量的 11%，也就是说，听觉作为信息来源的辅助工具，对人类信息的获取也占着至关重要的位置。

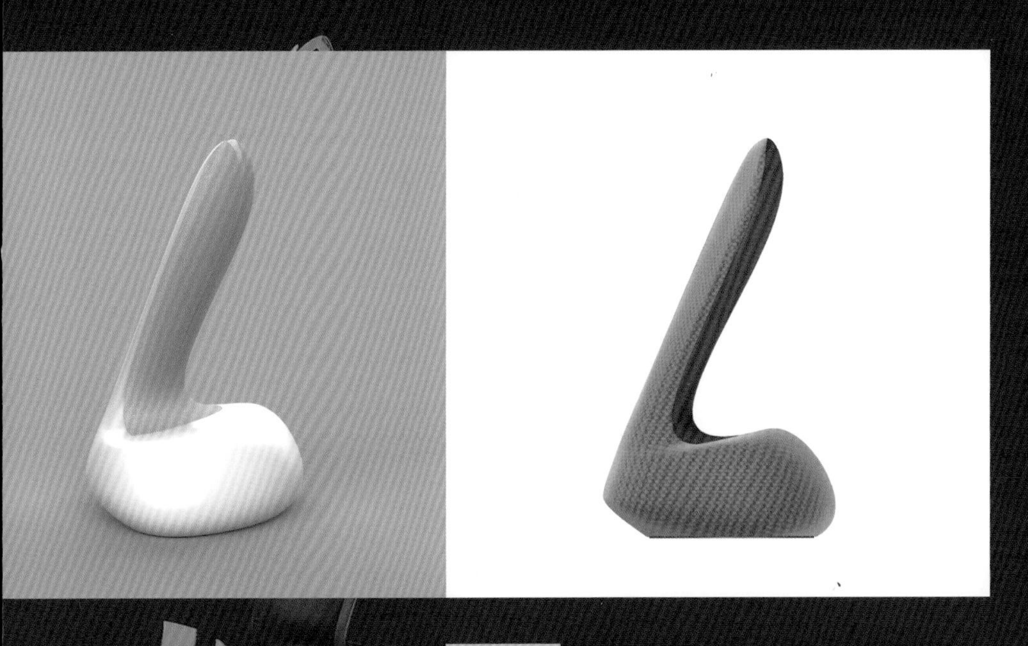

图：徐 超

与之相应的，智慧产品的摄像头与麦克风，同样是获取信息的主要途径，虽然现在尚没有数据论证它在信息处理上的权重，但我们可以借助人类智能的特点推导出智慧产品中视觉和听觉的重要性。

智能摄像头的工作原理是以图像识别为基础，它是摄像头与图像识别计算模块的组合体。图像识别是以捕捉图像的主要特征为基础，它通过识别不同模式的对象的技术，对图像进行识别。从图像识别的研究中可以发现以下特点：一是视线总是集中在图像的主要特征上，也就是集中在图像轮廓曲度的最大或者轮廓方向突然改变的地方；二是眼睛的扫描路线也总是一直从一个特征转到另一个特征上，从而捕捉出动态的形象特征。针对未来的智慧产品，它所携带的智能摄像头在进行图片识别的过程中，必须排除计算系统中的知觉机制，输入多余信息，抽出关联信息。

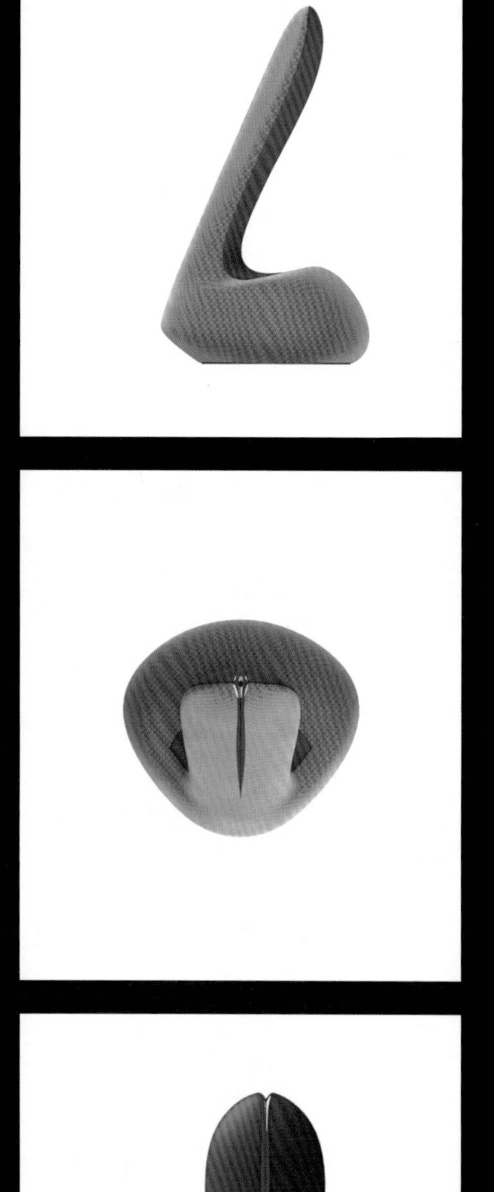

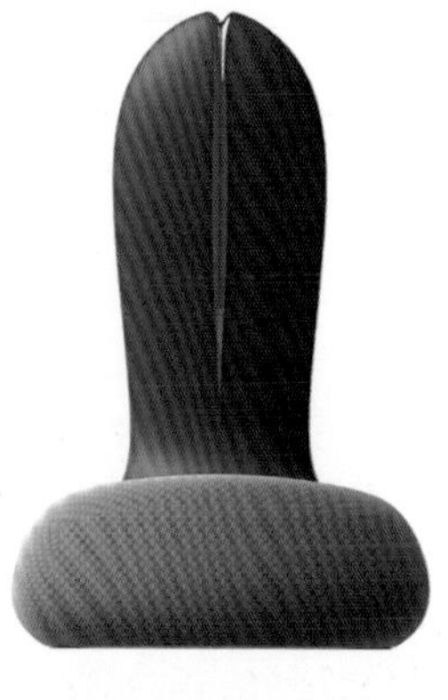

图：徐 超

以兔儿爷为形象的机器人为例，它对用户的图像识别分别在立体视觉、运动分析、数据融合等技术方面，通过模板匹配模型，从而判断用户当下的需求。也就是说，这个机器人的智能系统得具有识别图像的功能，在过去的经验中，这个图像的记忆模式又叫模板。如果兔儿爷机器人捕捉到的图像信息，与它原先记忆中的模板相匹配，这个图像也就被识别了。由此可以得知，兔儿爷机器人能提供什么样的服务并不是预先设定的。它需要与用户在共同生活中，做到以下3项工作才能在接下来的日子里提供有效服务：一是通过捕捉并搜集用户的形态、运动等主要特征，形成记忆库；二是将用户的形态运动等主要特征，通过行为心理学等方法，与常人的形态、行为及它背后的需求进行匹配，找到用户的服务需求；三是当用户出现类似行为时，产品能做出相应反应，协助用户完成某件他要做的事情，满足用户的服务需求。这是智慧产品从识别到服务的3个阶段，即学习阶段、匹配阶段和实现阶段。第一阶段是把用户的形象和行为特征作为样本，对其进行特征选择，寻找分类规律；第二阶段参照服务设计的基本原理，根据分类规律和未知样本进行分类；第三阶段输出服务其实是智慧产品的工作核心，因为它是用户体验的直接对象。

听到什么，听懂了什么，又告诉用户什么，这是智慧产品提供给用户良好体验的一项重要工作。而这项工作的主要承担者是智慧产品携带的麦克风。智能麦克风的工作原理是一门交叉学科，它由信息处理、模式识别、概率论和信息论、发声机理和听觉机理与人工智能等组成的技术集合，人们通常称之为语音识别。与自己创造出的机器进行语音交流，让机器知道你在说什么，背后有什么意图，这是用户对产品梦寐以求的期待。把用户发出的语音，特别是对产品提出要求的语音——如让兔儿爷机器人去扫地，称为用户对产品提出的主动指令。未来的智慧产品通过捕获用户的主动指令——包括特征提取技术、模式匹配准则及模式训练技术等方面语音识别技术，来听懂用户的需求。当这一切都成为可以被云计算所运算的大数据之后，剩下的工作就是执行了。

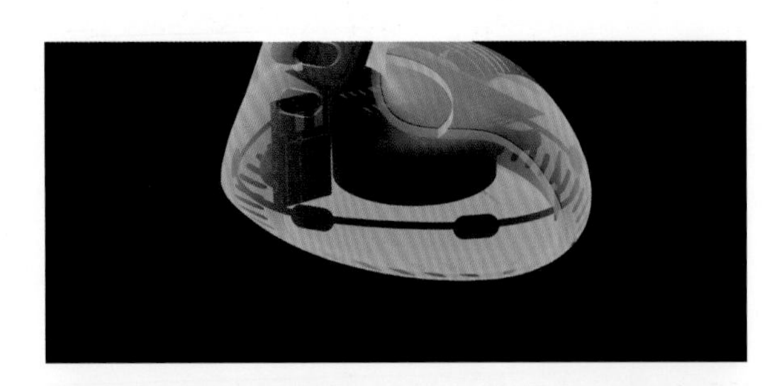

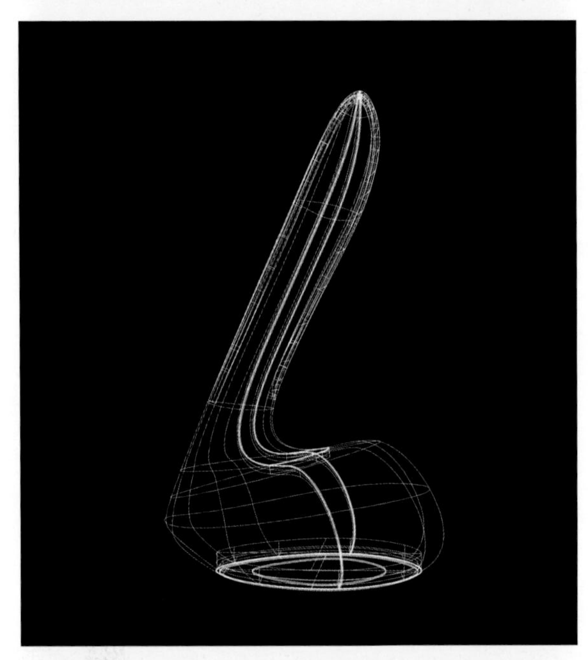

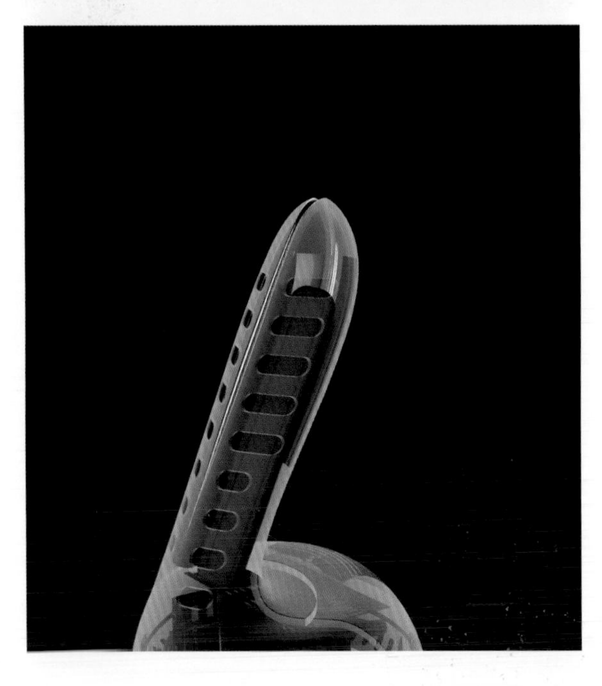

图· 徐 超

当然，产品听懂用户的需求，执行为用户提供服务的工作。说起来容易，其实是一件非常复杂的工作。对用户的语音判断准不准确，服务做得好不好，要基于语音的数据库是否有用。随着隐马尔可夫模型技术的成熟与完善，以知识为基础的语音识别研究日益受到重视，加上人工神经网络在语音识别中应用研究的兴起，反向传播法的多层感知网络应用，可以为产品的语音算法，系统设计及产业化分工提供充分的依据，从而建立足够庞大、足够丰富而足够精细服务用户的语音数据库，对产品用户之间的无缝沟通提供了最重要的基础。

不管是传感器、智能摄像头还是智能麦克风，都在硬件和技术上为产品向用户提供丰富的体验打下了重要的基础。交互是产品与用户之间体验共创的获得前提。“交互”并不是一个新词，语出《京氏易传·震》：“震分阴阳，交互用事。”在当代被人们重新使用，指的就是在互联网平台，人与人或者人与机器之间的多重关联，在这里主要指的是人与机器的交流与互动。而交互边界的延展，与物联网的发展紧密相关，扩展到物与物之间的连接就是机器的智能化，特别是传感功能得到更加充分的发展，有了嗅觉、触觉和味觉的机器，就像是拟人化后的物体，活化了人与物之间的联系。以兔儿爷机器人为例，安装了传感器的它，从传统的产品，变成了一个活态的知冷暖的智慧产品，仅凭这一点就能进一步延展到人与物、物与人、物与物之间的关联性和互动性。

这种通过产品建立起来的用户情感，是拟人化手法在设计中的应用。它不仅表现在视觉上，诸如像眼睛的摄像头、传感器等智能技术带来交互体验的浅层表面，更重要的是，兔儿伙伴——以非遗形象兔儿爷为主题的机器人，它用一种简单明了、清晰通俗化的标志符号，为用户的生活带来深厚的文化溯源，成为文化上的稀缺资源，在用户的记忆中占有先机。而这种非遗 IP 设计独有的形象，成为拟人化后的产品，在技术先导和文化记忆中共同影响用户的消费和使用。

这里讨论的兔儿伙伴，所制成的材料取用现代工业材料。而兔儿伙伴源自传统泥塑兔儿爷，其主要材料是泥，外表虽然绘着鲜艳的色彩，描着金边，那也仅仅是一个“壳”。从物理学的角度来看，它不可能真正地与人们发生什么交互。而智慧产品的外表是金属、塑料、硅胶等工业材料，与外界进行视觉信息交换的还有屏幕和探头，进行听觉信息交换的有音箱，进行语言交流的有麦克风，进行动作交流的有液压、气动和舵机控制的关节，除此之外，它还有各种传感器用于测定温度、湿度，平衡距离等，关键它还有“核”，人们会看到它有一系列与这些探头、麦克风、音箱和传感器相连的复杂的计算系统，那就是连接着 5G 互联网，具有类似神经系统的卷积神经，具有像大脑一样的机器学习和深度学习的整个系统。

智能机器人的出现，使得原来只发生在人与人之间的交流，变成人与机器之间也能发生交流。人们呼唤它，通过对自然语言的识别，它至少会有回应，即使谈不上像人一样的回应，但它至少会像卡通宠物一样，拥有拟人化的声音、眼神、表情和动作。可以设想一下，这个回应有可能是语音的回应：你喊他一声“兔儿伙伴”，它会拟人化地回应一声“哎”或者发出几声像兔子“吱吱”的声音。这个回应也可能是通过图像识别技术带来的视觉回应：你看他一眼，它可能会眯起眼睛与你对视，或者它安装在脸部的屏幕会呈现出咧嘴露出兔牙的脸庞。这时候，用户就会真真切切像对待一只宠物一样，来看待这个可爱的兔儿伙伴——兔儿爷主题的机器人。这时候，由机器人给用户带来的五感共创体验就产生了。

用户的个体是十分复杂的行为，可以将它比喻成编织体验的经线，而也可以将智慧产品与复杂行为相对应的交互功能比喻成编织体验的纬线。用户的行为和产品的功能共同搭建出的经线、纬线，通过交互和编织形成体验共创中的面。

再一次升级后的智慧产品，让用户成为体验的主体，甚至是体验的创造者。这种体验是多方向的，呈现发散式，可循环式交流、复杂多模态，被智慧产品所捕捉，是智慧产品与用户之间“从面到体”的体验共创。

基于物联网技术带来关于交互的可能性，使得机器人与用户的交互，从简单的对应交互升级为复杂的多维交互。这是用户和产品之间多层次复杂联系产生的重要前提，当然这也是本节所讨论体验共创产生的前提。在这里做个假设，那就是当一个人生气时，恰好这个人又是兔儿伙伴这款产品的用户，会发生什么情形呢？人们通过这个设想可以推导出一个场景，识别了这种情绪的兔儿伙伴，是不是会产生回应生气表情的某种反应：是跟着用户一起生气，还是一声不吭、小心翼翼地陪着用户，或者是讲一段幽默的脱口秀……这就不得而知了。

图：徐 超

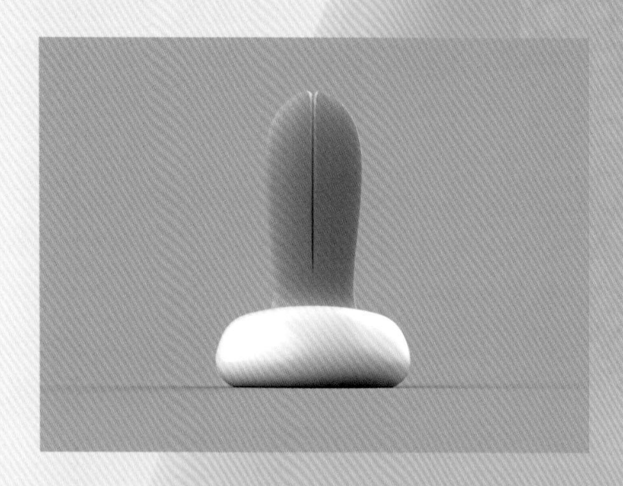

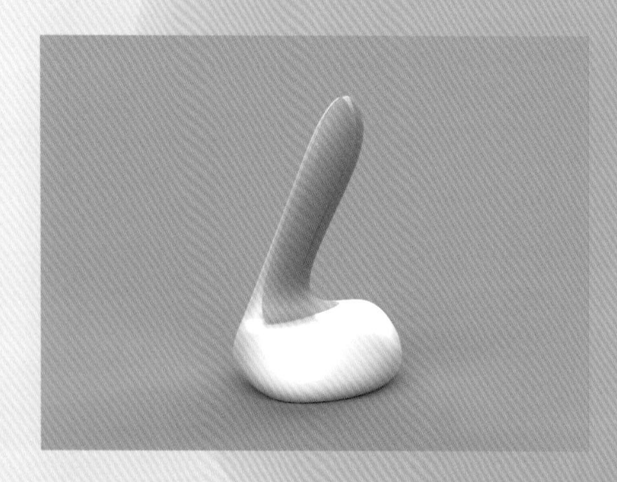

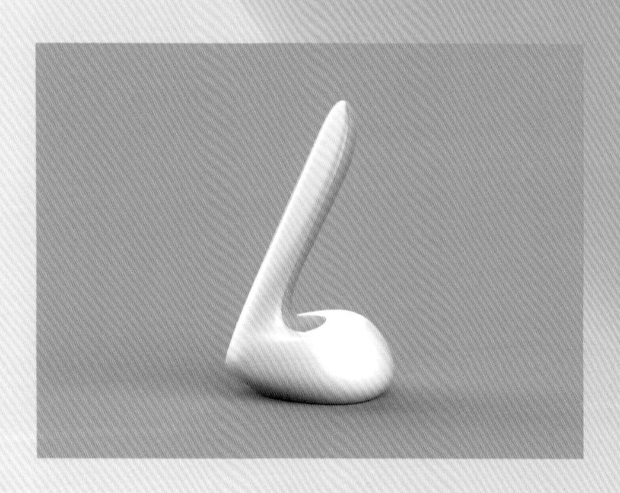

图：徐 超

但是有了这个前提，人们就可以放飞关于从兔儿爷到兔儿伙伴——人格化设计的畅想：用户和它们之间的交流，不仅仅局限在语音和视觉的范围上，通过湿度传感器、嗅觉传感器、温度传感器和卷积神经网络，它可能会识别人脸上的表情。

物联网的技术仅为交互的可实现提供了可能性，但是解决用户真正需求的方案得由设计来提供。因为这要基于另外一层体验共创下的交互，那是对用户真正需求的解读和解读之后做出的反馈。它需要解读一个人生气的原因，并为面对他的生气提出处理方案。这里涉及的问题就变得多维、复杂和模糊。假设，当用户生气时，兔儿伙伴机器人可能会试探性地讲一段幽默的段子，然后要准备至少 3 种以上的方案来回应用户听完段子之后的反应。如果做个简单的分类，那么用户的反应应该有 3 种：第一种是开心了，甚至转怒为笑；第二种是更加生气，甚至暴跳如雷；第三种是没什么用处。那么，3 种处理方案都应该不尽相同。这里，这个问题上升到的是行为心理学的工作层面，而这些处理方案来自隐藏在机器人背后的设计，对解决方案的分析与预设。

这种基于多维度的体验共创智能交互的复杂性，不仅仅是智能技术给人带来的愉悦，同时也是非遗形象——源自兔儿爷这一非遗形象的智慧产品给人带来的视觉趣味感。它从一种纯粹的形式表达，到它身后的信息承载和文化认同中提炼出的各种信息，揭示了这种形式背后隐藏的是一群人对一个话题的关注，以及一种生活方式所蕴含的情感互联。可以说，智能技术揭开的不只是智能技术本身，也揭开了人们借助兔儿爷这个非遗形象来表达人和人之间的温情，表达人们日常生活中的热情和友好，传递人们对生活的态度这一帷幕。

如果说物联网科学技术提供了智慧生活的基础，形成了体验中的“*X* 轴”；用户和产品之间的交互关系形成智慧生活的主要内容，形成了体验中的“*Y* 轴”；让用户沉浸其中的智慧产品——兔儿外形的文化延展性，形成了体验中的“*Z* 轴”，那么它们三者，交汇编织成 *XYZ* 轴，就共同形成了体验共创的“从面到体”的提升与跨越。

3.1.2 角色变化

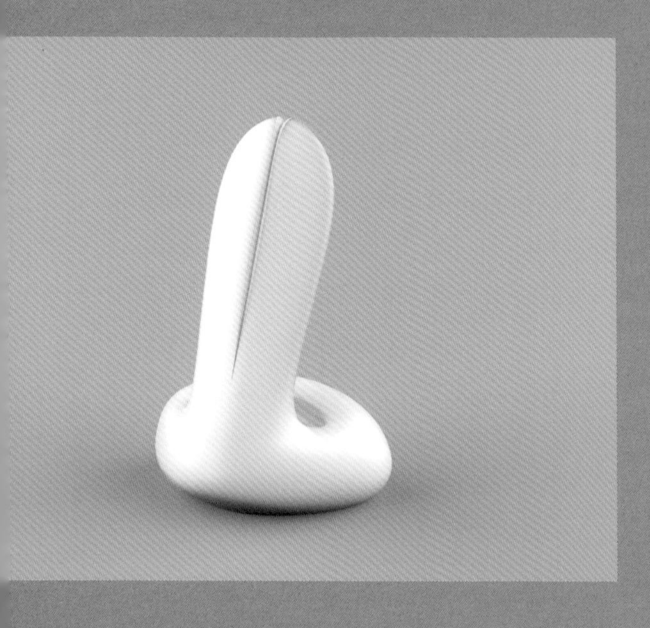

交互模式的变化改变了用户对产品的体验，产品的角色发生了变化。

与之相应，用户和设计师的角色也发生了变化。首先是用户作为纯粹使用者的角色发生了变化；其次是设计师原来作为主导地位的产品设计工作流程也被调整。其原因是都已经不再适合于用户——产品——设计师等多种角度共同创造的体验模式。如果做个比喻，产品设计在设计活动中，会像个充当主角的演员一样，发挥重要的作用，那么在产品中呈现它的设计风格和设计意愿，就会在体验中承担重要的作用。

在新型的智慧产品设计中，设计只能像一个导演，隐去他作为主演的角色，时时刻刻为产品和用户、用户和用户之间提供合适的情境，让他们成为角色的主体，用一种系统来营造智慧生活在体验上的共创。

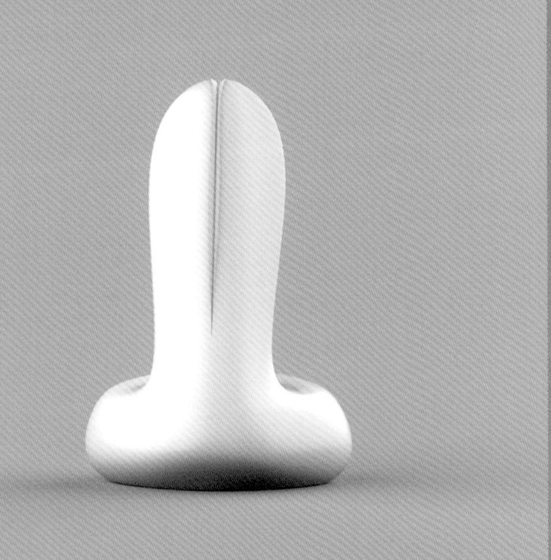

要实现以上工作，设计工作要从角色转换、角色介入、角色升级 3 个方面，在用户和产品之间形成共创思维双向融合的体验。

（1）体验从单一模式向多维共创模式的转变，促使产品的角色转换。也可以说，是用户体验全流程介入了设计工作，形成共创思维下双向融合的体验。

（2）从拟人主义角度来看，产品如同成了一个活态的生物，可以是佣人、宠物、同事乃至伙伴，成为智慧生活的一个角色，或多或少地介入用户的生活中。

（3）产品不断升级，成为一个重要的角色融入用户生活，不断拓展多维体验模式的边界，形成他们与用户的共创模式。

体验从单一模式向多维共创模式的转变，促使产品的角色转换。也可以说，是用户体验全流程介入了设计工作，形成共创思维下双向融合的体验。

产品在设计时是在同理心推演下的产物，即便是工业时代的产品设计，也同样是设计时用建立同理心的方法，与产品的用户建立连接。这个工作方法会面临以下 3 个障碍。

第一，用户的需求经常是被隐藏的，不轻易被发现，设计过程通过大量的数据进行调研分析，建立与用户的同理心仍然是设计要面对的难题。

第二，用户的需求经常不是真正从自身出发，而是会被各种信息所误导，人们经常会看到一个事实，在某个广告的促销煽动下，用户买了一大堆东西，可是当把这些东西带回家后却发现能用到的不多。

所以，看似用户已经用他的购买证实了自己的某种需求，设计时也把握住了用户的需求，但因为无法进入人们真正的生活场景中，所以这种看似基于对“真实消费”的调研一样也是无效的，更谈不上在设计时建立与用户的同理心。

第三，有这样一个案例，用户被询问喜欢红色的音箱还是黑色的音箱，回答是喜欢红色的，但真正购买时用户又会选择黑色的音箱。

案例说明，哪怕直接面对用户，用户也不会直接把自己的意愿表达出来。所以，用建立同理心的方法来推进设计流程其实是难上加难的。从这些案例来看，有的时候，用户仅仅其实是个纯粹的“使用者”，“一切从用户的需求出发”也仅仅是一句口号。

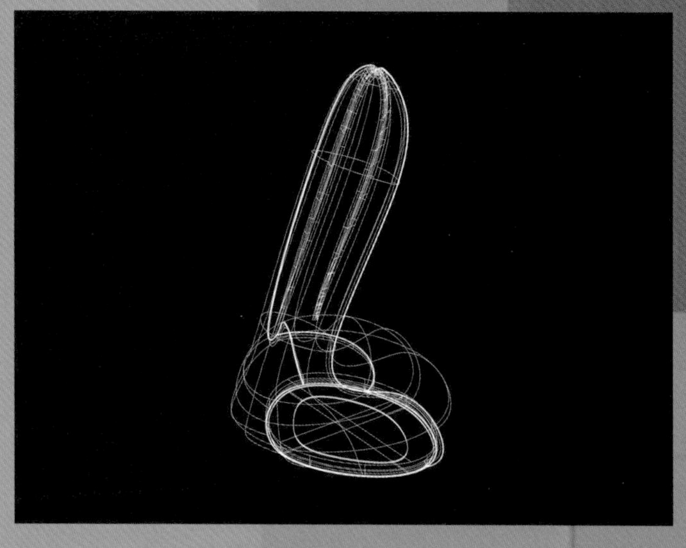

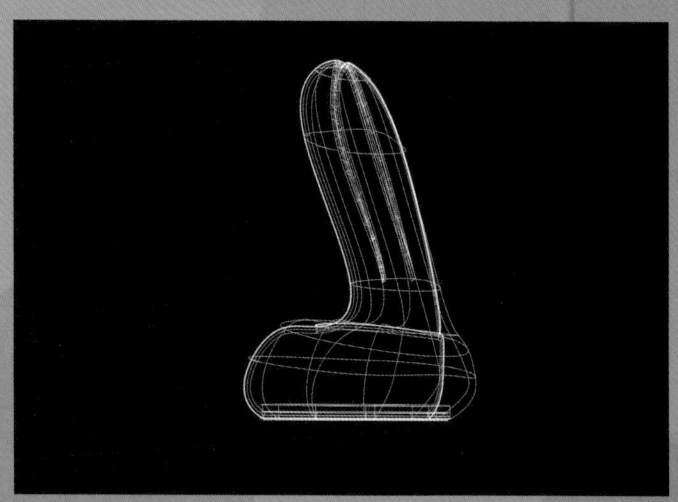

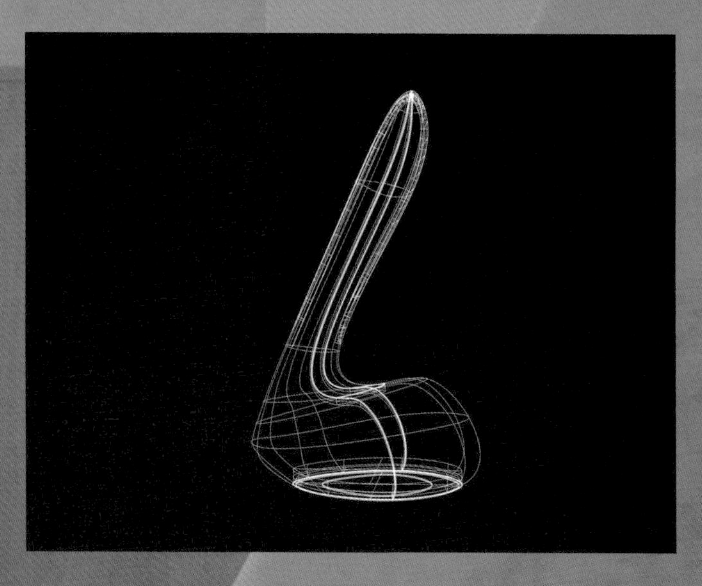

图：徐 超

兔儿伙伴机器人首先是产品，在本书预想中先把它设定为拥有智能特征的机器人，可以把它看作一个介入智慧生活具有稳定身份的智能机器人。相比之下，原来的工业产品针对用户的体验，是一个具有某种功能的被使用的东西，从使用方式来看，用户对它摁一下按钮，它做出某种反应，这仅仅是一个没有感知的机器，除了出自怀旧的情节外，工业产品一旦老旧或者破损，一般都会被使用者丢弃。智能机器人跟传统的工业产品不一样，因为它有主动的感知能力、交流能力和解决问题的能力，可以成为居家生活里身份相对稳定的成员，特别是在环境变化或者异常的情况下，如机器人所载有微型电脑的软件系统在输入错误、磁盘故障、网络过载或有意攻击的时候，不死机、不崩溃，保证它的恒定性。[①] 这种在复杂环境中能够达到起到反应是不能达到的作用才会有实际意义的稳定功能——习惯称之为鲁棒性。智慧产品的设计，一方面，系统或参数测量不精准，造成参数的实际值偏离它的设计值（标称值），另一方面，在系统运行过程中受环境因素的影响，引起特性或者参数的缓慢漂移，在摄动不可避免的情况下，建立不确定系统的分析和设计方法，使系统具有很强的鲁棒性。[②]

而智慧产品具有稳定的身份源自稳定的技术支持。智慧产品携带的软件，通过规范的设计从两个主要方向保证控制系统运行的稳定。如在复杂的噪声环境中判断用户的发音及其背后的语义，产品在设计上通常会用到鲁班降噪。这项技术在智慧产品的应用里显然成本有点高。但随着产品的优化，它将会被越来越普及在人们生活的各个层面。在设计中我们需要通过一系列实验，如问题定义、小组创立与平稳、参数选取等步骤，对需要解决的问题进行正确选择，着重对适当的性能进行检测和优化，并结合用户的需求，遵循方法学准则推进鲁班的设计。它通过以下两个技术入口进行从实验室到现实场景的使用转换。一是主动式适应技术，在线性辨识方法下不断了解系统不确定性的基础上，调整控制器的结构与参数，促成系统满足不同的指标要求；二是被动式适应技术，对具有不确定的系统设计一个外挂的控制器，使它在不确定的范围内工作，满足系统最初设计性能指标的要求。这些方法都在尽可能解决智慧产品控制系统的鲁棒性问题，从而保证它在面对不同用户的情况下，系统稳定且持续工作，保持其服务用户的身份稳定性。[③]

---

① 郑梦莉．基于列生成发来解决工人分配的鲁棒分配为题及其算法研究 [J]．路视野，2016（20）：150-151.
② 社拉德．鲁棒控制理论教程 [M]．北京：世界图书出版公司，2014.
③ 社拉德．鲁棒控制理论教程 [M]．北京：世界图书出版公司，2014.

鲁棒技术保证了智慧产品未来可能成为居家生活中稳定的角色，让用户**体验**实现了**从单一模式向多维共创模式的转变**。而兔儿爷——如果通过智能技术稳定地解决了对它的体验，就会出现在用户所在的空间、时间中。产品的角色，至少从“物”的角色一下子上升到“生物”——可能是宠物，也可能是同事、佣人或者伙伴。

这也暗示着以兔儿伙伴为外壳的智慧产品，诞生于一种有温度的传统文化。那就是人们看到兔儿这个形象，会把它看作让人喜爱的“宠物”，缘于人们会联想到在传统记忆中兔儿爷是一个可爱的非遗形象和其背后的故事，还内含着京城文化深厚的底蕴和丰富的内涵。也就是说，这个形象既是具有某种功能的产品，又代表了一个文化符号——可以得出这样一个结论，它承载着满足用户某种需求功能，并通过它所属的文化和用户建立起有着亲密关系的复合符号。

智慧产品解决了某种出现在用户时间和空间中的需求，在合适的条件下，特别是在用户的允许下，它会介入用户的生活中。用户需求的信息在使用的过程中被智慧产品搜集，从拟人主义角度来看，产品如同成了一个活态的生物，可以是佣人、宠物、同事乃至伙伴，成为智慧生活的一个角色，或多或少地介入用户的生活中。

图：徐 超

产品的感受如何，用户的感受如何，成为设计师同时要思考的两个问题。设计时要从产品的角度思考如何接收，接收什么样的用户体验；从用户的角度思考产品会给用户带来什么样的体验，实现产品与用户的角色互换。这种设计思维的改变，顺应了从单一体验模式向多维交互技术的提升，形成与用户的共创思维。

显然，用户的需求信息需要通过新处理模式成为海量的大数据，这将为设计提供更准确的决策力、洞察发现力和流程优化能力。用户产生的海量大数据，因为在获取、存储、管理和分析方面，大大超出了传统数据库软件工具能力范围，所以无法用单台计算机进行处理，必须采用分架式架构，结合云计算对它进行分布式数据挖掘。这当然是理想结果：面对用户所产生的海量数据、快速的数据流转、多样的数据流行和价值密度低的需求。[①] 未来每一台智慧产品，也将成为分布式处理、分布式数据库和云存储虚拟化技术的终端，由此共同消化所带来的海量数据的高增长率和多样化的信息资产。

获得明晰的用户需求，这里还要借助简单的分布式计算解决任务分发，并进行计算结果的合并，从而把用户的需求进行多层次的细分、归类和连接。进一步的工作是智慧产品里的计算系统，通过网络云将巨大的数据计算处理程序分解成无数个小程序，对细分过用户的信息进行进一步的计算：分布式计算、效用计算、负载均衡、并行计算、网络存储、热备份冗杂和虚拟化等计算机混合演进技术，寻找并判断出用户的明晰需求。最终，通过多部服务器组成系统进行处理和分析这些小程序得到的结果，用简单明了的表达把产品的反馈返回给用户。[②] 所以，互联网、5G、大数据、云计算、智能技术等科技的发展，为实现用户与产品在体验的共创智慧生活中提供了前提。这个话题也就自然而然地又摆到了设计人员们的桌面上，在传统的设计思维下，设计通过调研搜集分析并理解用户的需求。但重新放到当下来思考，智慧产品和用户之间介入了一个“有生命”的产品。

随着云计算和大数据通过互联网渗透到人们生活的方方面面，智能技术的革命覆盖整个社会的角落。[③] 设计所说的共创基于两个不同群体——用户和智慧产品之间发生的交叉活动。也就是说，未来设计出来的产品是智能的，甚至是有“生命”的。智能文明时代已经来临，和所有人一样，设计要面对这个文明带来的变革，他们要实现角色转换，从传统的设计进化为未来的设计。人工智能对产品的渗透已经无所不在，人们身边的各种产品，在不久的将来会在各种层面，拥有各种智能——语言智能、行为智能和想象智能。所以，设计面临的挑战不再是客户对它的挑剔，而是面对观念的更新，这是巨大的、系统的转型。

① 维克托·迈尔·舍恩伯格，肯尼思·库克耶．大数据时代[M]．杭州：浙江人民出版社，2012.
② 维克托·迈尔·舍恩伯格，肯尼思·库克耶．大数据时代[M]．杭州：浙江人民出版社，2012.
③ 维克托·迈尔·舍恩伯格，肯尼思·库克耶．大数据时代[M]．杭州：浙江人民出版社，2012.

用户在一开始使用兔儿爷主题的机器人时，它对用户的角色介入就开始了。首先，是物理空间的介入，用户可以把兔儿伙伴机器人当作一个有功能的宠物，比如扫地功能、讲故事功能，在用户的空间里多了这么一个活脱脱的小宠物，必然会成为家居生活的一个特定角色。其次，它作为用户助理这个角色介入用户的生活和工作中，如果它的功能特别好用，会提醒用户某些容易遗忘的事，或者协助用户完成一些不容易、不喜欢做的事。再比如，通过语音识别等智能功能，作为用户的语言学习助手，陪伴用户一起完成单词记忆上的训练，那它就会成为解决用户需求的工作助手。如果连接起兔儿伙伴所具有的非遗文化记忆，我们就会看到一个有意思的场面。

人是情感动物。人们不仅生活在自己以前所能看到的情感的小圈层中，还生活在隐藏在非物质文化遗产中、表现民族情感的大圈层中。它体现在简单的民俗中——而这种民俗是一种母亲文化，是一种遗传在 DNA 中的情感化身。以兔儿伙伴为主题——它源自兔儿爷的非遗记忆，这个机器人会摇动耳朵、会走、会眨眼、会笑、会打招呼，一方面，它传达了居家生活中的宠物对用户的情感，另一方面，兔儿爷这个智慧产品用讲故事的方式，唤起人们对它所在的京城文化——如同给共同 DNA 的人群深深的依恋。在这个文化圈层中，所有的人变得不再孤单，如同有血缘关系的家族，保持着亲密无间的联系，成为未来为建设幸福、智慧生活的重要部分。

这一切牵引着用户对它产生情感的投入。兔儿伙伴机器人成为家庭中的一分子，完成了角色的情感介入。设计所面对的智慧生活的所有工作，哪怕是再小的设计，也要把“共创”这个理念带到产品中。也就是说，设计的转型是思维方式的转型，不能把设计的产品当成“物”来设计，面对智能系统，面对拟人化后的机械“生命”。这就是在智能时代设计时要同时面对的沟通工作——用户、产品在体验上的交汇融合。设计时要擅长把握两种关系中复杂因素的聚合能力，哪怕是最简单的产品，在将来要面对的是多维空间的多重关系，甚至要面对一个巨大的体以及这个体系带来的变革。

产品不断升级，成为一个重要的角色融入用户生活，不断拓展多维体验模式的边界，形成了产品、设计和用户共同创造的智慧生活体验模式。

用户与产品建立共创，与互联网、5G、大数据、云计算、AI 等智能技术，共同成为智慧生活设计工作中的重要内容——共创这个模式可以实现的技术前提。从非智慧产品的设计流程中人们可以看到，用户只是“用”户，是不直接参与到产品的创意设计中的。

用户的想法需要通过设计师的梳理和分析，再经过设计思维这一项流水线上的工作对它进一步定义，它才有可能和创意环节进行有效碰撞。这种“碰撞”其实只是一个假想，看似都能够通过设计师的理性思维和工作方式，对用户的体验进行获取和吸纳，其实缺少工作基础。即便是一些用户看似有意思的创意，因表达上存在滞后化和情绪化，往往和自己真实想法存在偏差。真实的情况是产品设计流程是由设计师主导的，对于用户体验的推测，可能是一些对产品功能的奇思妙想，并不是产品设计应该有的面貌。

以兔儿伙伴为主题的机器人，能给予用户多维的体验，融入用户的智慧生活中。音箱提供的体验主要与听觉发生关系，话筒提供的体验与语言表达发生关系，摄像头提供的体验与视觉发生关系，这些体验有一个共同的特点，那就是都是单一模式的体验，或者称之为明确的一对一体验。智能时代不再以音箱、话筒、摄像头，或者打印机来界定我们的产品。因为它们给予用户的体验是多维度的，这称为边界模糊的一对 N 的体验。生活多为丰富多彩，生活中用户的需求是多角度、多层面的。兔儿爷主题的机器人——智慧产品会成为一个精灵，会成为人们生活上的智能助手，情感上的知心朋友，特定人群的玩伴，可以没有距离地融入用户的生活圈。如果仅仅体现了设计生活的敏感是远远不够的，还要敏锐地体现用户对生活品质的需求。设计不再是设计，用户也不再是用户，因为产品不再是一个从属的角色，而是一个活态的精灵，融进用户的生活和体验中。

与本书的第一部分“共情”章节相呼应，大家会发现这样一个情况：当用户的生活圈中出现了挪移和扩展——从传统的社区逐步转入现在的社区，从线下面对面的情感交流转入线上间接面对面的情感交流，再到某个社群的情感圈建设，产品能不能在这个情感圈中充当角色？充当什么样的角色？这一切都变得无法确定。以兔儿爷为主题的产品设计，呈现出一个作用，就是非遗 IP——因为它承载着一个特定文化圈中的人们所拥有的共同价值观。当它重新被设计成智慧产品时，它有可能用一种文化的方式从两个方面激活社群用户的情感生活：一方面，对新型社群关系进行情感唤醒，弥合用户邻里之间情感的冷漠，解决社区公共生活的缺失；另一方面，产品在做努力，那就是为用户提供新型的社交模式，让社交模式从传统社区建设转向新型社群建设。

图：徐 超

在设计中第一时间衡量智能技术的进步的重要性，并为产品的角色升级留足空间，形成未来与用户能够一起不断迭代的体验共创。

共创，在这里使设计拥有一个全新的渠道。作为设计，不得不面临创新，甚至是更多的问题。人们不禁追问创意的来源是不是绑定在预先所设定的调查问卷和之后的信息整理上？原来规范清晰的设计思维是不是需要重新被梳理？条理清晰的设计流程是不是也要被打破？创意板块的存在是不是还具有有效性？它和其他设计板块的连接方式是不是也出现了颠覆性的变化？大家经常描绘的单点对单点、线路对线路的思维图，是不是也会被新的头脑风暴图所替代？

兔儿伙伴——源自非遗形象兔儿爷为主题的机器人，从拟人主义的角度来看，它应该是佣人、居家宠物或者同事。在这里，兔儿伙伴不仅仅是硬件上的电子元件，或者是软件上的编码。不同的用户诸如实用主义者、娱乐主义者、平等主义者对智慧产品都有不同的角色认知。第一类的实用主义者可能把兔儿伙伴这一智慧产品类比成佣人，希望智慧产品多替代人们做一些需要付出体力和脑力的事。第二类的娱乐主义者更愿意把兔儿伙伴这一智慧产品比喻成宠物，它给用户带来的最大的用处就是开心和快乐，最好能笑还能说话，是一个无时不在的玩伴。第三类的平等主义者更愿意把它类比成同事或者朋友，自己办不了的事，让它来帮忙，一起协同做更大的事。特别是当用户对它注入情感之后，共同生活在同一个空间中，即便是佣人、居家宠物或者同事，它都有成长的特征。而且成长要和用户的成长在同一节奏上。智能技术的迭代是呈几何级数的，很多眼前看是不可能的事情，在不久的将来，就是信手拈来的事实。和现在很多的智慧产品相似，机器人对捕获的信息进行计算，通过互联网在云端进行。而这些从用户的需求里筛选出的数据通过虚拟化技术、动态可扩展、按需部署和高可靠性等方式，即分别是以下 4 个工作方式：① 从虚拟化的角度突破时间和空间的界限；② 在原有服务器上增加云计算功能，提升速率；③ 运用不同计算能力调整资源部署，整合数据资源库的最优化；④ 解决单点服务器故障，恢复和扩展虚拟化技术在服务器上的应用，从而完成智慧产品面对丰富的用户所需要的高灵活性、可扩展性和高等比性的计算工作。那么，我们就可以把这一部分技术看成不断迭代的科技产物。

人类的情感是极其细腻且十分主观的，已经和用户产生情感关联的兔儿伙伴——源自非遗形象兔儿爷为主题的机器人，是他们生活的佣人、宠物、重要的好朋友，甚至是家庭的一分子。它可以通过**扮相设计，也就是通过外观形态**

在性格化、叙事性和感染力等方面来强化它的塑造，展现出产品的内容中有着更多动态和活跃的因素，转化为现代有性格、能讲故事、感染力强的智慧生活产品。

情感是用户最好的同行者，时间是用户最好的朋友，加上这一文化符号的智慧产品，能从传统记忆中找到与之相关的社群价值观、体验互联、情感共通和社群交往带来的情感聚合。只有与时间同步进行角色的升级，才能陪伴用户走过童年度过少年，甚至一起慢慢变老，承载着一个人的观察体验、经验和记忆，留存它的生活理念和审美主张。这种智能机器才是用户最需要的产品，在这里设计的工作不能只盯着眼前、局部的功能，而是需要设计一个能够迭代的系统，不仅能解决现在的问题，还有升级的端口，为满足用户需求的升级做准备。

我们有责任进一步探索适用于智慧产品的用户共创模式。

当然，这里可能需要把伦理规范作为前提。人与机器交互方式的改变，是人和物之间关系的改变。科学技术的变革促进设计的变革，形成用户对产品体验的迭代，新技术让人们面对作为解决新问题的学科基础的同时，也面临这种新问题带来的诸多伦理挑战。以兔儿伙伴的机器人为例，“交互”一词会带来什么？简单地说就是你叫它，它至少会有回应。它究竟是“活”的物还是人或是物件？如果把它看作一个与自己有感情的生物，用户损坏了它，内心是否会有愧疚和自责。不禁要提出这样一个问题，人类是否需要调整道德伦理的边界来适应智慧产品的出现所带来的诸多问题？

从这个角度来看，这是一种对文明模式的挑战。换个角度说，这也是一次机会，一次与人类息息相关的文明模式的更迭和升级。在这次更迭和升级里，谁也阻止不了科技的进程对整个人类的影响，人与物，用户与智慧产品，设计、用户和产品形成了多圈层的多角关系。从设计层面来看，会不会把这些危机当成一次机会，智慧产品和用户的思维融合会不会影响产品的设计。眼下的产品已经是一个具有智能学习和推理能力的“生命”。用户和产品的融合，相当于人和人工智能的一次融合，这个融合形成的信息会成为影响决策的重要内容，重新影响设计的决策和智慧产品的设计方向。设计与产品通过数据的共享，通过有效的梳理和分析，更有可能挖掘用户的各种隐藏在深处的体验，把握用户各种层面的显在需求，生产的产品更能体现用户各种层面的潜在需求，为用户创造更加美好的生活做准备。

图：徐　超

3.1.3 内容迭代

产品的信息和服务输出将从单一模式向多维共创模式转变，形成用户体验内容的改变、升级和迭代。

用户体验的内容，来自设计对市场的调研。一般来讲，产品设计经过调研后，用户的具体体验内容是设计师与用户之间建立同理心推衍出来的。随着交互技术的发展，与用户建立同理心的方式和路径产生了变化。如果回过头来看，非智慧产品设计与用户建立起来的同理心，更多的是设计在体验共享上的“一厢情愿”。随着设计师角色的变化，特别是他不再作为主演的角色，用户的个人反馈信息被产品获取并形成数据，对产品功能的定位起着越来越大的作用，产品体验内容的定义权也交给了用户与产品，从而在设计的过程中，产品和用户的体验共创主导着产品的定义。产品的定义并不是简单地给一个产品命名，而是用合适的智慧产品系统为用户建立体验共享的入口。在给产品命名时，却常常使用了与这个真正产品功能并不是完全吻合的习惯性命名。如现在某些品牌的智能音箱，其实是家庭产品的中心中枢管理器。如果称之为音箱的话，仅仅是因为它是以语音为指令入口的，以语音播放唯一部分的信号输出，而它主要的功能是由用户来定义的。这时候用户看到的产品命名发生了很有意思的变化，那就是有的时候称之为什么往往并不是什么，甚至可以把这种命名方法称为“偷梁换柱”。

在共创思维下，用户体验内容从物理体验上升为心理体验，这一改变让设计重新对产品进行边界划定。

兔儿伙伴——源自非遗形象兔儿爷主题的机器人可以有很多称呼。以兔儿伙伴为主题的机器人命名为机器人，还是把它命名为智慧产品，看似是一个简单的二选一的题。给新鲜的智慧产品进行命名，是给产品取一个让用户“觉得”熟悉的名字，给产品命名不仅仅是给产品一个定义，而是要对它进行意义和价值的定位。除了要从功能的层面对产品做出明确的价值描述，还要从用户的层面为他们做出一种充满熟悉、简单明了并一下子了解产品意义和价值的描述。把它命名为机器人，其实是通过产品拟人化设计来描述产品的特点：具备人的动作和感情的机器，和人一样具有动作，像人一样有感情来界定产品服务的对象。

图：徐 超

先看我们对机器人的认知。一方面它会给人们的生活带来舒适便利，另一方面，人们还担心它的失控会影响家庭生活，甚至破坏我们的伦理关系。因此，用户买来了一件智能功能的兔儿伙伴机器人，那就意味着他的生活环境里迎来一个机器人，人们会惊呼，这样可能会影响人们的生活节奏和生活方式吧！换一种方式，把兔儿伙伴——源自非遗形象的兔儿爷机器人命名为智慧产品，一个拥有兔子外形的产品——如扫地机器人、智能摄像头或者音箱。用户可以这么描述它——“我今天买了一个产品！”当然，这扫地机器人除清扫地板外，还会与人进行有效的情感沟通。也可以这么描述它——是以兔儿为造型的智能摄像头，有一双像兔子一样的眼睛，其实那是摄像头，它具有警示、报警功能，甚至有用绳套擒拿外来入侵者的功能。如果是音箱，可以称它是一个中枢控制系统，它的功能更加复杂，可以自行移动，巡视、管理和控制家里的其他电器。在这里，这个音箱完全是智能的家庭管家。

两种命名的差异在于，第一种命名方式有着这样的特点，它第一时间要求用户把物理体验和心理体验同步；第二种命名方式给用户对产品的感受留足时间和空间，让用户可以做好充分的准备，把物理体验上升为心理体验。

这两种方式对产品进行的命名，针对用户来说，第二种命名方式就显得温和多了，更容易让人接受。由命名方式带来的定义和产品体验内容的变化，对设计来说，就不再是一个难题了。

图：徐 超

在“共创”的思维语境下，体验内容这一概念的内涵和外延发生了改变，需要在用户的使用中不断迭代。这时候，设计师需要重新调整产品说明书的书写流程。

兔儿伙伴——以非遗形象兔儿爷为主题的机器人，通过可行的工作模式从产品升级为智能机器。未来的趋势是产品的智能化，而随着智能技术的叠加，智能化积累到一定程度之后产品性质发生了变化，其实已经变成一个机器外壳的智能生物。当然，如果说它是产品也是对的，一方面，它是服务于用户的一个“物”；另一方面，眼前的技术还只能让它被称为智慧产品，并以之为核心定义。换个角度，以未来的眼光看今天，其实它是具有产品功能的智能机器的雏形。在共创体验中，兔儿伙伴——这个源自非遗形象兔儿爷为主题的机器人会成为家庭中的重要一分子，与用户协同完成诸多家里的事务。

话虽这么说，这背后其实隐藏着一个很复杂的话题——是否存在一个可以自我进化的人工智能？按目前的科技来说，用户看到的产品变成这样或者那样的结果，其实只是按照初始智能和规则一步步演化而来。即便是复杂的人工智能进化到一定程度也会停止，需要工程师和科学家对它进行改进。这样，一方面，既能保证所有的复杂结构对智慧产品能从简单的结构进化而来；另一方面，产品的迭代和提升避免了自身超过自身的改进能力。

计算机、大数据、云计算，以及 AI 智能体组成的家居产品，它的内部结构任何时候都是需要递归的，从而在进化时完成智能体在时间和空间上的统一。当然，这种严密的系统、合理的组织和紧密的联系都构成了智慧产品的方方面面。设想一下，智慧产品或者说具有产品功能——机器人的产品说明书，从组装方式到使用方法，从功能到特点，从注意事项到安全守则，这些内容书写起来可能不是一页两页能说清楚的，肯定是一本厚厚的科普书，甚至可能会超过一本字典的厚度。就像第一代智能手机苹果出现的时候，它的说明书有 100 多页，但是真正摸透手机的使用不是从说明书入手的，而是直接伸出手指，在手机的触摸屏上划来划去慢慢熟悉的。那么智慧产品的使用一样也是通过与它的语言、眼神、动作和表情交流，彼此读懂对方的需求。用户和产品双方都需要完成产品说明书的解读，一方面，用户通过长时间的解读、熟悉智慧产品的诸多功能，完成对产品说明书的解读；另一方面，智慧产品一样要花时间来解读用户，如同解读一个动态的说明书，了解用户的行为习惯、脾气秉性等特点，为接下来量身定做提供服务，解决用户的各种需求做准备，从而完成用户和智慧家居产品之间的体验，形成一种新型的协作共创关系。

在“共创”思维下，体验内容需要不断迭代，设计需要通过主动的工作方法，使产品回到如何更加有效服务于用户的原点。

这个文明体系会给我们的生活带来巨大的便利，包括人们的衣食住行在内的很多事情会发生意想不到的改变。产品已经不再是单一的一件产品，而是一个系统，一串关联体发生了巨大的改变。以出行为例，交通工具可能不再是安装了四个轮子的铁壳，可能是一个移动的书房，或者是移动的咖啡间。这是巨大的挑战，当然，对于设计来讲，这也是一次巨大的机会。智能时代带来的文明架构下，把握真实物理世界与互联网世界之间的联通与交汇，是设计重中之重的工作。在有效的设计思维的展开和管理下，非遗传承的唤醒、IP 设计、新技术新材料的应用都会以全新的面貌呈现出来，人工智能、家居生活体验、出行方式、交流方式都会融为一个有机的整体。

兔儿伙伴——这个源自非遗形象兔儿爷主题的机器人，是一个智能机器，但它不仅仅是一个机器，其实是一个以兔儿伙伴命名的智慧系统。

一方面，随着科技的发展，智能机器成为智能助手，是孩子的学习伙伴、年轻人的时间管理助手、老人的健康助理，它像管家一样帮助人们管理居家生活，会对衣、食、住、行各个方面，对人们居家节庆、活动、平时生活、休闲出行等带来各种便利，这一切是毋须质疑的。

另一方面，存在某种心理顾虑，当家里多了这样一个智慧产品，会让用户觉得有一双眼睛一直在监视着自己，窥探自己，这一切看起来让人不安。解决这个问题就要求设计要回到原点，包含了两部分：一部分是让用户使用起来更加便利与舒适；另一部分是保护用户的权益，给用户提供便利与舒适体验的前提就是保护用户的权益与隐私。在这一领域的规则和立法还是一片空白，伦理和道德等还没有对它进行约束。设计时除了要对它做专项的研究，如在与社交相连的网络上建立“隐身滤镜”防止私密信息外泄的同时，还要集合社会的其他领域的工作力量，在新产品出现时就要重视——在社会学、心理学、法学等领域对它进行一系列规范和界定，甚至这应该成为产品的硬性要求。

图：徐 超

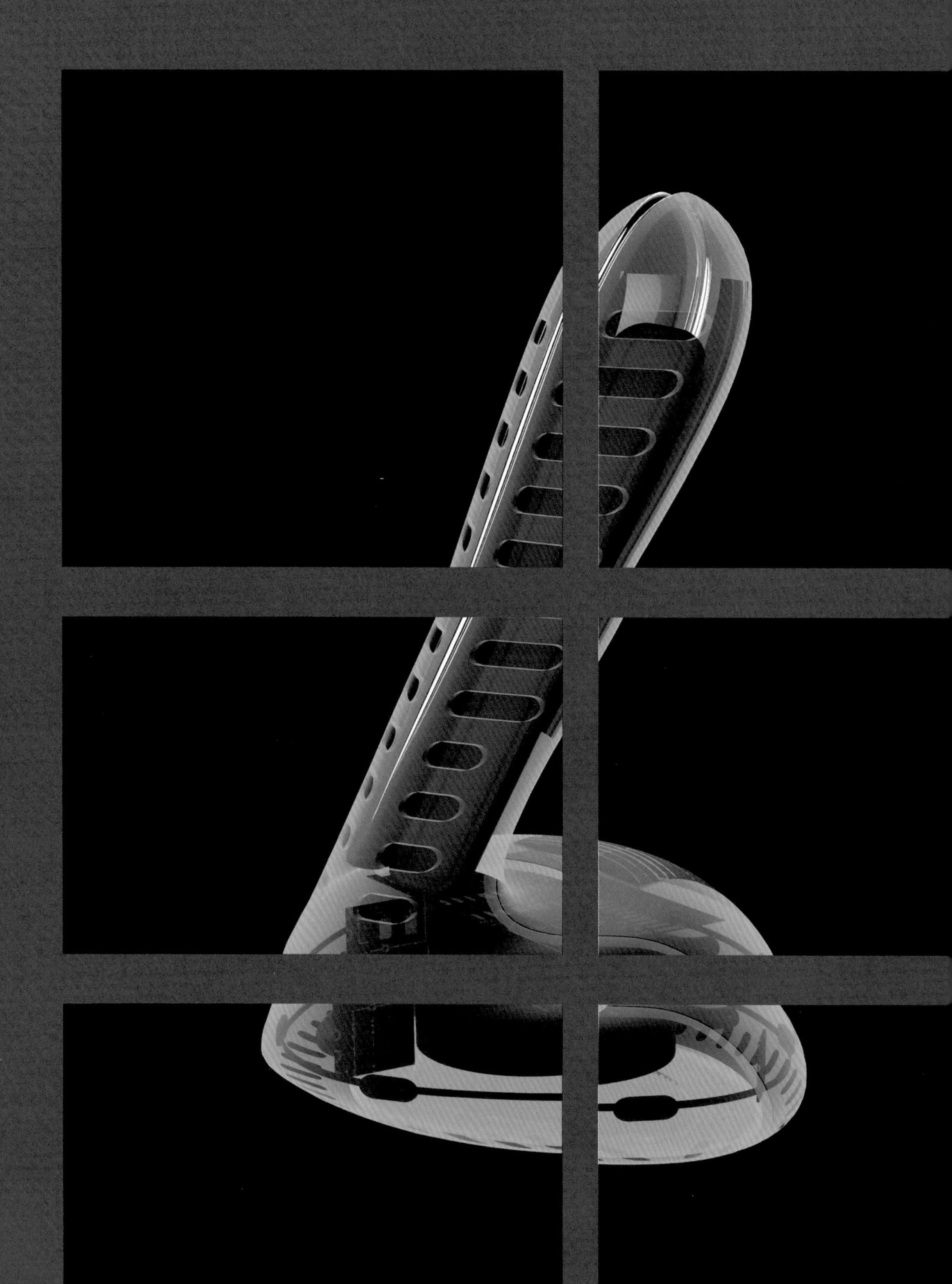

用户与产品协同完成体验的共创，这种方式是一个时代的发展以及科技带来的变革。这种革新力量必然带来两个契机：一个是对旧物的重新活化，另一个是对新事物的研发。

图：徐 超

3.2 共创语境下的智慧产品——场景设计

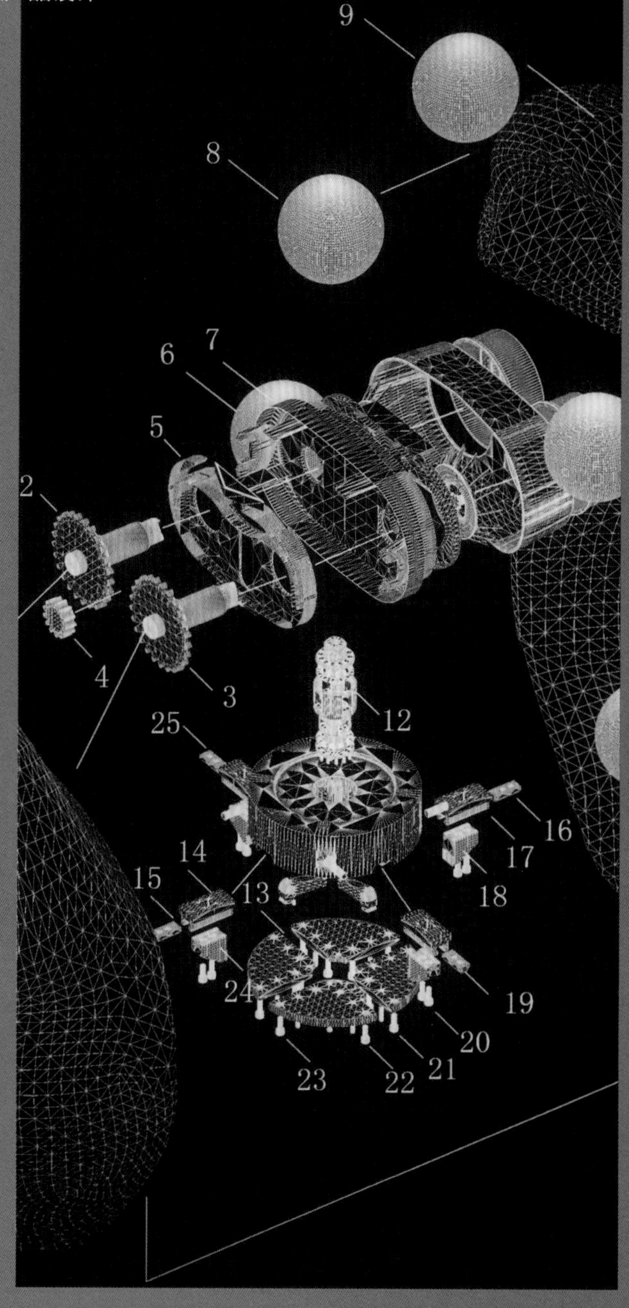

建立以场景为中心——产品与用户的共创模式，实现用户在场景中的两大改变：一是用户行为在场景中的改变，二是用户对场景概念认知的改变。

要和用户实现场景共创，首先要让产品满足用户在不同时间和不同空间的需求，其次要让用户改变对产品的看法，让他们在特定的时间和空间里，进行更加流畅的沟通。可以说，人的需求捉摸不定，在不同的时间与不同的环境里，用户的需求也是不一样的。工作时间、休闲时间或者购物时间等，场景的变化让用户的需求也变得完全不一样。一些特殊年龄段的用户，因时间和空间的变化，他们的需求也发生了很大的变化，哪怕是一个正处于青春期的少年他的需求变化也是一天三变的，早上一个特别合理的需求到了晚上来说可能已经变得不合适了。不同地域、不同的人也产生各自差异的需求——不同地域的地理特征和气候不同，不同的人种及相应的文化和风俗也不同。以气温为例，同样是酷热的夏天，青岛的海边和泰安的山上，给人们的感受就是不一样的，这些不同条件造就了相同的需求，在不同的场景中它也会产生不一样的细节。所以，要把人们的需求放在场景里讨论，特别是放在产品和用户共同创造的场景里，这样才会找寻出可以实现的模式。

如果说体验共创是从产品的角度关注人与产品、产品与产品及人与人之间在体验上的关联性，那么场景共创更关注的是产品落地到具体的时空中，真实直接地服务于用户，建立用户与产品，用户与设计及用户与用户之间的信息共享、感知共享、服务共享。上文所说的交互方式的提升、

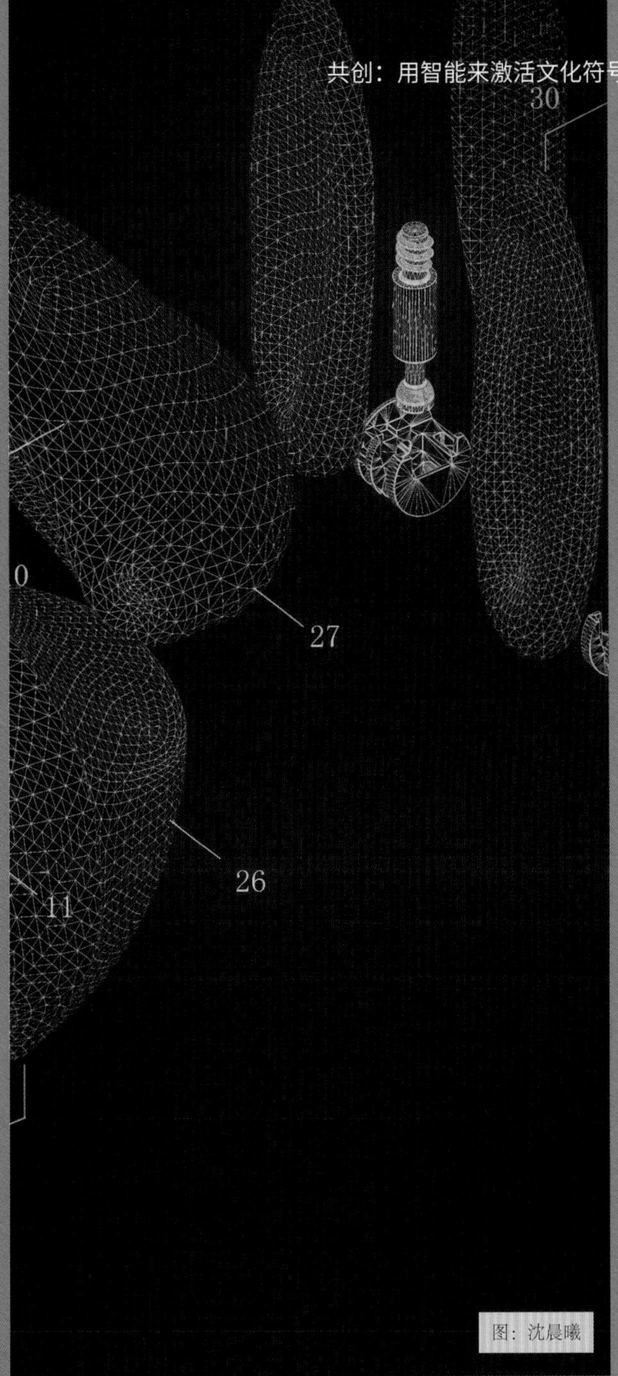

图：沈晨曦

角色的变化，以及产品定义方式的转换都促成了体验共享的升级，究其根本是认知的改变，特别是对文明的底层认知，以及相关联的量级技术革新的认知。

对文明认知的改变，改变了共创思维下设计和用户对设计场景的共同认知。基于这种认知上的改变，促成了用户对产品角色定位的改变，形成了对产品态度乃至情感的改变。物联网提供的底层逻辑，建立现实场景与虚拟场景成为设计缘起的共同情境，拓展了设计和用户的共创空间。

对场景概念上认知的改变，场景概念的拓展，物理概念上的现实场景与虚拟场景，交换信息的地方，用户把产品看作物，上升为把产品看成“动”物或者“活”物，基于产品对用户的不同作用和影响，再上升为“佣人”“宠物”或“同事”的不同角色，提升信息交换的频次和有效性。

场景内涵的提升，智慧产品促成虚拟和现实场景的交融与个性化定制，实现创造场景。

产品的外壳是兔儿造型，它一方面在场景里通过空间、物件、行为等形成信息流，与用户进行信息交换，为用户提供生活上的服务；另一方面，作为 IP 化共情设计的重要部分，它的造型设计来自以非遗为主题传统文化符号的提炼，同时适用于现实生活和网络生活。互联网生活不再被看成虚拟生活，而是现实世界里人们的第二人生。以非遗兔儿爷为主题的造型设计，不仅要尊重传统文化之来源——社区的生活，而且要进入互联网圈，尊重网络生活，成为视觉 IP——智慧产品的共生体。

对场景概念认知的改变源自一个认知的改变——对文明认知的改变，它源自当代科技、社

会、文化的方方面面，特别是物联网的技术和产品交互方式及使用方式的改变，这些都改变了共创思维下设计和用户对设计场景的共同认知。

3.2.1 改变认知

对文明看法的改变调整了人们对场景概念的定义，在认知上，产品成为一个看似有生命的角色，为其与用户的场景共创提供基础。

场景一词含有“情境”和“空间”两层意思。物理概念上的场景指在特定时间中的人、地、时、事、情感，一个场景可以由以上 5 个元素中的几个构成，元素越多用户需求越明确；互联网下的语境从数字概念的角度理解场景，就是场景里人和物所有信息流和行为流的合体。

产品与用户之间产生了行为流与信息流，设计需要细分出它们在各种场景中的呈现方式，为场景共创模式的建立做前期准备。从单一的线下空间到线上空间，再到线上线下复合空间，我们需要对现实生活中类型丰富的场景进行有序的梳理。

具有前瞻性视野的设计思维，必然基于一个文明更迭时期的深度思考。那就是以计算机科学为基础的人工智能，即我们在生活中接触一个新的概念——

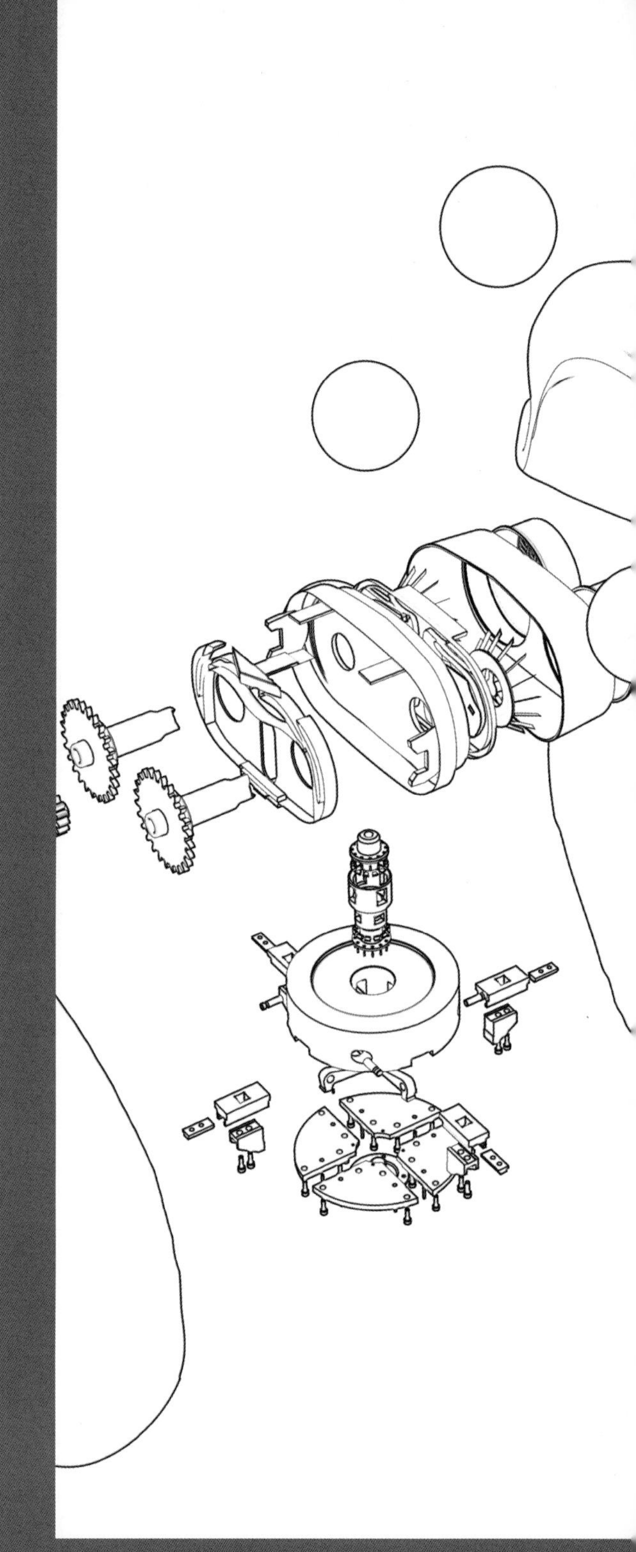

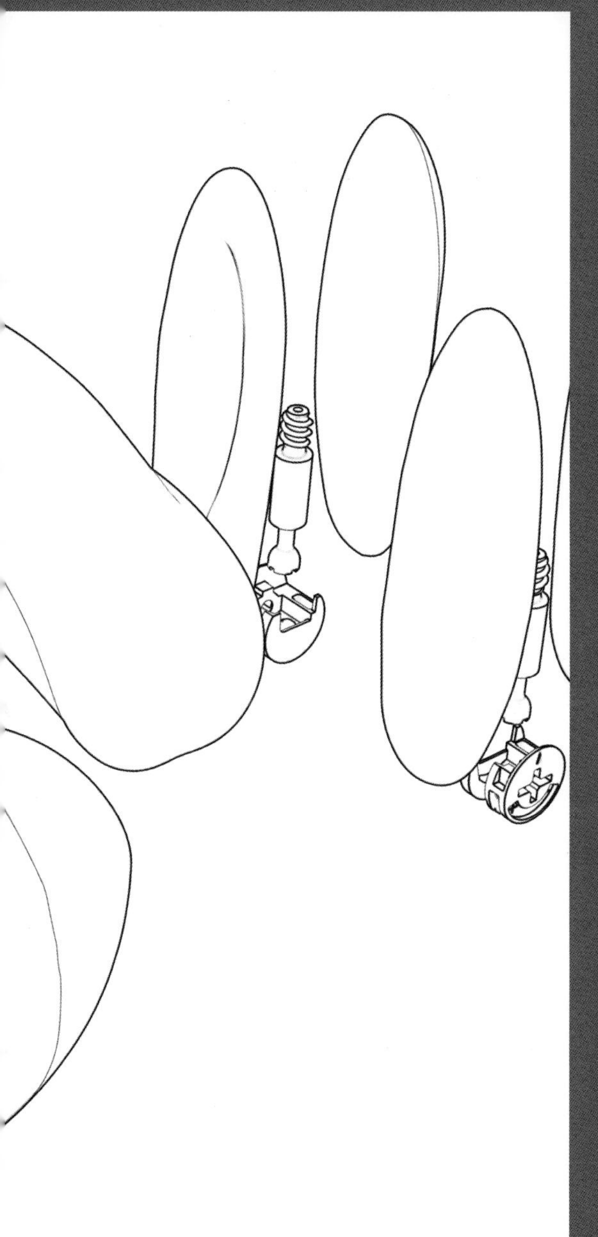

图：沈晨曦

硅基文明。这有别于传统观点对文明的看法，当下时代的设计变革处在了不可逆的时代浪潮中，碳基文明与硅基文明的交错在迭代中给整个人类带来了第三次浪潮。

我们所处的世界一半是物质世界，一半是数字世界。硅基文明指的是建立在以数字世界的基础——硅材料为基础的文明。从化学的角度来看人体，人体组成的主要元素是碳，也可以说，碳是整个人类文明的第一个物质基础，在碳基文明里人是唯一的智能动物。人设计出的产品是“物”，是没有生命的，也就是一台机器，更没有行为智能、语言智能和想象智能。产品不具备本文所说的共创的基本物质条件，也就是不具备共创的“共”字，这个产品是单向被人类生产出来的。而且一旦被生产出来，也就被固定下来，不会再交互和进化。为什么叫碳基文明？实际就是碳元素及它所组成的大分子，构成地球上现有的智慧生命的基本材料，它是构成人类文明的物质基础。在智能时代之前，设计从事的工作主要是基于人们的需求，从瓦特的蒸汽机到福特汽车的流水线，再到日本的高精密度仪器的生产线，所生产出来的产品都是“物”，它们是服务于人的从属物，产品所关注的核心交汇点是以人为核心的生活、工作和社交活动等物理空间。和碳元素非常接近的另

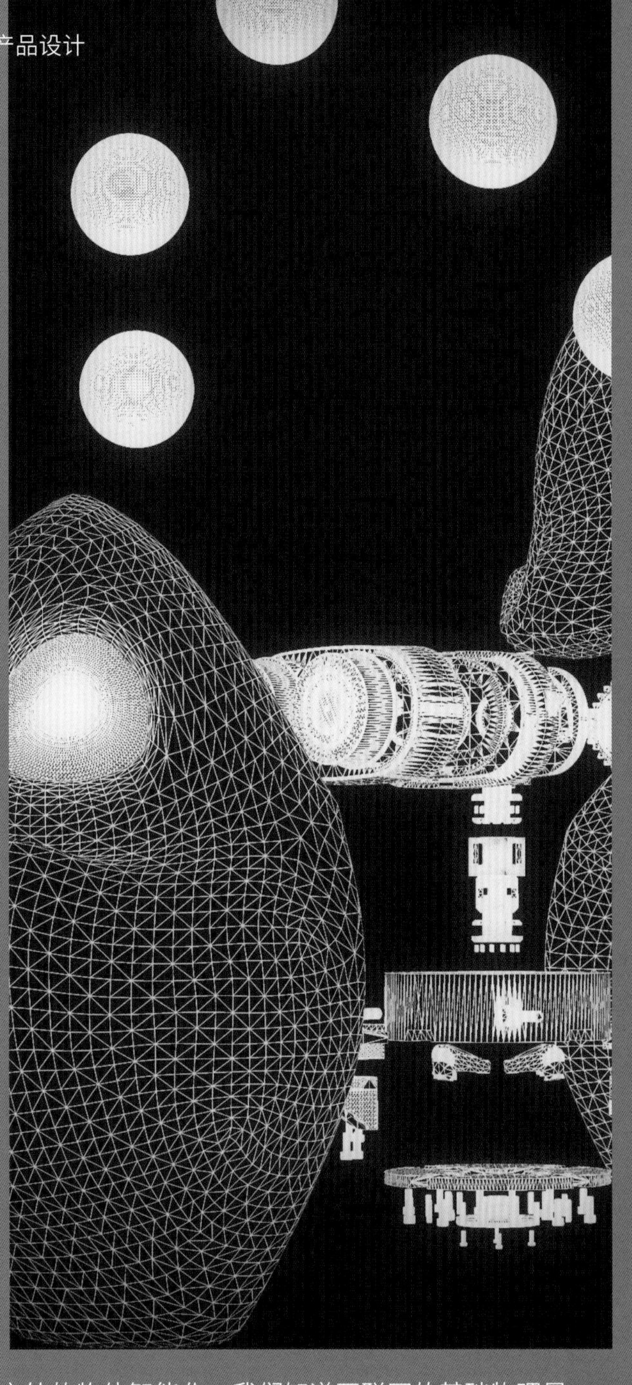

一个元素是硅元素，它也是地球上存量较多的一种材料，它和碳原子的组成方式是非常接近的。这就是本文要谈的和碳基文明有着平行关系的硅基文明。不管人们愿不愿意接受，作为设计师的我们应该敏锐地发现一个新时代的到来。回观人类近现代所经历的 3 次工业革命，眼下大家都感受到我们正在进入第四次工业革命。诸如凯文 - 凯利等有识之士大声疾呼，这一次革命与前面的 3 次革命迥然不同，它不是前 3 次工业革命的延续，而完全是一个新时代文明的开始，人们更应该把它称为智能革命。

从化学基础、生物学及进化学的角度来看，在地球上产生硅基生命的希望是十分渺茫的。但是以硅为骨架这一材料为基础的人工智能体系，却是影响人类文明发展进程和方向的重要因素。

互联网技术及它所带来的文明，在现实场景之外增加了虚拟场景，在人们接触的物理世界外又增加了数字世界。这个改变发端于互联网时代及互联网带来的所有事物的信息化。

这一次文明变革，核心的关注点是人类之外的物体智能化，我们知道互联网的基础物理是芯片，芯片的主要成分是硅，所以设计在界定这个文明体系时，把第二个基础称为硅基文明。“硅基生命”这一概念首次于 19 世纪被提出。1891 年，波茨坦大学的天体物理学家儒略申纳（Julius Sheiner）在他的一篇文章中探讨了以硅为基础的生命。但是随着对无机化学认知的发展，打破了很多人对这个材料的预想，如硅的连接能力较差，硅及其衍生物热稳定性差，以及硅 - 氢键和硅 - 硅键容易被各类质子溶剂完全破坏。可以说，硅及硅的衍生无作为分子骨架存在的诸多问题，很多科学家认为硅的表现并不符合地球上已有生命的特征。

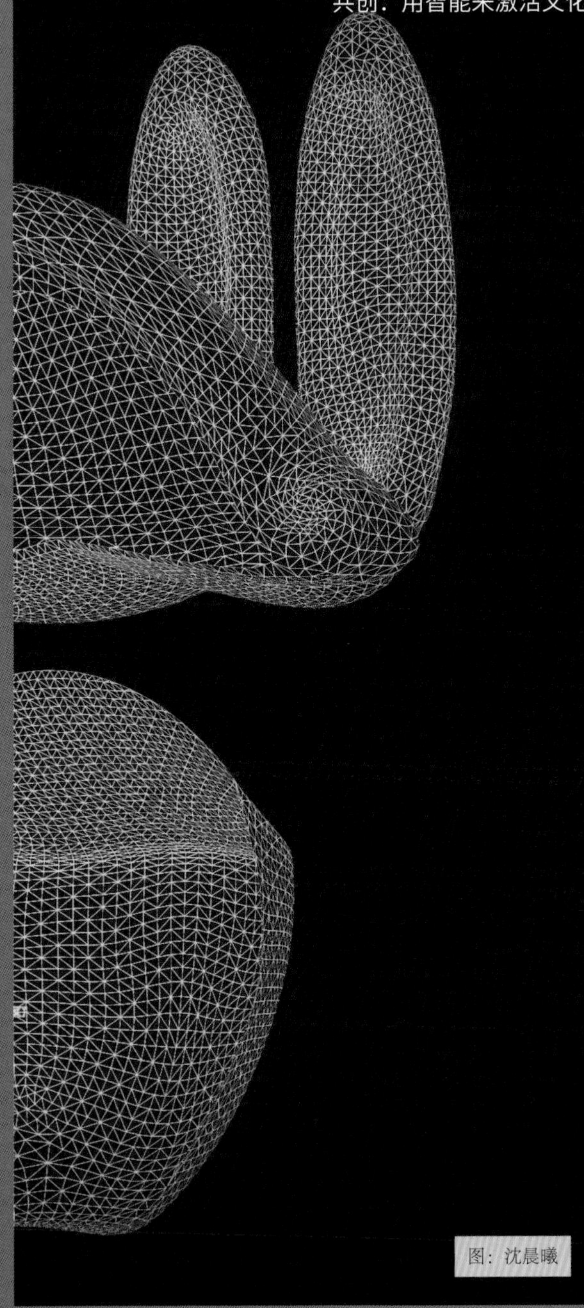
图：沈晨曦

2016年，迈克斯·泰格马克所著的《生命3.0》换了一个角度讨论硅基文明的另一种存在方式，这种方式必将影响未来文明的发展态势。也就是说，硅基生命的重要主体——人工智能对生活、法律、战争、文化和社会乃至就业所带来的影响，将会彻底改变地球文明的模式。在未来的1万年乃至10亿年以后，人类作为碳基文明的主体，能否与硅基文明为主体的人工智能实现共生与繁荣，两者又如何共同协作突破宇宙生命发展的终极目的，人类作为碳基文明的主体如何在这场变革来临的时候，迎上这次浪潮又不陷入危机，这些事关人类命运的追问，使人们不得不重新审视当下智能文明突变带来的浪潮。

基于这种认知，智慧产品必将成为人类以外一个看似有生命的角色。而这种认知需要让设计师重新调整工作路径，重新定义产品在场景中的作用，重新解读未来产品变成一个类似生命体的东西时，它就会对用户产生极大的影响。上文在“共情”部分提到的IP形象立体形态的设计，避免兔儿伙伴造型严肃呆板的形象，从而让它成为大众娱乐化生活中的形象。

用科技唤醒兔儿伙伴的身体，让它成为硅基文明中有生命体验的智慧产品。当兔儿伙伴是互联网生态链条中民俗文化的一员时，通过设计的过程把握“俗”的合适程度，从而形成雅俗共赏的形象。换个角度来看，有着非遗传承的IP形象成为产品，就其本质而言，是智慧产品以生命的方式展现在人们眼中，讲述硅基文明时代可能发生的故事。

这是碳基文明和硅基文明两者之间形成的互联体验：一个是从传统民俗生活形象，扩容转移为硅基材料生命的过程；一个是唤醒大众的共同情感、促成大众的共同创新的过程。在这里，非遗形象作为深厚的遗产被重新激活，成为硅基文明生态链条中的内容。

物联网改变了智能时代的底层逻辑，将产品设想为居家空间的一个类似宠物的角色，拓展了人们对场景共创的认知，从现实场景与虚拟场景两个角度共同构成用户的生活情境。

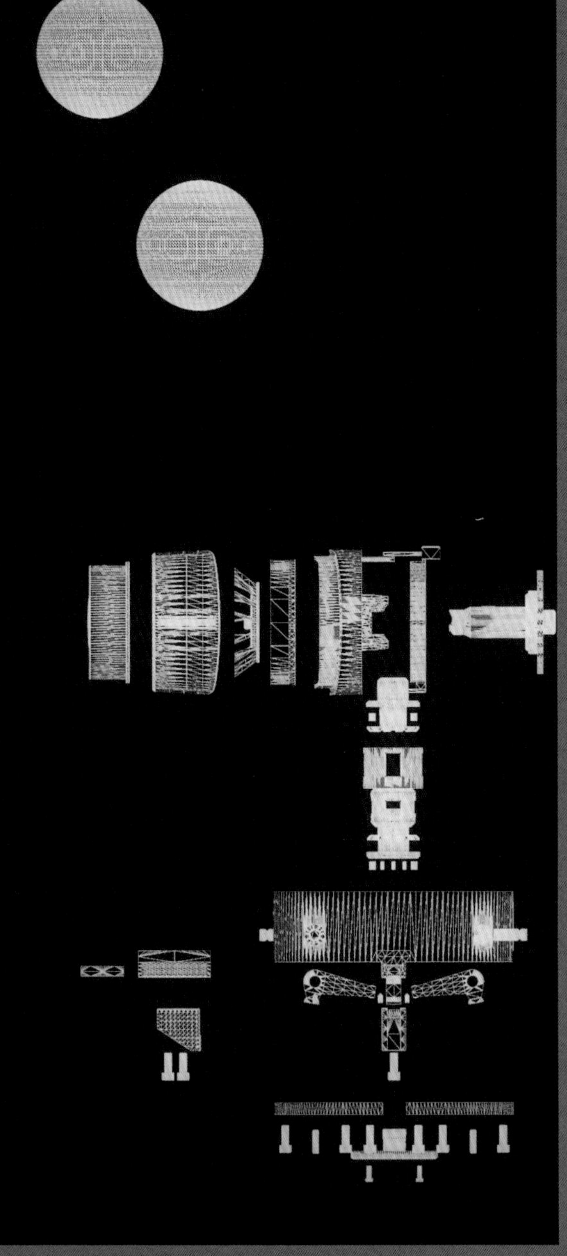

“物联网”，顾名思义就是物与物、物与人的泛在连接。它的重点是实现物品与物品，物品与人之间的智能化感知、识别和管理的连接方式。 它用独立寻址的方式把普通的物理对象连接成互通互联的网络，从这一点来看，显然它的前身是传统电信网、互联网的信息载体。关键是它在互联网的基础上，通过低功耗的无线核心芯片，实现物与物之间的双向监测和控制，并在这个基础上叠加各种信息传感器、射频识别技术、全球定位系统、红外线感应器、激光扫描等技术，采集特定场景中的声、光、热、电、力学、化学和生物位置等重要信息，使物体与物体、物体与人之间通过监控、连接和互动。换句话说，物联网改变了人们对物体认识的一个重要底层逻辑，那就是物体不再是没有感知、没有智慧的物体。通过互联网，一方面，世界上任何的物体，从杯子到牙刷，从汽车到房子，都通过互联网进行主动的的信息交换与动态互联；另一方面，实现了它跟人之间互相识别、互相定位，实现了信息的互相采集，甚至是互相协助的物态联合体。

物联网的技术对工业产品设计的影响是十分巨大的。在智能时代，整个社会系统的设计，将围绕搭构物与物、物与人之间的连接为核心。传统电信网技术下手机仅是人们通过电话与短信形成信息沟通的工具。随着互联网特别是 4G 技术的发展，手机作为一台微型电脑，已经成为一个智能移动终端，连接着另外的移动终端和 PC 机，可以说，它已经连接着互联网的各个角落。特别是在线支付的发展，在现实中手机已经成为人们不可离身的一件物品，不管是线上还是线下的活动，社会的诸多产业都是围绕以手机的 App 为核心进行运转的。

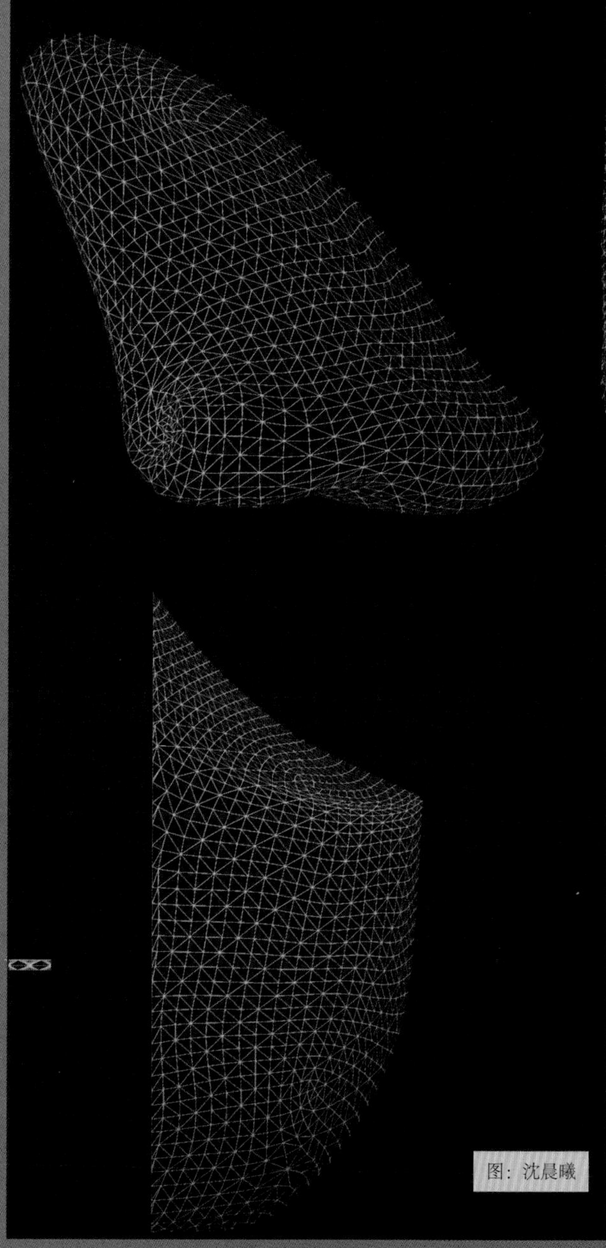

图：沈晨曦

物联网是万物相连的互联网，这里有两层重要含义：① 物联网是对互联网的扩充与延伸，它的核心基础依然是互联网；② 它通过信息交换和通信，把世界的连接人生扩展到了包括人在内的任何物品与物品之间，甚至在未来可能通过传感器与互联网实现人、机、物之间的无缝、无距离、无时空的互联互通，实现在任何时间、任何地点人与物，物与物的相结合，从而形成一个巨大的网络。

以兔儿伙伴为主题的机器人——我们预想一下，它不再是一个简单的物，而是一个活态的“生”物。一方面，兔儿伙伴的内核是互联网技术及它所带来的结果，它发端于互联网时代；另一方面，兔儿伙伴外壳源自非遗 IP——一个拥有大众化特征的非遗 IP 的造型设计。普通老百姓的生活通过智能 + 非遗这两个纽带交集在一起，共享某一个基于民俗共情与智能共创的生活方式。包含社会实践、礼仪活动、节庆活动的生活中的民俗形象，成为家居里为用户解决各种问题、满足各种需求的智慧产品。兔儿伙伴这一智慧产品似乎拥有一种把传统文化与当下生活揉在一起的能力。

这种能力源自传统文化与现代科技联姻产生的亲缘，具有很强的向心力。向心力连接传统文化中的遗产和现实生活，从而形成亲密关系，增强了兔儿伙伴这一智慧产品的丰富性和多样性。包括手机在内的所有物体，将我们能接触的、不能接触的信息都连接在一起，实现物与物泛在的互相联系，即万物互联时，兔儿伙伴为主题的机器人，在互联网技术的基础上，利用各种信息传感器、射频识别技术、全球定位系统、红外感应器、激光扫描器等各种装置与技术，获取信息流和行为流等信息。所有的物体连接上互联网，成为像现在我们可以看到的互联网终端一样，全部连接在一起，从而实现对物品和过程的智能化感知、识别和管理。所以，共创这个话题就重新摆到了桌面上，在传统的设计思维里，“共创”指的是以往的设计通过调研搜集分析并理解用户的需求，而智能时代的来临带来了更多设计思维的革新——具有前瞻性视野的设计思维。

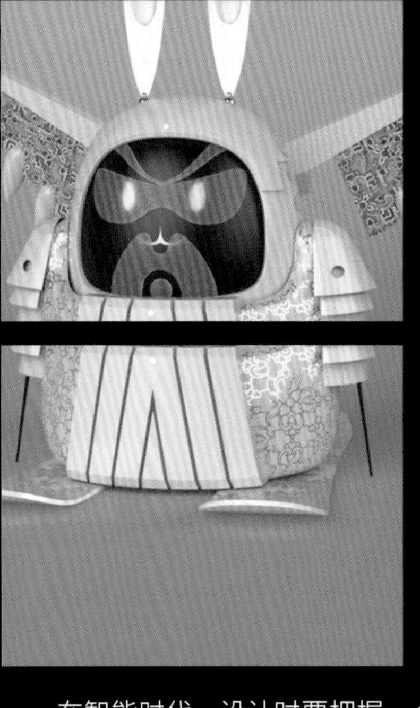

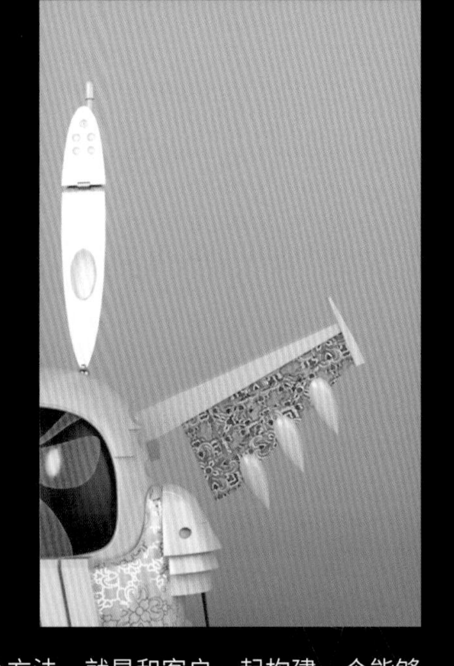

在智能时代，设计时要把握一个方法，就是和客户一起构建一个能够不断迭代、互相交流和共同推进的产品和产品链。自工业革命以来的设计思维，主要是在流水线的生产平台上挖掘人的需求而形成的。物联网是在互联网、传统电信网的基础上发展而来的，它的普及基于一个文明的更迭时期带来的可能——一方面基于 AI 技术的发展，另一方面基于我们对未来美好生活的畅想所勾画的蓝图。也就是说，在技术上通过各类可能的网络接入，实现物与物、物与人的泛在连接，在现实中通过接入美好未来的想象实现真实的智慧生活。

在未来的日子里，产品会捕获用户的各种信息，而这些信息又成为设计思维的重要工作内容——通过物联网的普及，共创这个模式应该可以实现。也就是说，这一切在给设计带来挑战的同时，也带来了机遇：共创模式的有效通道，不再通过用户的反馈，而是通过智慧产品直接捕捉用户的各种信息，并通过互联网有效适时、专业地向设计机构和厂家反馈用户的需求。在这里，共创拥有了一个全新的渠道，这个共创体系会给我们的生活带来巨大的便利，将给人们的衣食住行带来巨大的变化。

3.2.2 新型模式

用户需要新型的消费方式，在合适的条件下，产品提供新型的使用场景，成为居家生活的一分子。

图：苑洪森

从使用的角度来讨论智慧产品这个问题，用户的场景共创是不能回避的一个角度。

用户使用智慧产品，改变了对它的习惯看法，共同创造新型的情境以兔儿伙伴为主题的机器人——作为智慧产品成为居家生活的一分子，是要打破传统的产品与居家生活的关系。用与用户共创的思维来提升产品的迭代。居家生活指的是大众最普通的生活。而在大众的普通生活中，产品作为物体而出现，会随着产品功能的落后，设备耗损造成的陈旧，居家生活空间的改变，而被淘汰或替换。而作为兔儿伙伴机器人的智慧产品，会通过场景的共创与人建立一定的情感关系，成为居家生活的一部分。可随之而来也有难题出现，就是当智慧产品设备老旧，磨损严重，功能落后时，它的硬件已经赶不上用户的需求了，到那时该怎么处理它？当然，这里涉及销售等复杂的商业过程，先撇开这些商业元素，设想一下这样的场景：用户通过兔儿伙伴升级系统的端口，提出需要一款升级后的智能兔儿伙伴机器人，第二天快递就送上门，换回一个长相相似、功能已经升级且具有和升级前一样记忆的兔儿伙伴智慧产品。这里需要强调的是，这个兔儿伙伴智能机器人已经是居家生活的一部分，它要做到以下两点：一是保留，像保留原来的行为习惯一样，保留用户认同的原来该有的所有功能，像保留记忆一样，保留与用户共同生活留下来的所有数据；二是迭代，基于对用户产生新的需求的了解，迭代相应的功能。

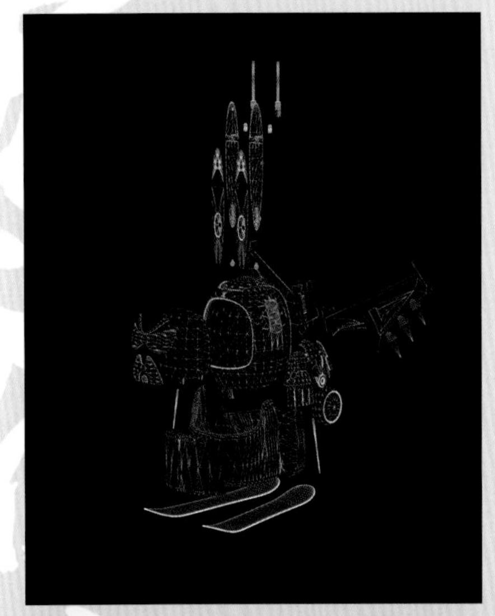

图：苑洪森

提供新型使用思路，加之时代的变化和需求的更迭，以产品为中心描绘了一个消费方式的架构蓝图。在一个圈层的图形中，可以看到作为智慧产品应该拥有以下几个重要的能力。以兔儿伙伴为外形的机器人为例，最中心的圈层是产品，像涟漪一样一层一层往外扩散。中心以外的第一个圈层，是借助传统文化把自己打造成一个有 IP 内容的能力；往外一个圈层是产品要具有新科技、新技术，包括人工智能知识的能力；再往外一个圈层是产品与用户体验交流的能力，开拓与用户形成场景共创的能力。这些复合的能力基于重大的社会变革，那就是智能时代的来临带来的技术层面、语言层面、材料层面、思维层面，乃至伦理道德的更新。而这个变革的核心指向，就是产品仅仅是生活中的一个物，还是居家生活中温情的一分子。

智慧产品的使用方式和消费对象产生了变化，它要求用户改变对产品的看法，把它当作居家生活的一分子，共同创造共享的场景。随着科技技术在智能家居产品中的应用，“一键控制”已经被称为传统产品的使用方法。而远程控制、人体感应、自动开启等技术已经在日常生活中能够实现。这种使用方法，从设计的角度来看，其实是满足了人的懒惰心理，甚至有些设计方法论把它称为“懒人设计”。

从心理学的角度来看，它满足了人类大脑对自身行为趋向于低功耗的要求。也可以这么解释，实现同样的结果，这款产品的操作越简单，动作越少，越受人喜欢。拿一款传统的音响与当下流行的智能音箱做比较，我们很容易得出结果。开启现代智能音箱的方法一般是以被称为语音唤醒的工作方式。通常有两种智能技术：第一种是利用声学模型，用用户发出的唤醒词发音，解码与之相匹配的音素序列，与唤醒词的因素序列进行匹配，从而决定是否启动音箱的开关；第二种是通过语言模型和声学模型同时对用户的发音进行解码，参照该词的发音词典，匹配唤醒词，进而启动音箱的开关。之所以把通过语音识别来打开音箱播放音乐这件事，描绘得这么细致，只是想告诉大家，原来走到音箱前打开电源，选曲并点击播放音乐这多个动作被用户的一句话所替代。而这替代的背后，其实是人耗费能量的行为已经被复杂的计算所替代的结果。

这也带来消费对象的变化，那就是明显对智慧产品的消费对象趋向于年轻化和平民化。在笔者做的多次调研中发现，年轻用户除了赶新奇追寻潮流外，简单好用的懒人使用方法对他们有较大的吸引力，借此他们就可以腾开手一边耍酷，一边享受智慧产品提供给他们的服务。从调研中可以看出，简单好用、节约时间会成为年轻用户们选择智慧产品的首要原因。

智能技术的进步造成智慧产品的便捷好用。产品有可能和客户一起，构建一个能够不断迭代、互相交流与共同推进的产品和产品链。设计时要从用户的视角出发，改变对产品的视角。如果把使用场景比成剧场，以兔儿伙伴的智能机器人为例，那么产品就会成为居家中的某一个角色，它会用各种方式服务用户，进而满足用户的需求。

以兔儿伙伴为主题的机器人，想成为居家生活中的一分子，除了要提供优质的服务外，主要还有来自用户对产品的看法。智慧产品能否提供优质的服务，主要来自对居家生活数据流的了解、熟悉和梳理，以及在对数据流掌握的前提下，进行有效的分析和计算。在传统的互联网世界，表示声音和图像的模拟信号在手机中被数字化，由模数转换器转换并作为比特流传输。在 5G 时代，智能机器人将拥有和手机一样的信息传输与计算方法。与早期的 2G、3G 和 4G 移动网络一样，5G 网络是数字蜂窝网络，在这种网络中，供应商覆盖的服务区域被划分为许多被称为蜂窝的小地理区域。以兔儿伙伴为主题的机器人可以在地理上分离的蜂窝中重复使用，通过比对、匹配等计算方法，促成智慧产品使用方法的提升。也就是说，智慧产品具有承担居家生活中某种角色的能力。

产品的良好服务和用户改变后视角形成了场景共创的基础，它们之间相辅相成，形成了以下结果：产品满足用户在场景里越来越精细化的需求。人的需求分为显在需求与潜在需求。显在需求就是一下子就能被识别的需求，它本身已经非常丰富了；潜在需求住住是连用户自己都不知道自己的需求，这个需求的层次非常细腻，不容易被发现。换句话说，人的潜在需求需要设计的帮助，通过产品把它挖掘出来。

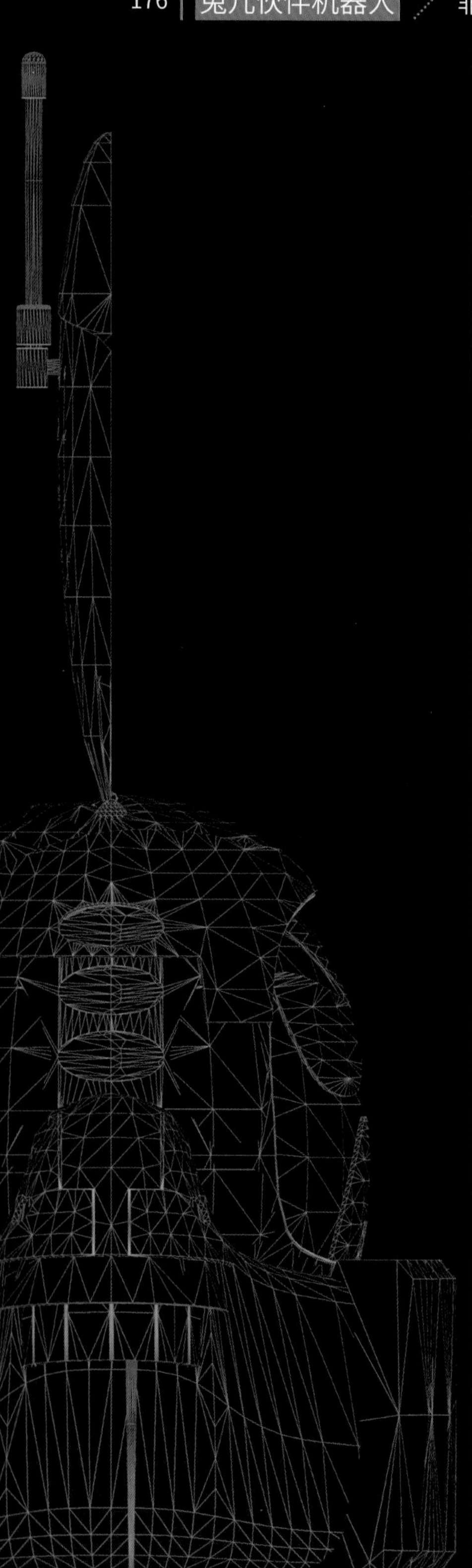

回顾第二章“共情”，可以得出这样的结论：像兔儿伙伴形象的智慧产品，必须源自对两种生活的尊重——民俗生活和智慧生活。这两种生活自然而然的状态就是它们该有的自然状态。这种对自然世界和数据世界的尊重，不仅要回归到互联网鲜活的数字生活中，还要回溯到北京非遗的民俗生活中的自然状态。这两种生活环境，一方面，来源所设计的非遗形象文化母体，虽然它的形象更多的是存在记忆中，

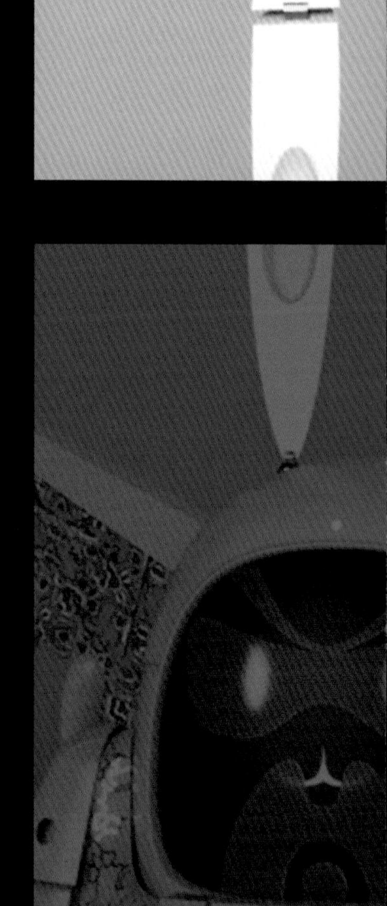

但它依旧是一个完整的生动的生活空间；另一方面，来源所设计的智慧产品，存在当下物理与数字交汇的生活圈中，这个在当下日新月异、变化莫测的环境里的是一个活态真实的空间。

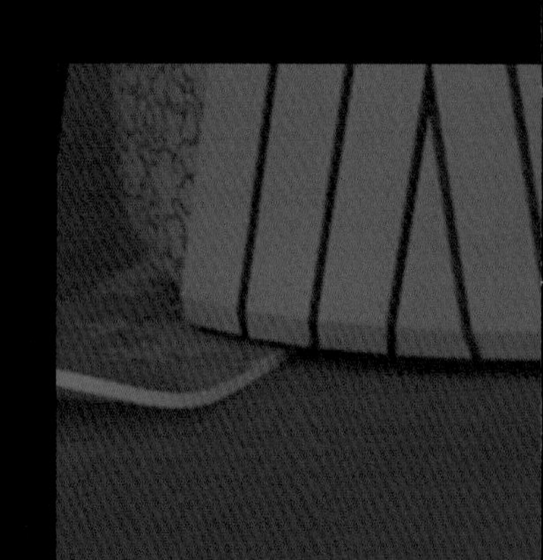

3.2.3 细分产品

对文明的底层认知是智慧产品设计的底层逻辑，只有对产品进行细分，对产品使用方式进行升级，才能完成上下关联的、多层次的场景共创。

1. 场景的分类

智能时代，现实场景相对敛缩，设计建立有别于传统的共创模式，重新定位场景的边界；智能时代，虚拟场景的扩展，相对交互模式的改变，进一步延展了场景的边界；智能时代，产品可以被看作居家生活中有生命的角色，与用户一起划定场景的边界，从而重新定位他们之间的共创模式。

2. 场景

（1）物理概念上的现实场景。

（2）虚拟场景。

（3）信息流和行为流，融合了线上虚拟场景和线下现实场景。

3. 场景共创

智慧产品是获取场景数据的前提：

（1）在特定的空间，解读行为、语言和表情的含义。

（2）适时的监控与突发性事件。

（3）主动感知、决策和执行。

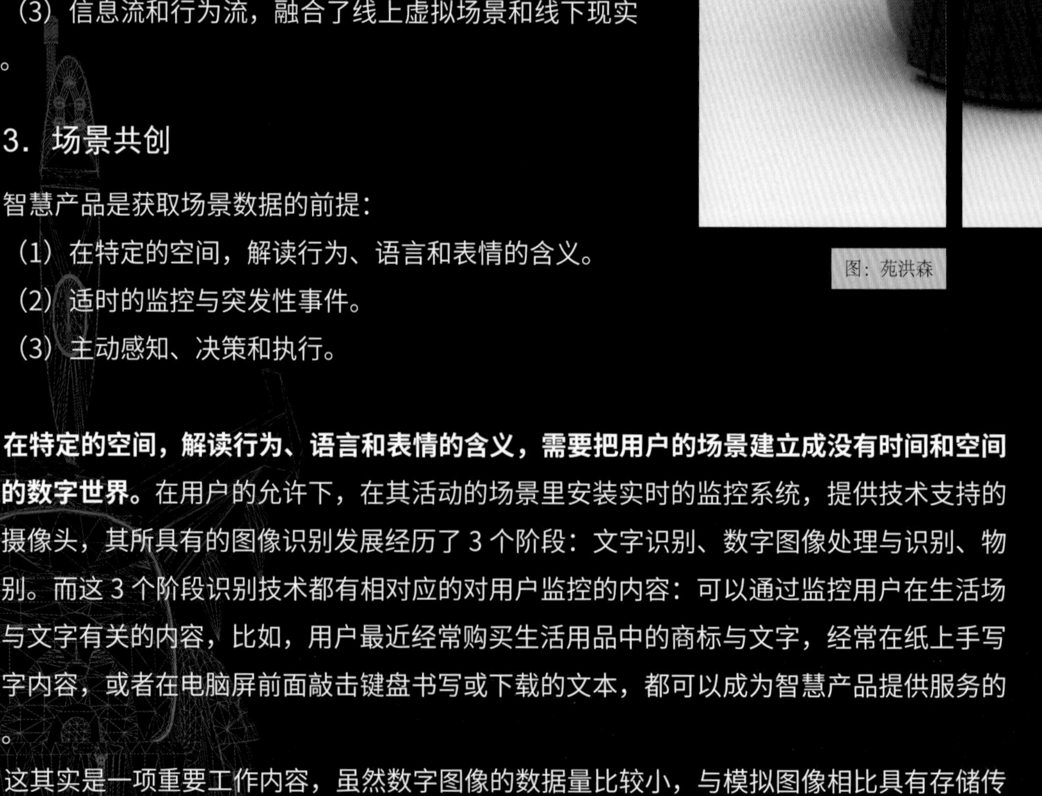

图：苑洪森

在特定的空间，解读行为、语言和表情的含义，需要把用户的场景建立成没有时间和空间缝隙的数字世界。在用户的允许下，在其活动的场景里安装实时的监控系统，提供技术支持的智能摄像头，其所具有的图像识别发展经历了 3 个阶段：文字识别、数字图像处理与识别、物体识别。而这 3 个阶段识别技术都有相对应的对用户监控的内容：可以通过监控用户在生活场景中与文字有关的内容，比如，用户最近经常购买生活用品中的商标与文字，经常在纸上手写的文字内容，或者在电脑屏前面敲击键盘书写或下载的文本，都可以成为智慧产品提供服务的依据。

这其实是一项重要工作内容，虽然数字图像的数据量比较小，与模拟图像相比具有存储传输方便，压缩和传输过程不易失真，处理方便等巨大优势，但是这方面的内容信息精准，为产

品判断用户的需求提供了有效的支持。智慧产品具有主动感知、决策和执行的能力。智能时代在给设计带来挑战的同时，也带来了机遇——那就是共创模式的有效通道，不再通过用户的反馈，而是通过智慧产品各种信息的有效反馈，实时并专业地向设计机构反馈用户的需求。

兔儿伙伴为主题的机器人，通过数据的搜索、采集、分类和计算，使场景成为数据流和行为流。用户的一些隐藏需求更容易无障碍、通畅地反馈给设计部门和相关的服务机构。这就是智能时代与工业时代的巨大不同，它是基于硅基文明在智能方面同时赋予智慧产品的特殊才能。这种智慧产品拥有的才能呈现了一个特点——原来是“物”的产品，出现了智慧生命的特征，呈现出与当下人类文明的相似性，特别是人工智能所带来的机器学习与深度学习，使得制成的产品从简单的物理硅材料变成可以思考、拥有情感的生命体。

附带一句，对用户实时监控产生的安全及伦理、道德乃至法律问题，本书在后面另行论述。

在智能时代，由于交互模式的改变，产品被看作居家中有生命的角色，这点影响了虚拟场景的扩展，进一步延展了场景的边界。

新型的交互需要一种简单明了的匹配模型，因而也容易得到实际应用的工作模式。交互模式从工业时代的按键方式转变为现代的智能识别方式。可以说，在现代产品使用的各种场景中，适用于用户的交互方式是多模态的。交互的基础主要立足于用户所持有的智能视觉与智能听觉。先以兔儿伙伴机器人携带的微型智能摄像头，以及它的工作原理为例，它与用户之间无障碍的交互，基于产品能够读懂用户所处特定场景及用户当时动作的含义。图像的智能识别在这里起着相当重要的作用，特别是接下来要进行什么样的服务，它的实现需要它对于从现实中捕捉模型增强后的图像，不仅要与记忆库中的模板完全匹配才得以识别，还要具有与记忆库中的模板不完全一致、具有一定的含糊性的图像识别能力。与之相同，智能麦克风提供的服务是用户与产品之间实现沟通——是产品听取用户主动指令的重要途径。智能麦克风通过语音识别技术——孤立词识别、关键词识别和连续语音识别来了解用户的意图。根据同一个场景中的不同发音人，智慧产品还能将他们分为特定的语音识别和非特定的语音识别，通过模式匹配法等工作路径，避开诸如多人对话产生的歧义；发言内容的相似性带来语声的模糊性；发言者语音、语调和语速的变化对语音识别的影响；传音的噪声和干扰对语音识别的严重影响，避免它们对自然语言的识别和理解造成误区，提供更符合实际场景具体需求的服务。

智慧产品所携带的智能识别系统为了解决模板匹配模型存在的问题，提出了一系列新的观点来提升算法。如借用格式塔心理学提出的原型匹配模型法，这项工作基于人类长时间记忆存储并不需要识别无数个模板的原理，推导出利用图形的某些相似性，并以图像抽出来的相似性作为原形，拿它检验所要识别的图像或语音。如果能够找到一个最基础的相似原形，这个图像和语音就会相应地被识别。可以说，它不仅能对一些规则明晰的内容开展工作，还能对某些方面与原型相似地图像和语音进行识别。这种方法，从类比于人类的神经和记忆上的探寻过程来看，都比模板匹配模型这种方法更适于智慧产品在特定场景中实现。

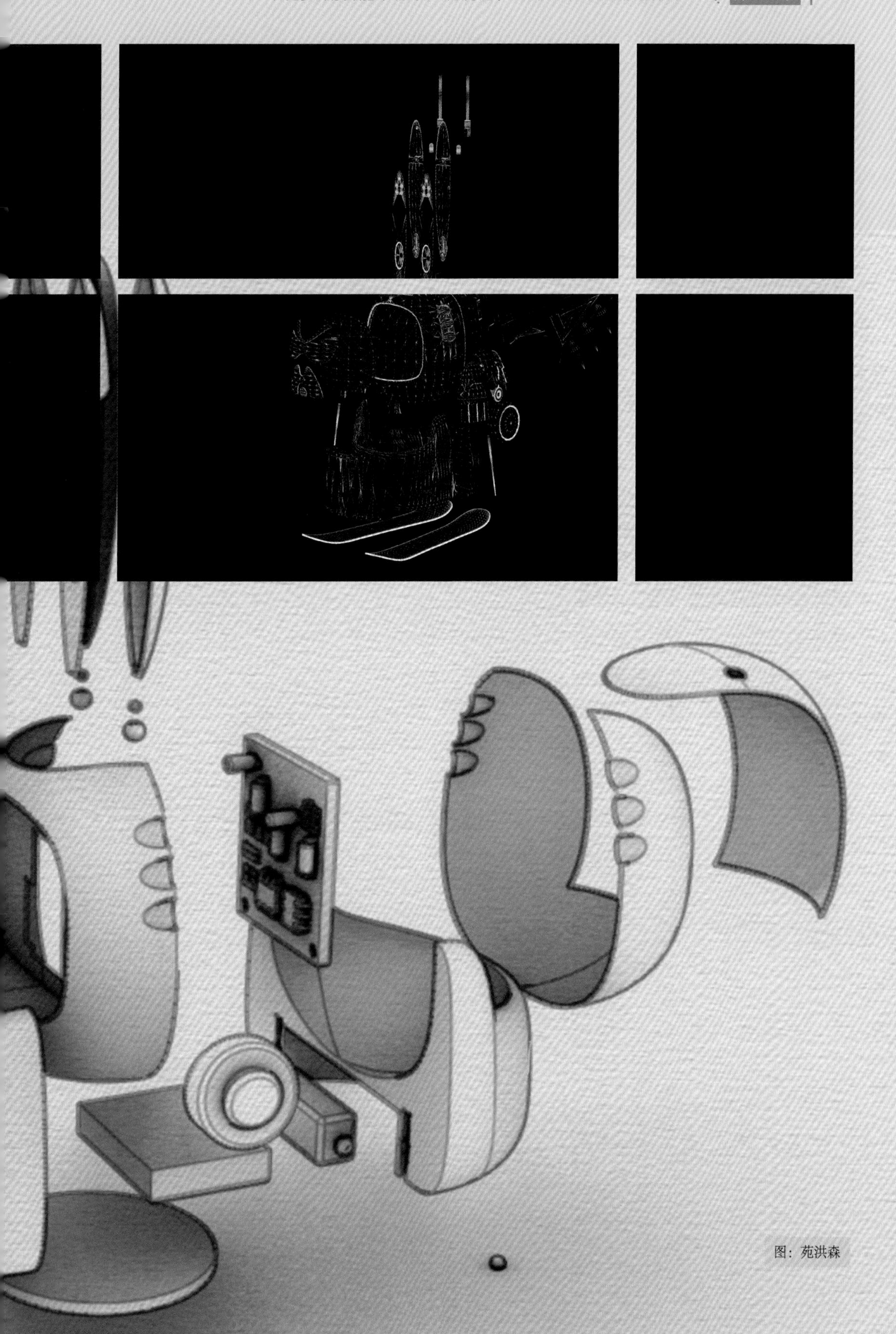

图：苑洪森

再深入一步，落实到具体门类的智慧产品，实现个性化设计，定制与之相关的个性化服务，在各具特色的场景中使用各具特色的消费产品，从而逐步形成每一个具体的、丰富多彩产品使用的产品共创。使用和消费从来都不是笼统的，智慧产品的场景共创，第一件要做的事就是从大规模量产化、统一性、概念化的时间和空间中挣脱出来；第二件要做的事就是智能技术的发展及智慧产品的普及，使生活空间的服务场景变得高效、周密且具有人情味，从原先缺失个性的产品设计——包括与之相关的服务，不能满足人们丰富多彩的个性化需求中挣脱出来。

非遗产品所需要的新型使用、消费方式，要求设计和用户进行设计共创，搭建新型共享场景。非遗产品的使用方式和消费方式的产生不断迭代，要求设计和用户进行场景共创，搭建新型共享模式。

3.2.4 行为改变

通过用户与产品行为的改变，建立以场景为中心，产品与用户之间信息共享、感知共享、服务共享的共创模式。

（1）服务于场景，共创思维下的用户对产品态度的改变。

（2）服务于场景，共创思维下的产品对用户的影响。

用户对产品使用方式的改变，影响他对产品态度的改变，两者是用户与智慧产品场景共创的第一步。

初级智慧产品除了具有明确的功能之外，还给用户提供了确定性的服务。初级智慧产品如智能手机、智能手表、智能电视、智能冰箱、智能空调等智能家电，也包括无人驾驶汽车等智能出行工具。它们一方面具有通信、时间记录、视频音频、冷藏冷冻和降低温度的功能，另一方面通过内置智能化系统，搭载智能手机系统和连接与网络实现针对用户功能丰富可靠且明确的服务。它具有以下特点：① 一般来讲，这些智慧产品都能通过 App 与手机建立连接——用户可以通过控制手机的 App 来控制智慧产品；② 具有全开放式的平台，搭载操作系统；③ 每一个智慧产品针对很强的特定功能使用了智能操作系统，提升了实用的舒适性、高效性和智能化。如智能手机其实是一个可以通话、连接传统电信网络和互联网的移动小电脑；智能冰箱是一个具有冷藏冷冻功能，并与电脑控制相连接，可以让用户随时随地了解冰箱里食物数量保鲜信息，甚至能给用户提供健康食谱和营养禁忌，具备储存空间 + 营养顾问的职能。

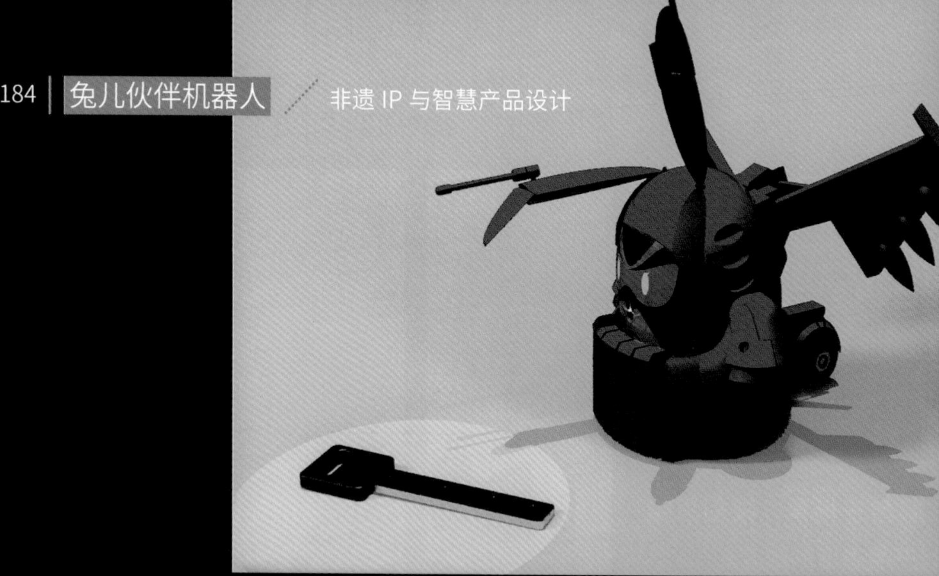

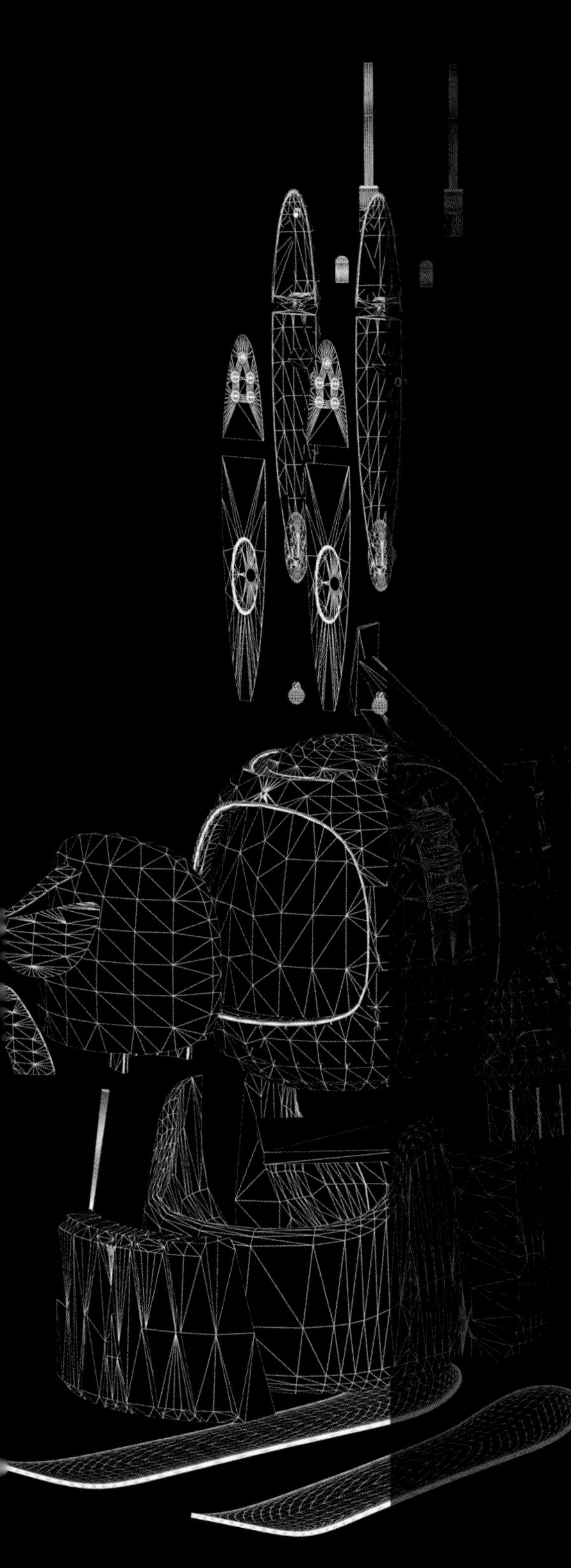

初级智慧产品针对的用户比较宽泛，是一种功能先导的产品。给用户带来的服务是明确且没有弹性的，更谈不上个性化定制。

即便如此用户也在悄悄地改变着对初级智慧产品的看法。首先，很多用户已经把智慧产品作为自己的贴身工具，特别是智能手机，与高速的互联网相连后带来的强大功能，成为人们在工作、出行、居家生活中无法离身的重要产品；其次，以手机作为用户的服务第一平台，与之相连接的一些可以远程操控的产品也给生活带来了便利，深受人们的喜爱，如通过 App 与手机相连的智能电饭煲、智能空调和智能冰箱，因为它的操作相较人性化，使用方便，给人们提供便利的使用与舒适的服务。它在很大程度上除了满足用户的食物、水分、空气、睡眠等生理需求外，还营造了服务到位、相对温馨的家居场景。而这个场景给用户提供贴心的关怀，满足了人们一部分归属与爱的需求，甚至用户对这些智慧产品产生了情感依赖。

智慧产品与用户之间的共创，在用户对产品使用中产生。智慧产品建立了智能技术支持下的服务平台，给用户提供了多种可选择的服务。形成了一种场景共创，一方面，产品提供某种功能，使用户得到舒适的服务；另一方面，用户通过使用产品，同时也向产品背后的设计与生产厂家提供数据。也可以说，如果没有用户使用时产生的数据，产品的功能提升与迭代就会陷入停滞。如果缺乏用户对产品使用时的深度关切和深入操作，很多产品的功能就无法显现，显得单一枯燥。这时候就需要用户和产品之间在操作上的“交流”，这是智慧产品与用户进行场景共创的第一步。

图：苑洪森

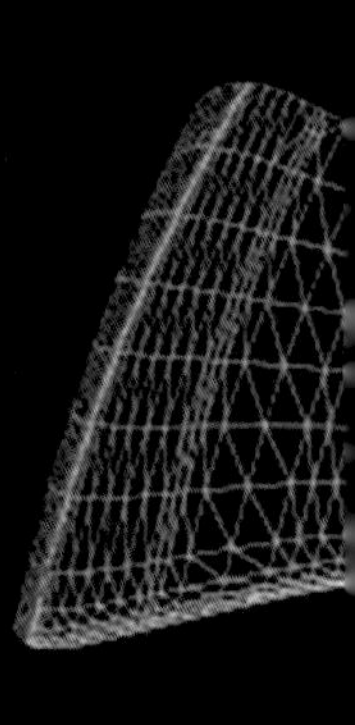

但是低级智慧产品在用户看来依旧是一件物品，固然它的设计理念是以用户为中心，以人为本，而它的重要性也得到越来越多人的认可，但它依旧是人们生活中的一件物品。用户对使用过或者期望使用的产品形成了对它的认知印象和回应，这种认知印象和回应通过语言等各种方式的表达，形成了对产品的看法和态度。可以说，人们对初级智慧产品的看法和态度仅仅还是限制于“物"的概念，也就是从属于人们身边的一个东西。具体一点说，就是用户更关心产品的功能是不是好用，而不是这个产品是否具有与人的情感的关联性。用得久了会产生对产品的喜爱，这种喜爱仅是对物的喜爱。如果这个产品出现了破损或者故障，就会自然而然对它产生嫌弃，更谈不上对它有什么永久情感、信仰、喜好或是认知印象的关联。

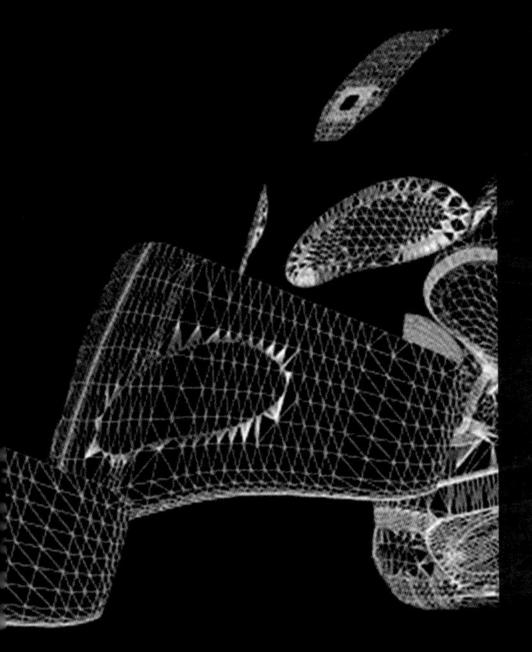

融合上一章“共情”的论述，我们发现，以非遗为主题的兔儿伙伴产品设计，可以在两方面做升级和迭代。一方面，它要在互联网的IP生态中不断升级自己；另一方面，它要在智慧生活的体验、场景和服务的逻辑中迭代自己。每个生态有自己独立的圈层，这样来说，产品外壳方面设计的要素是要顺应非遗生态的自然，完成它基于民俗不断生长的共情；产品内核方面设计的要素是要顺应智能技术的生态自然，完成它基于科技迭代带来智慧生活不断生长的共创。非遗形象设计与智慧生活产品的关系，是一种物理世界和数字世界的陌生关系。设计的主要工作是对两种自然生态保持尊重并促成它们有效融合。可以说非遗IP形象的智慧产品设计，要兼顾：① 以IP形象为主题的产品外壳设计要尊重传统文化的生态自然；② 以智慧为内核，顺应现代技术服务于用户的生态自然。

图：刘若涵

随着关系的提升，用户有可能把产品看作有生命的居家角色，在接受服务时提供反馈数据，使产品拥有智慧，这样就建立了新型的共创模式。

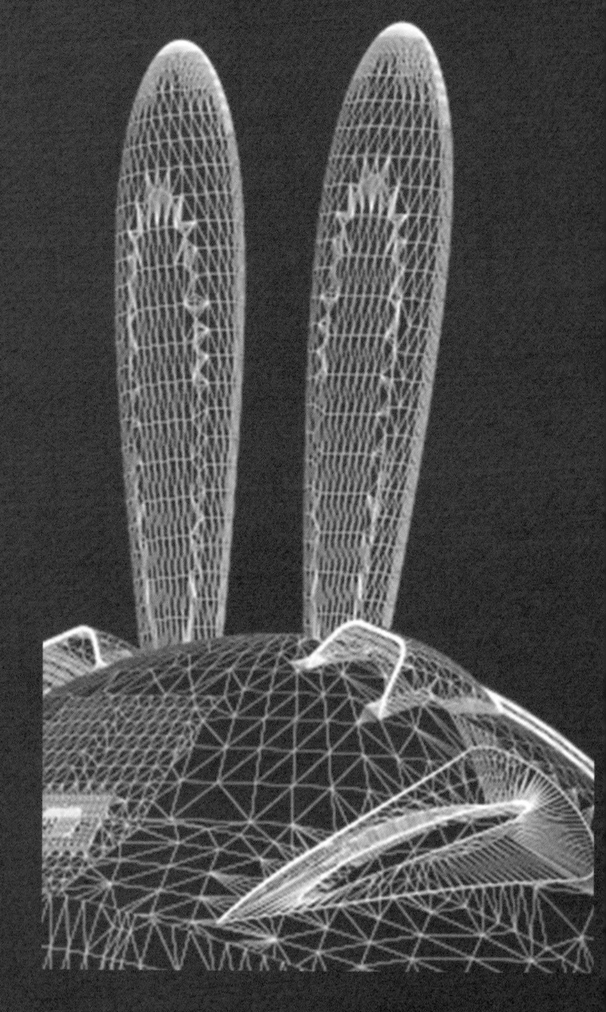

智慧产品随着科技的发展，对用户的生活服务越来越深入，这必然会提升它们两者之间的关系。人类自身的很多需求有时候连自己都不太清楚。以当下的智能手机为例，可以说是很多的 App 挖掘了人们社交的需求——通过“摇一摇”认识附近的陌生人，不仅让用户发现自己不再内向，也随时随地都有强烈的社交需求。有设计师说这其实是人的本性，这个需求可以回溯到几千年前人类作为原始人对陌生世界的浓厚兴趣。进一步来说，当用户的很多需求特别是如果了解或者满足这些需求需要专业技术时，就需要更专业的人士才能找到。

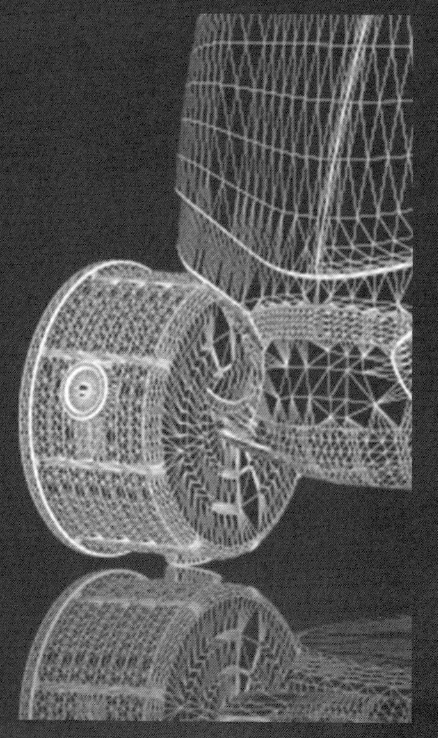

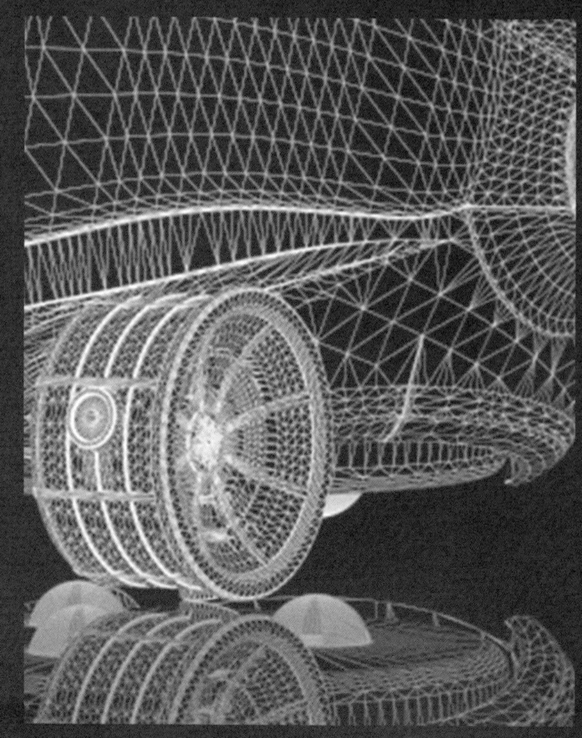

图：刘若涵

如当人生病的时候，就需要像医生这样的专业人士来协助病人战胜病魔；当碰到合同纠纷时，就需要像律师这样的专业人士来协助打赢官司。智慧产品——以兔儿伙伴机器人为例，智能技术的提升如果能让它像人一样思考，甚至能像医生、律师一样的人士观察、思考和判断，那么在特定的场景里，它就可以满足用户这些更深层次的需求，协助人们处理一些自己不曾涉及的专业领域。从眼前的技术局限来看，智慧产品——兔儿伙伴机器人当然替代不了医生或者律师，但是它可以直接发现或者协助用户发现 3 个层面的需求：细分的需求、深层的需求和潜在的需求。如果拥有人工智能技术的支持，那么智慧产品最大的特点是不知疲倦地搜集和整理数据，且不受情绪的影响，并具有“理性思考”和“理性行动”的特点，所以它更有可能捕捉搜集用户各种细分的、深层的和潜在的需求。

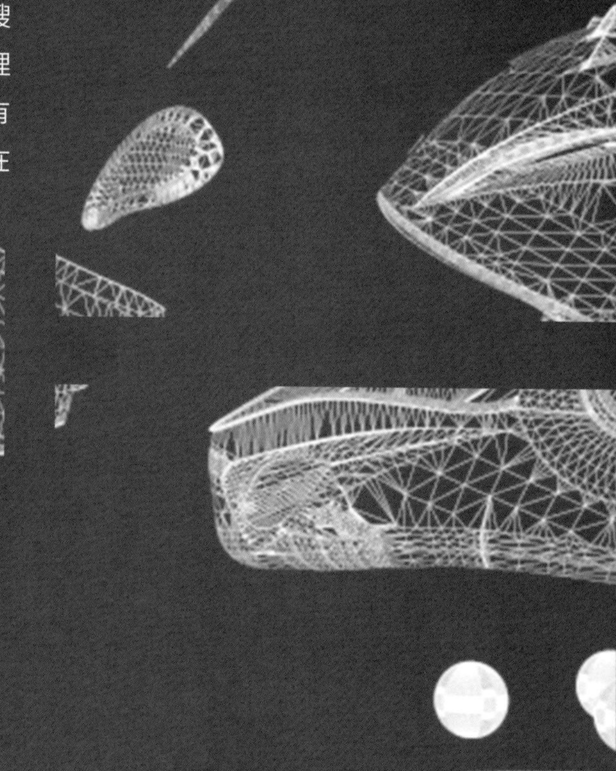

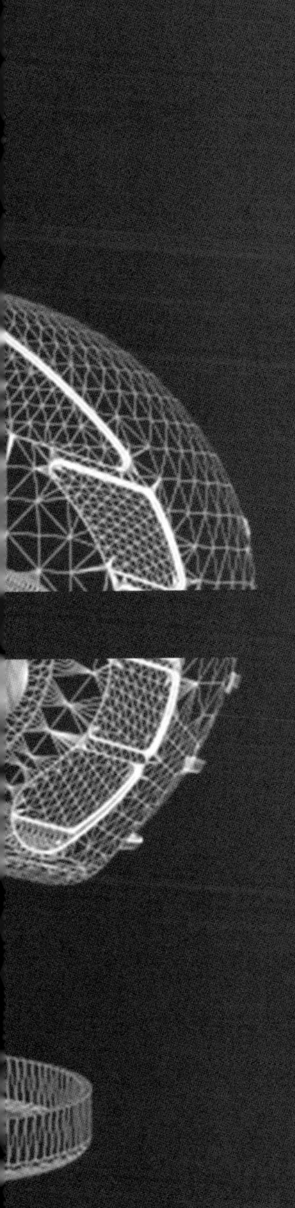

图：刘若涵

用户各种层次的需求被搜集、被满足，针对智慧产品来说，它还需要跨过一个个技术难关。通过摄像头或传感器，通过双电极片测定心率、通过震动容原理的三维加速传感器测定呼吸率等技能技术，包括用户的个人数据经过计算程序如迁移学习方法识别技术，已经被应用在很多场景中。就像智能手环对休息或运动的人们进行无创血糖、血压的检测，这已经是司空见惯的智慧产品了。但是该对它们做出什么样的建议，就需要更复杂的技术支持了。

以兔儿伙伴智能机器人为例，在搜集用户血糖、血压、心率数据的基础上，从 3 个层次建议用户建立良好的健身习惯和饮食习惯。简单层面就是提供数据，让用户自己发现血糖高低、心率高低，用户自己根据健康情况做相应的生活起居习惯的调整；从复杂层面上看，这是一款智慧产品，可以配合智能冰箱的食物储存，用户采购从经常使用的

App 目录上做出一些内容限制和添加，从而调整用户的食物结构；难度更高的一层是成为居家助理，根据用户身体状态的变化，除了要协助调整用户的饮食之外，还要协助用户在健身休息上做合适的时间安排。

这样一个好助理，用户必然会改变对它的态度。用户改变了对产品的看法，就会把它看成家里的一个活态物体。不可否认的是，这种看法的改变是被动造成的，那就是你对我好，我也要对你好。如此，这一类智慧产品能帮助用户实现人与机器之间的有效沟通，让用户的需求尽可能成为准确的数据，为用户提供无微不至的照顾，用户对产品会产生一定程度的依恋情结。有形象的机器人——有着共同文化记忆的兔儿伙伴这个形象就显得尤为重要。相比一个方盒子，用户更愿意接受有故事有形象的智慧产品。

设想一下，在某一个具体的时空中，产品和用户形成的类似同事、伙伴、佣人和宠物与人之间的关系，场景里实现感知和行为的交互共创。

产品与用户的“共创”不是孤立的，它与“共情”是紧紧相连的。设计师把IP设计要素作为它的第一个原点——作为神话的兔儿爷，在每个老百姓的心中都有着各自的理解，表达了他们对传统文化的解释，它是一种娱乐化——因“玩”而诞生的形象。设计师把智慧技术内核设计要素作为它的第二个原点，作为产品的兔儿伙伴，在用户的生活里创造了数字生活和情感生活的融汇，表达人们对智慧生活的理解。它是一种场景化——因“交互”而产生服务的实用品。它悄悄在老百姓中兴起并成为人们喜爱的民俗形象，成为体验智慧生活中不可或缺的角色。

以兔儿伙伴为主题的机器人，是基于用户一起进行场景共创的智慧产品。场景共创中的“共”并不是服务模式的统一与标准化，而是在特定场景里用户改变了产品的认知，把它作为一个看似有生命的居家角色，共同创造新型的服务方式。未来智能技术的发展显然是惊人的，甚至会改变我们的生活。

图：刘若涵

比如居家中的卫生间，如果到处都装着微型的传感器和芯片，所有角落都将会被人工智能的设备所覆盖，那所有产品都将面临一种被重新设计的可能。就拿一款普通的镜子来说，它升级为智慧产品后装有 3D 摄像头和红外线体温识别探头，如果与传统医学的大数据相连接，就具有中医诊病“望闻问切”中第一步“望”的功能。用户晨起时，刷牙吐吐舌头，镜子就会提醒“你最近脾胃不好，湿气重，你这是心脏负担太重了！”如果这个镜子每天给你一个数据，给你提供健康的饮食建议，合理的运动时间，会让你多活 5 年，这该让用户多开心啊！

这是未来智慧产品可以提供给用户统一与标准化的服务。但如果需要用户改变对产品的认知，那就需要一个特定的场景，那就是用户的生命方式及对这种方式认知的改变。它包含了脑机接口、赛博格和生命 3.0 等新型的生存方式。脑机接口通过人脑与计算机或者其他电子设备之间建立直接的交流和控制通道，形成人脑与计算机的无缝对接与协作。当然这项技术还主要用在身体严重残疾的患者身上，但未来所有的人类生命体是否会像生命 3.0 里所描述的，要重新构建一个人类和计算机一样模式的世界，身体与计算机主板、CPU、内存条、显卡和硬盘一模一样仅是硬件；思想与操作程序软件及操作程序和软件工作内容一模一样仅是软件。那将出现一种新型的人类生存方式，而这依旧是大家拭目以待的一个话题。这时，智慧产品以平等的身份进入了人的生活空间。

畅想一下，用户和产品之间是否存在更高级别的关系？用户有没有可能改变对产品的态度，调整对产品的角色认知和交往方式？用户在接受服务的同时，有没有可能对产品形成了协同共创的合作关系？智慧产品能不能成为居家空间的一个被看成有生命的角色？当用户使用以兔儿伙伴为主题的机器人时，用户会有什么样的反应？它能不能用智能技术解决用户的个性化需求？用户为什么要改变对智慧产品的看法？这些变化究竟会带来什么后果？甚至

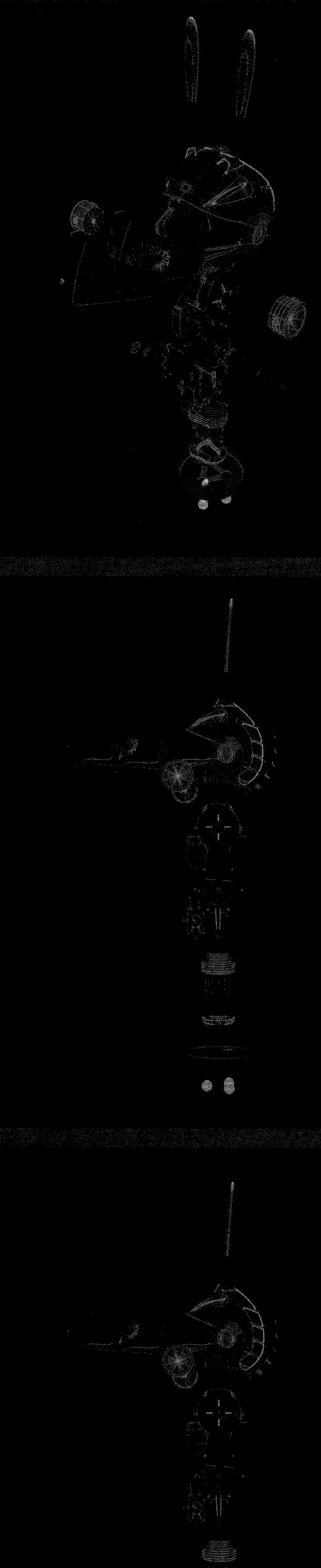

图：刘若涵

会产生一个追问——什么是生命？

服务于场景，是共创思维下的产品对用户的影响。提升产品在具体场景里解决问题的能力：产品在场景里发现问题，梳理用户需求的层次，更好地服务用户。在共创思维里产品与用户一起建立新型模式，更好地提升服务质量。

以兔儿伙伴为主题的机器人通过提升共创思维下洞察力、共创思维下挖掘力、共创思维下实现力3个方面的能力，不断在场景里为用户解决问题。提升产品的3个能力，就是在提升产品的适配性。

技术支持为产品的提升建立了基础。在这个基础上，产品所携带的如同智慧生命拥有的3个能力，给它自己带来高性能适配性的同时，也提升了产品与用户之间共创模式中的个性化服务。通俗地说，也就是产品从外壳到内核，都可以实时地进行DIY，以适应各种人群的要求。产品在不同场景下，能解决各种各样的问题，不仅可以被不同的人群使用，甚至还能针对一个客户独享一款专项定制。

产品在具体场景里解决问题的能力就是产品灵活的适配性体现，它通过提升设计内容的整合，促成以设计提升产品的工作路径，成为产品的个性化服务定制，努力实现与用户在场景共创思维中的多层次互动。

在场景里，一步步熟悉用户的需求，提供个性化的定制服务，形成产品与用户共同创新的服务模式。产品在已有设计的基础上，通过深度学习深入对用户画像的了解，建立目标用户的边界。

在解决了某一类型的用户对产品的使用与消费

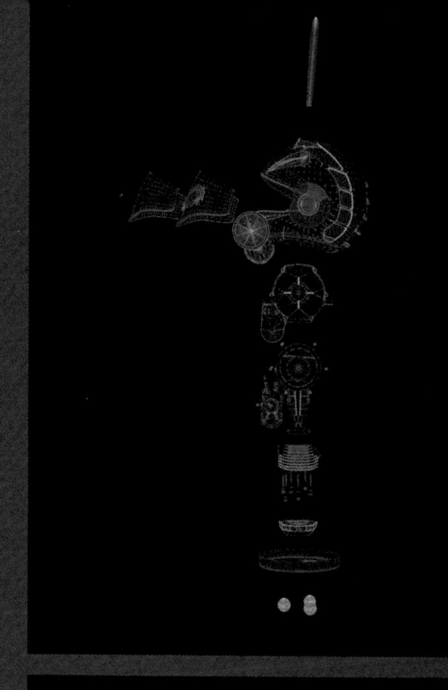

方式后，产品的服务以某一个场景为中心，对用户进行信息搜集，梳理用户的输入需求层次，创造性地在场景里解决一个个具体问题。智慧产品通过在场景里发现问题，梳理用户的需求层次，在共创思维里设计与用户一起建立新型模式，来更好地服务用户。

用户画像是现代设计非常重要的一项工作。在产品设计流程中市场、营销、推广和策划等各个部门，都会参与到设计环节中来，不同的意见，甚至是分歧都会影响整个项目的决策和进度。而基于目标用户研究的用户画像，是参与产品设计的人做出决策的重要且相对一致的基础。从这个角度来说，用户画像在约束产品设计各方保持在同一个大方向上，对提高决策的准确性有着重要的作用。

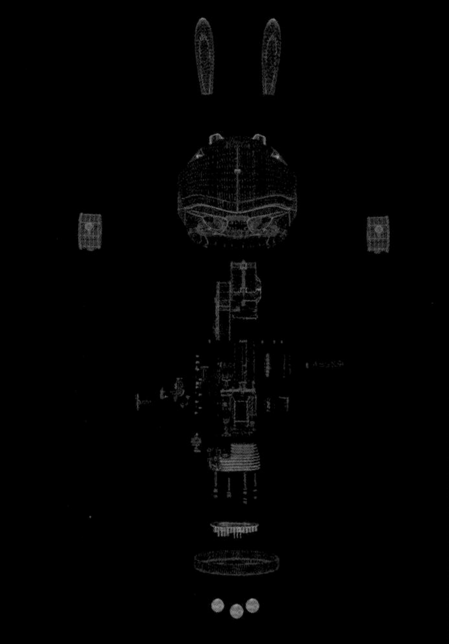

用户画像指的是真实用户的虚拟代表，来自真实的生活场景，但并不是一个具体的人；根据选定的人物模型，根据目标行为观点的差异，进行不同方式的分类，并把具有相同类型的人物模型迅速组织在一起，从而得出某一种具有共同特征的用户画像。通过勾画目标用户，对有特色的用户进行角色设计，对新得出的类型进行提炼，是一种发现用户需求和设计方向的有效工具。用户画像使得产品的服务对象更加聚焦，更加专注，它的目的是建立产品的边界，为有共同标准目标的特定人群提供服务。可以说，共同标准——产品的目标群基数越大，标准越低；毫无特色，不能解决任何问题。而产品的目标群基数越小，标准越高；如果说目标基数只有一两个人，产品变成了艺术孤品，会陷入无法量产的窘境。

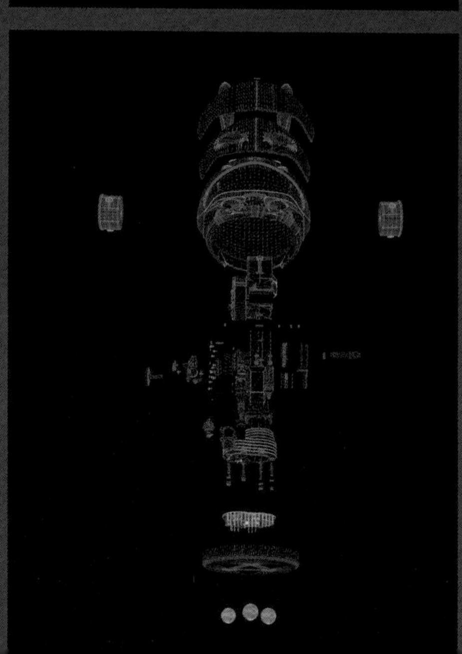

用户画像是捕获和传达关于用户基本信息的有效手段。我们通过以下工作路径，将用户的具体信息抽象成标签，并利用这些标签将用户形象化、具体化，为设计时确定用户边界的同时，也在为用户提供有针对性的服务。

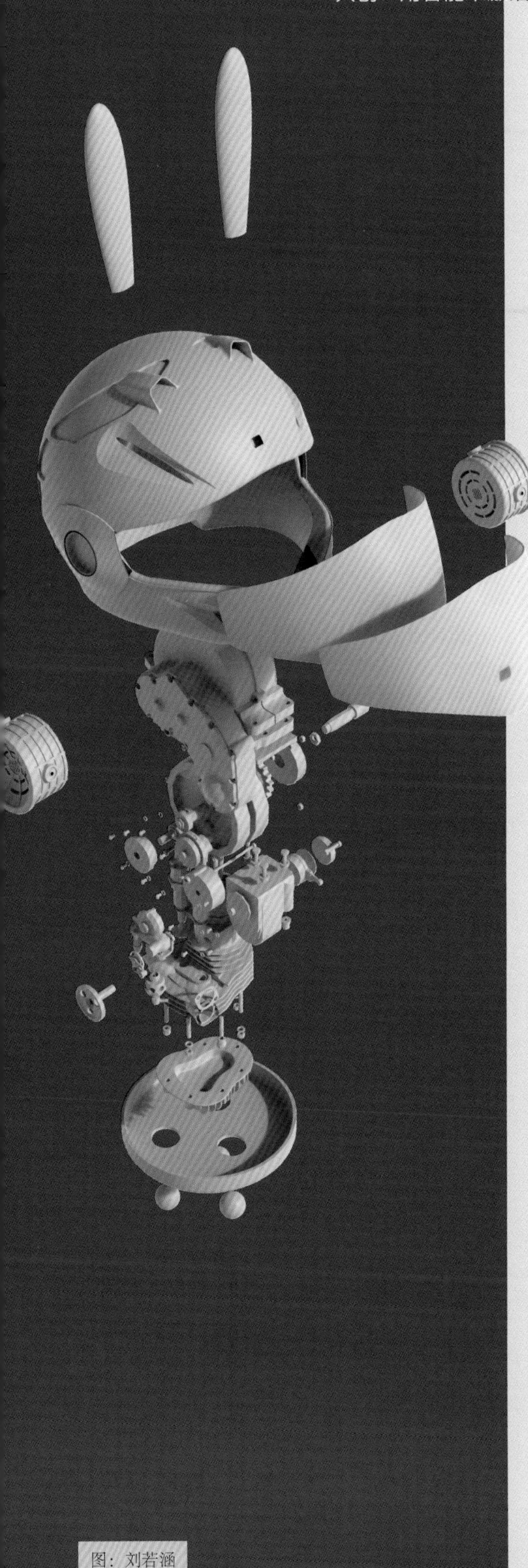

图：刘若涵

工作路径：① 设计基于对用户的情景访谈，寻找有一定基数的人物模型，确立用户画像的基本性；② 通过调研与分析人物模型引发对产品的同理心，确定用户画像的同理性；③ 通过人物模型与真实人物之间的匹配，寻找人物模型真实人物的原型，确定用户画像的真实性；④ 通过比对某种人物模型与其他人物模型之间的相似性和差异性，勾画出目标用户的显著特点，建立用户画像的独特性；⑤ 用关键词描述人物模型的目标，联系与产品相关的高层次目标，确立用户画像的目标性；⑥ 分析人物模型的数量是否合适，确立用户画像的数量性；⑦ 判断人物模型能否作为一种实用工具参与到设计决策中，建立用户画像的应用性；⑧ 衡量用户标签是否经得起时间的考验，确立目标用户画像的长久性。以上汇总，设计要通过基本性、同理性、真实性、独特性、目标性、数量性、应用性和长久性等要素，建立用户画像的工作路径。

用户画像要避免以代表用户替代真正有需求的用户，从专注、极致能解决核心问题的工作原理入手，找准自己的立足点和发力方向。

对用户进行画像是所有设计要面对的工作，智慧产品要跨前一步，利用机器学习描绘动态的人物画像。针对智慧产品——以兔儿伙伴形象为外壳的智能机器人来说，描绘出明晰的用户画像这个工作恐怕会给设计带来两难的困境，而这恰好为用户提供个性化的定制服务提供了可能性。这个两难的境界是因为设计要同时面对两个变量的原因造成的，一是会变化的用户，即便是同一个用户，随着时间的推移个人用户画像也在发生变化；二是不断革新技术带来的产品迭代。

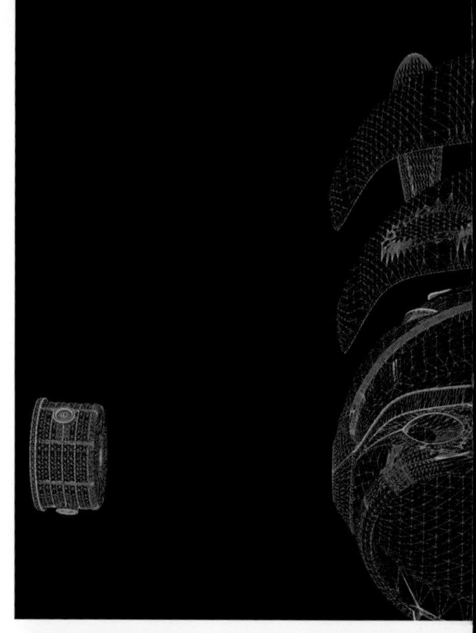

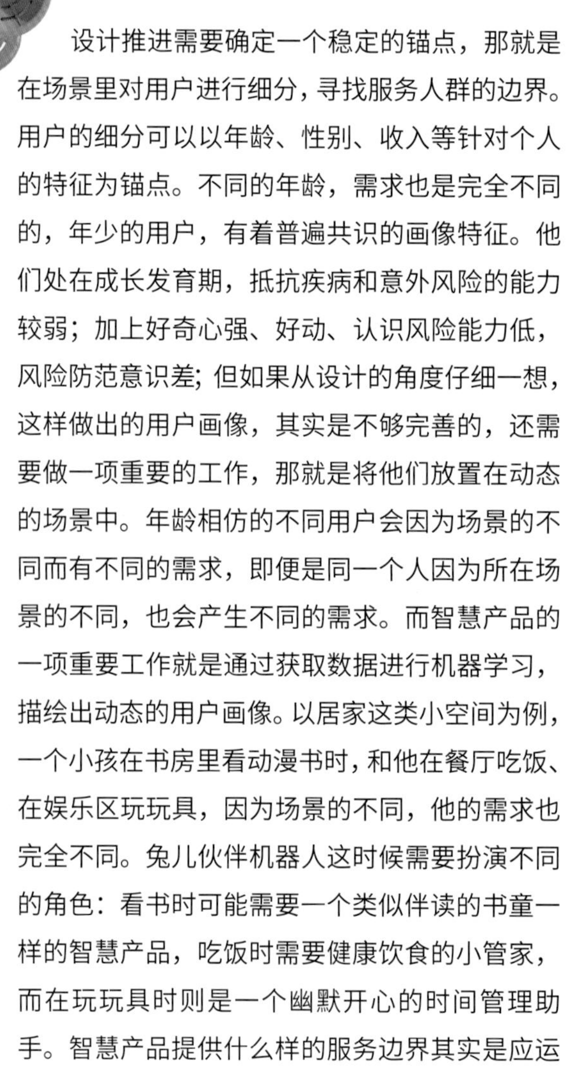

设计推进需要确定一个稳定的锚点，那就是在场景里对用户进行细分，寻找服务人群的边界。用户的细分可以以年龄、性别、收入等针对个人的特征为锚点。不同的年龄，需求也是完全不同的，年少的用户，有着普遍共识的画像特征。他们处在成长发育期，抵抗疾病和意外风险的能力较弱；加上好奇心强、好动、认识风险能力低，风险防范意识差；但如果从设计的角度仔细一想，这样做出的用户画像，其实是不够完善的，还需要做一项重要的工作，那就是将他们放置在动态的场景中。年龄相仿的不同用户会因为场景的不同而有不同的需求，即便是同一个人因为所在场景的不同，也会产生不同的需求。而智慧产品的一项重要工作就是通过获取数据进行机器学习，描绘出动态的用户画像。以居家这类小空间为例，一个小孩在书房里看动漫书时，和他在餐厅吃饭、在娱乐区玩玩具，因为场景的不同，他的需求也完全不同。兔儿伙伴机器人这时候需要扮演不同的角色：看书时可能需要一个类似伴读的书童一样的智慧产品，吃饭时需要健康饮食的小管家，而在玩玩具时则是一个幽默开心的时间管理助手。智慧产品提供什么样的服务边界其实是应运

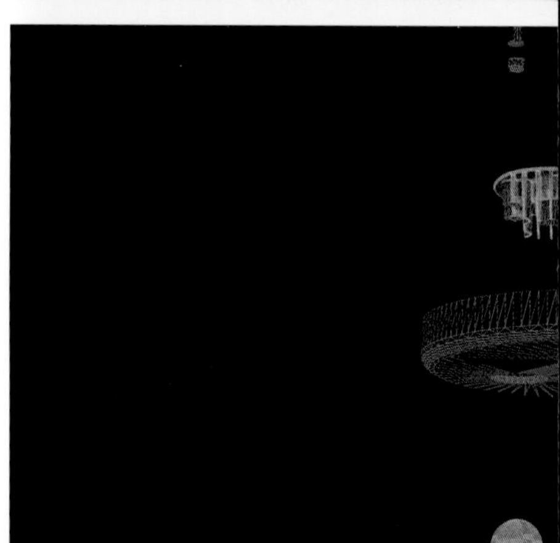

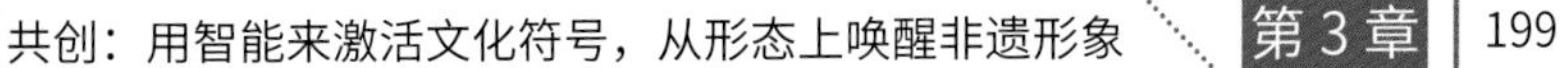

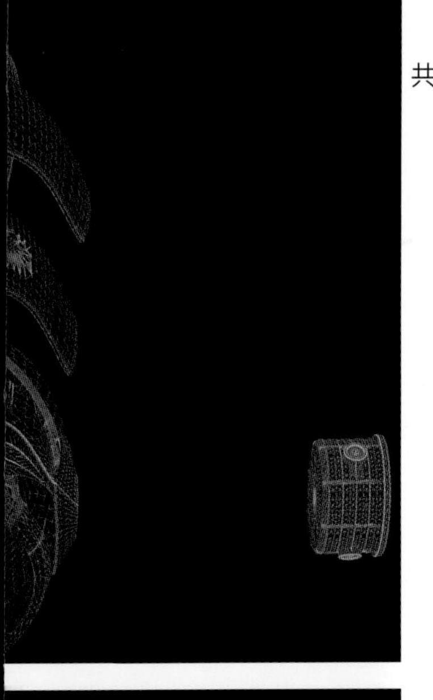

而生的，在合适的服务边界中实现共创。

可以说，智慧产品通过功能上和非遗形象的拟人化设计，让传统的文化符号成为现代场景的一个独有角色。这里还需要完成两个方面的工作。① 从扮相设计的角度——针对主要人物的性格、动作等形式进行特定的组装和设计，让它成为融入生活具有舞台感的某个形象；② 从场景设计的角度——针对用户的角色需求进行智慧型生活的服务设计，让它成为现代居家生活中不可或缺的帮手。

在这里，兔儿伙伴通过有扮相造型外壳和有智能技术内核的双重设计，产生以下效果：一方面，作为有非遗记忆的智慧产品，兔儿伙伴外壳设计所独有的特征——扮相设计，就是把拟人化后兔儿爷装扮成舞台上的某一个形象，满足不同年龄、不同身份的用户在具体场景体验智慧生活的需求；另一方面，作为有智能技术加持的智慧产品，会让这个有更多故事效果的兔儿形象，通过各种工作路径对用户产生体验、服务的场景共创，在现代数据和物理空间中为用户提供独到的场景体验。

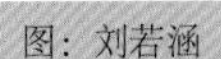
图：刘若涵

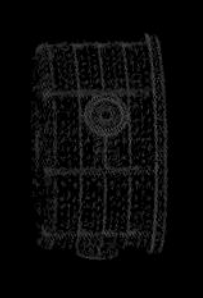

以兔儿伙伴为主题的机器人，提供个性化的定制服务，首先需要对用户进行细分。了解、熟悉用户画像，提供有效稳定的数据，为量身定做服务提供重要的基础。

提升产品的适配性，在场景共创思维提供给用户灵活、互动的高质量服务。在共创思维中，建立可调整产品的工作路径，是提升与多种场景相适应的工作能力。

“适配”二字有适合、匹配的意思。对用户来说，提升产品的适配性就是人们常说的提升该产品使用时的兼容性。换句话说，这款产品不管给谁用或是在哪个地方用，都会让人觉得他的体验非常完美。当然，按眼前的技术来说，任何一款号称自己是全用户、全方位、全能型的产品都是不可能真正实现这些功能的。即便在未来智能技术发展非常充分的时代，优良的智慧产品也只能是基本款加某一个适用特点用户的提升功能。也就是说，不管是技术造成的局限还是用户的需求各有不同，它对体验也千变万化，一款让所有人都觉得它的使用和体验堪称非常完美的产品是不可能存在的。

智慧产品可以从以下两个角度提升产品的适配性。对不同用户来说，智慧产品要具有面对不同的用户，从不同用户的不同体验出发，提供与之相适应的服务。以兔儿伙伴机器人为例，这个智慧产品基本款可能是一个扫地机器人，那么如何在有效的范围内提高它的适配性呢？这可以从它可选择的功能中进行讨论。对于一个独居的年轻人，他具有让生活空间整洁有序的服务需求，这时候他需要一个可以替用户清扫地板的机器人来打扫卫生；同时沉迷于游戏的话，他还需要一个有效的时间管理助手，熟知他的生活规律并协助他管理时间。可以想象一下，这样的体验会是怎样的？

午夜，一个以兔儿伙伴造型的扫地机器人在一个玩着游戏的小伙子脚下绕来绕去，用各种声音提醒他早点休息。这时候，这个产品的适配性就可以理解为它就是扫地机器人 + 时间管理助手的组合。对老人来说，需要一款扫地机器来协助他清理边边角角的卫生，特别是桌椅之下或者是角落里老人不方便清扫的灰尘。同时他还需要一个实时的健康监督助手，提醒他的饮食习惯或者服药习惯（如果有的话），更关键的是他还要联系他的保健医生，为他的生活起居提出诸多良好建议。这其实就是针对不同的用户提供不同的产品的适配性，这时候它就是扫地机器人 + 健康管理助手。当然，产品的适配性需要用户在购买产品时就预先定制好。这就意味着这款产品在被设计时需要考虑用户的不同特点，除了要具备一些居家产品必须具备的基本功能以外，还要有可替换、可提升功能的入口，以满足不同用户的服务需求，让不同的用户感受个性的服务体验。对相同的用户来说，在不同时期或同一时期的不同场景下，他对智慧产品提供服务的需求是不一样的，如何满足他的不同体验，对智慧产品来说，要完成容量比较大的服务，比如灵活、高效的服务。针对兔儿伙伴机器人来说，这款智慧产品设计的工作容量大了许多，工作路径也需要有新的方式。同样以一位年轻独居者为例，如果他还有做直播的业余职业，那么这款机器人能否播放一首背景音乐或协助打灯光，那它就是一款扫地机器人 + 时间管理组织 + 灯光师的组合。但是对一款智慧产品来说，并不是所有的功能都能够同时具有的。可以想象一下这样的场景，如果这个独居的年轻人还有喜欢定外卖的习惯，那么设计就不能给这

图：刘若涵

款机器增加这个工作设定——虽然扫地机器人十分熟悉家里的空间，但是不能让他承接接收外卖的工作。不能让一个机器舱里还装着垃圾的智能机器人去门口接食物，那该是什么样的体验？

要提升产品与多种场景相适应的工作能力，给用户提供良好的使用体验，建立可调整产品的工作路径。借助当下的云计算、大数据，智慧产品计算容量与速率都在不断提升，但是速度再快、容量再大也是有上限的。如果提供给用户的服务，因不同的用户或者同一个用户的不同时间和场景，它需要适配新的群体，配合不同的场景，进行适配内容的开发，可以说，那样的话对服务容量的挑战是十分巨大的。

相对于场景设计，产品的外壳也是智慧产品设计的重要内容。通过性格明晰、带着叙事性和感染力的扮相设计，这个从传统文化的符

号中提炼出来的兔儿伙伴，在计算机、大数据、云计算，特别是 AI 等技术的支持下，转化为现代的居家智慧产品。智慧产品通过一系列丰富的具有“共情力”和“共创力”交汇而成的扮相设计，使其在外表上——从静态扮相到动态扮相都更加富于变化。在形式上，参考兔儿爷的扮相，使它的外壳变得丰富多彩，更加具有特殊的生活气息和生活情趣；在内核上，有了扮相的兔儿伙伴机器人，在与用户面对面时，具有丰富的表情和情感表达。它可以适配于更多的人群——当它配合不同的场景进行不同内容的开发时，必然增加了特定场景中用户与产品之间的亲切感。想要成为用户喜欢的智能产品，除了这款智能产品的形态原胚要和未来潜在的用户具有共情的能力之外，还要有高性能芯片及相应的智能技术对用户潜在、显在需求的深度开发，当然这也是衡量一款智能产品优秀的重要因素之一。

图：刘若涵

3.3 共创思维下的智慧产品——服务设计

本书所指的服务是在不久的未来，智慧产品将以它独有的方式——不以实物形式而提供劳动，满足用户的某种需求，是一种通过履行职务，为用户做事并使用户从中受益的形式。服务共创是指在产品提供用户标准化服务的同时，共同构建一系列可塑造的柔性服务的工作。它以用户为核心，是智慧产品通过设计建立一套与用户协同共创的智慧生活模式。本章 3.1 节的“体验共创”是产品与用户建立共同智慧生活模式的重点；本章 3.2 节的“场景共创”是产品与用户建立共同智慧生活模式的基础，本节所讨论的“服务共创”是产品与用户建立共同智慧生活模式的核心。在智能技术的支持下，一方面，智慧产品通过产品建立服务“三化”：服务过程的语言标准化、动作标准化、态度标准化；另一方面，在实现标准化服务的前提下，它通过解读用户的潜在需求，提供不一样、可升级的个性化服务，为用户提供明确的、稳定的、可塑造的柔性服务，做好产品与用户体验、场景的共同创造。它也是用户、设计师、产品供应商共同形成的，通过智慧产品共同建构的智慧生活模式。

如果对未来的服务形态做个分类，智慧产品从服务内容、服务模式、服务规范、服务延展与期望 4 个方面建立用户服务共创模式。具体内容有：① 从基础服务的精细化到专项服务的灵活性，智慧产品提供了以用户为中心、深度对接用户需求服务的服务内容的共创模式。② 打开被折叠的认知，挖掘科技的精细度为设计带来的新增量，扩展服务内容，提升服务质量，与智能机器共同修正对用户的服务，共同创造服务模式。③ 保证前沿科技为产品提供成熟的技术支持，了解用户的直观感受，针对用户的整体服务，产品须从 3 个方面建立服务的规范：a. 服务过程的语言标准化；b. 服务过程的动作标准化；c. 服务过程的态度标准，建立服务规范与建设服务流程的标准化。④ 进行产品试验和技术升级，提升应达到和可达到的服务水平，建立与用户服务的期望共创。这个工作主要有以下 3 个层面：a. 产品为用户提供理想的服务；b. 产品为用户提供适当的服务；c. 产品为用户提供可塑造的柔性服务。

当然，要让用户进一步感受不一样的体验，设计时不仅要从智慧产品的服务内容、模式、规范等方面出发，还要因为有兔儿形象的外壳，让这个设计回归到它特有的文化原型之中。虽然因为时间的推移、社会的变迁和生活方式的改变，兔儿爷这一非遗形象的诸多存有方式已经消失了，但是作为流传在一个地域或者对一个地域中的人群有着比较深远影响的文明记忆，它和它背后的文化原型是一种深入人心的文化，不会随着时间的流逝而消失，而这种科技与文化的交叉式融合，也能为用户提供更深刻、更全面的体验。

技术的跨越性进步，使产品增加了设计细致且高效的基础功能，建立新型的服务模式，

为建立以用户为中心的服务提供了前提，形成了产品为用户提供细致服务的共创模式；科技的多层面性，使产品多角度提升了设计灵活且专项定制扩展功能，建立针对用户精准化的服务共创模式，形成产品深度对接用户服务的共创模式。

未来设计需要利用科技带来的新可能。新技术为用户提供更加细腻周到的服务，建立多维度的服务共创模式。

语音作为智能设备能够识别的重要主动指令，是智慧产品重要的设计技术基础。在这个基础上研发的一系列产品设计内容，更能有效地捕捉、及时反馈和满足用户的需求，它也是针对用户服务共创的主要路径。

传感器和算法，特别是包括卷积神经网络在内的更多复杂算法的发展，更多的智能技术将被应用于产品设计，为产品设计提供更多的可能，由此设计出的产品变得更加复杂，但可以与用户建立更多维度的联系方式。共创模式下的服务可以建设得更加周到和细腻。以兔儿伙伴为主题的机器人其基础功能应该具有两大特征：一是细致；二是高效。细致，是指办事精细周密。一般来说具有基础功能的兔儿伙伴机器人，首先是一款具有正常功能的智慧产品。举个例子，以扫地机器人为例——在这里可以把这款智能机器认为是一款以兔儿形象为外壳的智能扫地机，除了它的外壳有别于传统扫地机以外，它还拥有诸多功能，现在的产品参数，如激光导航，滚刷式吸口、机械 + 电子双层防碰撞保护，以及所具有识别不同的地面材质的拖扫吸的技术，区分地毯、大理石等区域，为用户提供周到、详尽、仔细的服务。可以说，细致是智慧产品为用户提供服务的重要前提。高效，是指在相同或更短的时间里完成比其他产品更多的任务，而且质量与其他产品一样或者更好。对用户来说，高效的目的是让他们解放双手，拥有更多的时间去做自己想做的事。这台机器最简单的功能就是跑得远、转得快，这些功能也可能有效，但并不是智能扫地机器人实现高效的唯一路径。

图：谭玮怡

它的清扫路线是否具有规划能力；在它低电量的时候，是需要用户替它充电，还是自行充电；是否有定时预约功能；是否具有处理应急突发性事件的功能——比如用户打破了一个玻璃杯，机器能否通过声音判断，及时赶到，警示用户要注意清扫玻璃时的安全防护，并协助用户及时清理。高效是智慧产品让用户从生活琐碎中解放出来，让用户拥有更多的时间，这就是用另外一种高效的、合适的服务来满足用户的需求。

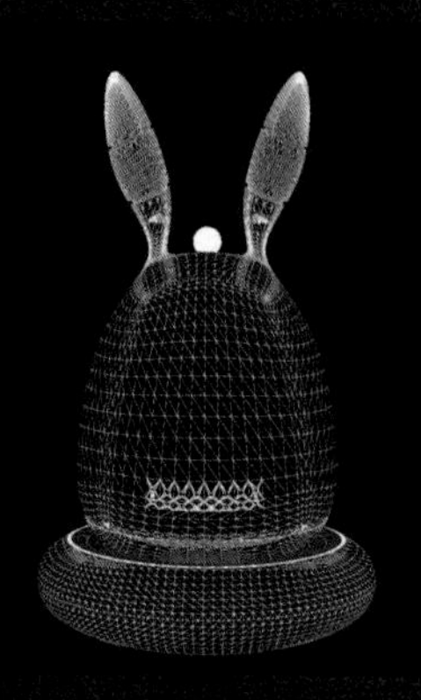

综合“共情”“共创”两个部分的文字，本书可以得出这样的结论：以兔儿伙伴形象为外壳的智能机器人，必须同时具有细致和高效的特点，两个基本特点缺一不可。除了它拥有智慧为内核的功能之外，还要拥有有趣的背景，那就是虽然兔儿伙伴在产品设计上看上去仅是个壳，但是这个外壳的背后有它的文化原型——兔儿爷这个形象带来的故事，根植于民间神话，是在人们口口相传的基础上，通过添油加醋，最后变得特别有趣。究其原因，故事背后是一份浓浓的情义——是亲人之间的嘘寒问暖，是邻里之间的互相关爱，是陌生人之间的互相帮扶，是一个社区的共情。设计要做的工作是对产品进行试验和技术升级，尽可能规避无法实现的技术。要避免因为一味追求技术，而忽略了用户所需要的真正服务——一种基于社区共情的、有温度的生活。

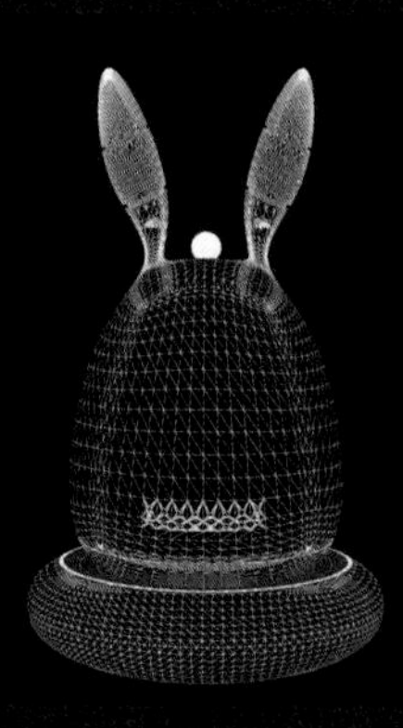

科技的多层面，使产品多角度提升了设计灵活且专项定制的扩展功能，从服务内容、服务规范、服务扩展和期望、权利义务等方面建立针对用户精准化的服务共创模式，形成产品深度对接用户服务的共创模式。

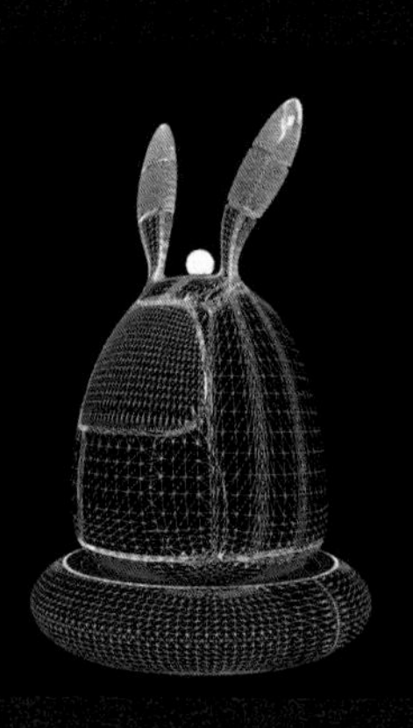

3.3.1 提升服务模式

① 打开被折叠的认知，发现科技给设计带来新的增量，扩展服务内容，为与用户形成服务的共创模式提供前提。② 再一次打开被折叠的认知，挖掘科技为设计提供的精细度，提升对用户服务的质量，对智能机器的用户服务进行修正，共同创造服务模式。

在智慧生活里，AI 认知被折叠的第三个内容是语言智能、行为智能、想象智能，它所对应的其实是用户日常的语言、行为和想象。首先，语言作为人类沟通交流的表达方式，其重要性是不言而喻的，它是人们传播思想最重要也是最方便的媒介。语言智能可以说并不局限于语音智能技术：不仅包括人机语言的通信——语音识别技术（ASR）和语音合成技术（TTS），还包括用户在特定的环境中为生活需要而产生的沟通和思想的交流。初级的语言智能技术支持下的产品，可以通过语言的指向性、描述性、逻辑性、传播性、传承性等方法，和用户产生多层面的信息交换。智慧产品中的语音智能是语言智能的基础技术——自动语音识别技术（ASR）通过将用户语音中的词汇内容转为计算机可读的输入。语音合成技术（TTS）通过机械 / 电子的方法产生人造云技术，将计算机自己产生或者外部输入的文字，变成用户可以听懂的汉语口语输出。通过信息的输入 / 输出，形成产品和用户之间的信息沟通，这也是智慧产品设计方法——“拟人主义”法的初步。

其次，行为作为由思想支配而表现出来的外表活动与举止行动，它的作用和语言是一样重要的。行为智能可以说并不局限于3D行为智能识别技术，后者基于黎曼几何和深度图像学习的人体行为识别技术，通过检测人、物体在空间中坐标的实际位置，高精度地、高速度地识别和捕捉用户的行为数据。初级的3D行为智能识别技术支持下的产品，能够以毫米级的精度对观察到的人和物进行三维空间还原，在分离环境、物和人的同时进行用户观察和理解。从识别简单的生理运动，到了解并协助用户完成某个行为，成为用户智慧生活的好帮手。当然，高级的语言智能技术支持下的产品，不仅仅能够识别行为，还能通过研究行为的目的性、能动性、预见性、程序性、多样性、可控性，协助用户不再消极地适应外部世界，而是进入与智慧时代同步、能动改造外部世界的过程。

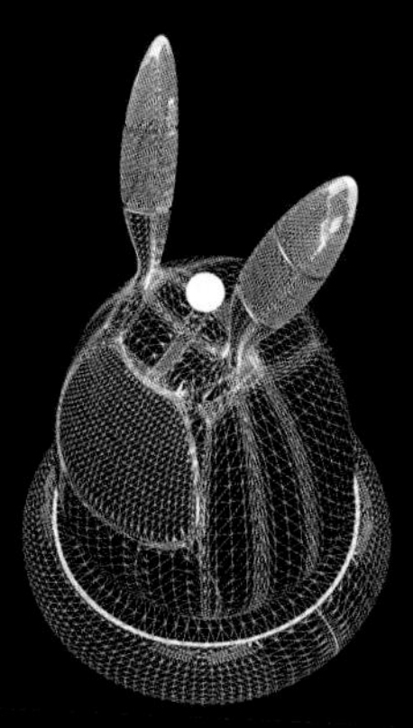

未来以兔儿伙伴为主题的机器人，一方面打开对智慧产品被折叠的认知，通过拓展科技给设计带来新的增量，为用户提供更加贴心的个性化服务；另一方面还要注重兔儿伙伴这个外壳对形象原创的追求。它作为让人耳目一新的、具有情感记忆的非遗形象，既要充满文化的亲和力，又要不雷同于其他相似产品的形象。智能技术为智慧产品具有文化记忆提供了表达方法，而兔儿爷这一产品外壳所具有的非遗传统文化又为智能技术提供表达内容，它们二者集中在智慧产品给用户的诸多感受里——甚至是复杂的情感、情意表达上，给用户带来唤醒情感的体验，从而在服务上形成共情与共创的融合。

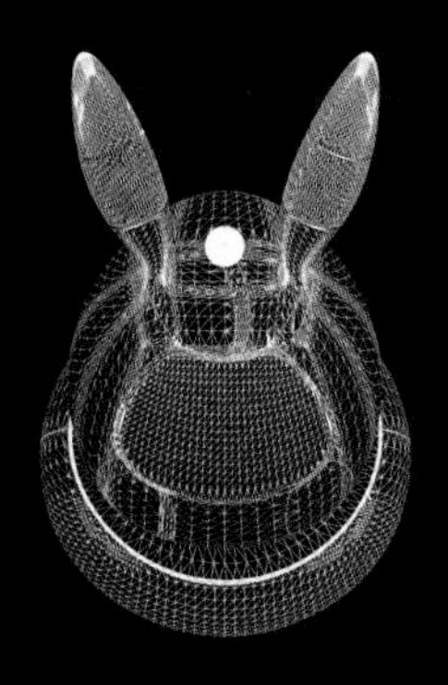

未来的智能机器人，会给人们带来什么样的服务增量和服务共创？人工智能究竟会给这个文明世界带来什么？智慧产品在未来生活中会给人们带来什么样的用户服务？这是一个非常有意思的话题。在这里把认知分为 3 个层面，第一个层面的认知是基础级的，第二个层面的认知是中级，第三个层面的认知是高度。对人类来讲，人工智能对未来的影响是巨大的，这是毋须置疑的。第一个层面的认知是人们对科技认知的初级状态。如同上一节所说的，把兔儿伙伴机器人当成具有兔子造型外壳的扫地机器人，具有清扫家居、提升居家卫生品质的功能，但如果让它做饭那就为难它了。人们可以把它称为弱人工智能产品。也就是说，这种机器人其实是传统居家工业产品的升级版：一个具有智能识别、自动规划路线、自觉充电和细致地清理垃圾的扫地机器。把它称为“人”其实还为时过早。第二个层面对智慧产品的认知是弱人工智能的升级版，可以把它定义为是在原来的机器基础上注入一些情感因素的居家工业产品。除了解决用户居家生活的一些基本需求包括扫地、煮饭、整理空间、智能闹钟等功能以外，还具有通过表情、动作和用户进行情感交流的功能，用户对它有一定的情感依赖。以兔儿伙伴形象为外壳的机器人为例，它会以不同的频率抖动耳朵卖萌，与用户有眼神和声音的交流，在用户抚摸它时会有相应的声音回应和动作反馈。它具有宠物的智商，也可以把它看作具有服务用户的智能工业产品功能的居家宠物。在第三个层面的认知里，人们看到的是具有一定的人的特征行为的智能机器，首先它具有上面两种智慧产品的功能，能够处理多种家务。与上一种智慧产品不同的是，它还是用户的居家伙伴。设想一下，这个以兔儿伙伴形象为外形的机器人，协助用户举办 party，它会提出活动计划，提交给用户并进行沟通和修正，它甚至懂得预订酒水、安排菜单、安排 party 流程，准备接待客人和重新布置环境等工作，在这里它更像私人秘书与智能小管家的综合体，能够进行在线活动方案的寻找和筛选，管辖线上采购、清洁地板、布置空间、烹饪煮饭等工作。这里的它，人们可以称之为强人工智能产品，它提供的是一种服务共创——也就是像人一样，做好服务这项工作。这对没有雇用保姆和管家的家庭来说是一个福音，当然也有人会把这个福音称为灾难，这在本书后面的章节再行讨论。

进一层打开被折叠的认知，挖掘科技为设计提供的精细度，提升对用户的服务质量，与智能机器共同修正对用户的服务，共同创造服务模式。“精细度”一词指的是精确和细节的程度。放在智慧产品里理解这个词，一方面指的是对用户服务的精确程度，另一方面指的是针对用户提供有细节的品质服务。针对用户服务的精细度的基础是科技提供给产品的精细度。

智能机器人在相同体积里集聚的芯片将会越多，智能神经元和计算体系也越复杂，作为智慧产品为用户提供的工作内容就会越多，这个“多”体现在两个方面：一方面是在机械和屏幕技术的支持下，产品将为用户提供精细化的服务；另一方面是获取和捕捉用户的服务需求，越准确也越及时，产生与用户共同修正、提升服务质量。这个智慧伙伴会根据人在不同时期的不同特点需求，提供不同的服务。而用户也不是置身事外，他要了解自己接受这个服务的目的——在他陷入情感危机时，让生活变得温情且有趣；在他迎接职场挑战时，让时间变得严密、节奏紧凑。这时他不是孤零零的一个人，而是在智慧产品接受高品质服务的同时，尽可能完成他的目的。

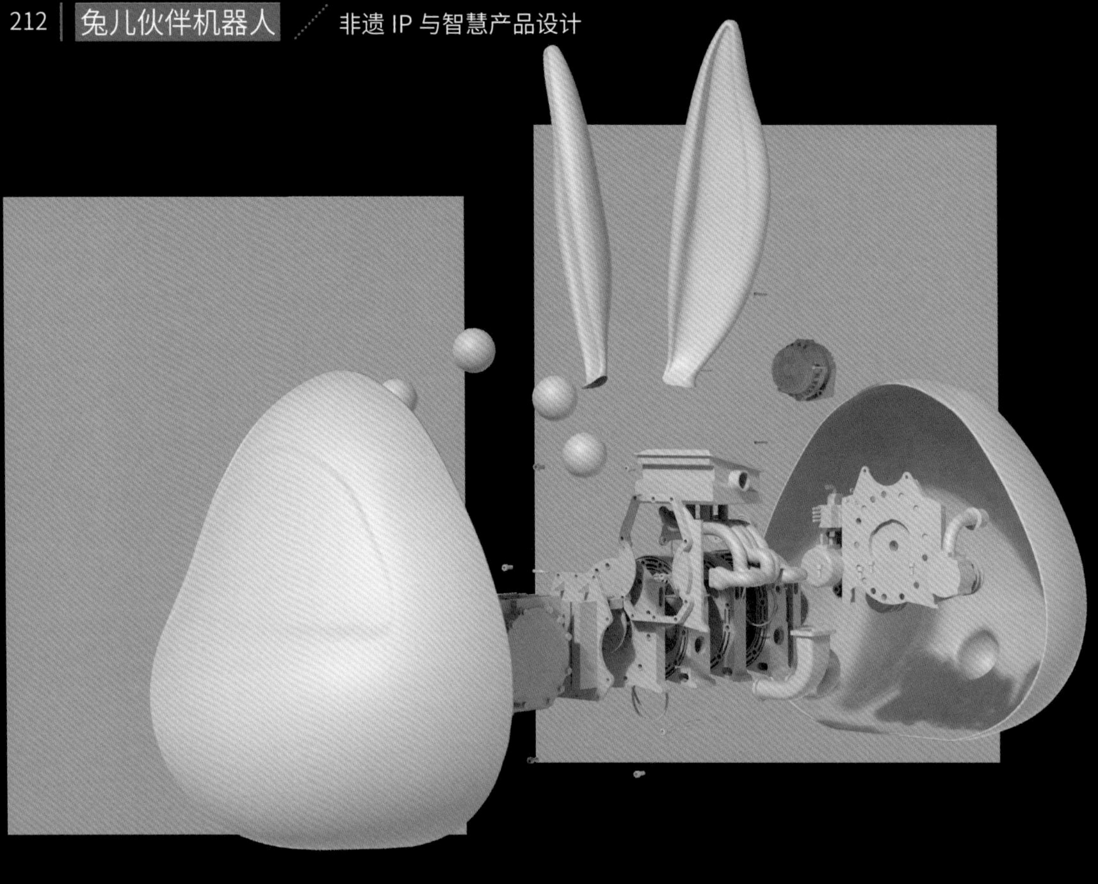

3.3.2 服务规范

保证前沿科技为产品提供成熟的技术支持，了解用户的直观感受，针对用户的整体服务，产品需从 4 个方面建立服务的规范。

（1）服务过程的语言标准化。

（2）服务过程的动作标准化。

（3）服务过程的态度标准。

（4）建立服务规范，建设服务流程的标准。

针对用户的整体服务，建立服务流程的标准，即建立服务的递送系统，向用户提供满足其需求的各个有序的服务步骤，服务流程标准的建立，要求对适合这种流程服务标准的目标用户提供相同步骤的服务。

智慧产品能够提供的标准化服务流程与工作流程，如图像识别的步骤其实是相关联的：图像采集——图像预处理——特征提取——图像识别——通过图像形成数据——成为经常做出某个动作的前期判断，这些工作原理具有前后秩序，也在为服务流程的标准化提供技术上的支持。未来产生产品的智能服务因素是多模态的。之所以提供给用户是这样而非那样的服务，是因为它来自一系列智能识别与判断，而这一切除了与智能摄像头提供的数据有密切关联之外，还离不开用户所发出的语音指令。而用户发出的主动语音指令，通过原始以语音处理——维纳滤波

图：洪天乐

法对部分消除噪声——前端点检测和语音增强处理——声学特征提取等流程明晰的工作，也在为产品的服务流程提供标准化的模式。

服务过程用语的标准化属于服务礼仪的一部分。而真正的服务过程的语音标准化，其核心是“服务”二字，也就是如何让用户觉得智慧产品在提供服务，且有价值。也就是说，以兔儿伙伴为主题的机器人与用户的关系，不再是物与人的关系，而是共同创造一种人性化服务的关系。具体来说，如适时地记住用户需求的细节，包括用户生活的习惯；详细地记住用户的工作、会客等安排时间表，并加以提醒或提供帮助；协助用户管理人脉关系圈，包括参加 party 时该跟谁讲什么样的话；当然也包括智能机器在出现问题时如何优雅地向用户求助；这些工作的宗旨是在智慧产品和用户之间建立长期的良好关系，也就是服务过程的语音标准化，目的是维持和升级长久的友谊，也就是人们经常说的“会说话”。

首先要辨识用户的语音及语音背后的意图，这是提供服务的基础。在这里，从智慧产品接受信息的角度来看，可以把以兔儿伙伴为主题的机器人看成现在居家常用的智能音箱，比如你想让它关机，说一句“麻烦你关机”，它就会自动关机；如果在播放歌曲时，你让它别再唱歌了，它也会停下来；如果你嫌它烦了，说一句“闭嘴”，它就会闭嘴，把关机说成闭嘴，在这里可以理解为是同一语义的词。这种智慧产品能够辨识模糊的场景化语言，是语音识别标准化的基础。

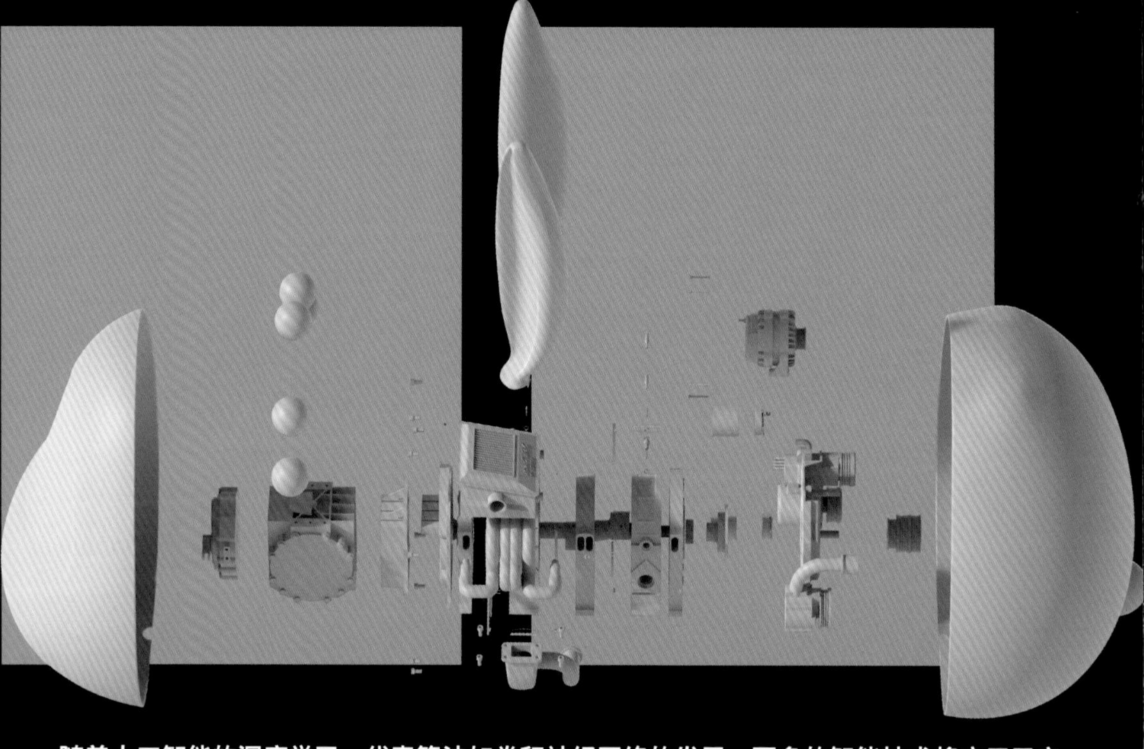

随着人工智能的深度学习，代表算法如卷积神经网络的发展，更多的智能技术将应用于产品设计，在为产品设计提供更多的可能性的同时，也为服务过程动作等内容的标准化提供前提条件。由此而设计出的产品将变得更加复杂，在共创模式下，将与用户建立更多界面的联系方式，给用户提供更加稳定、周到和细腻的服务。

用户的不同需求在变化，这让服务过程中动作的标准化的内容也需要变化。针对不同的用户，人们一直提到以兔儿伙伴为主题的机器人在设计中将拥有更多的智能能力。如通过气味识别，为用户的健康需求提供标准化的行为服务。它可以拥有气味识别的传感器和已知相应的信息库和计算方法，其实气味可以分成很多种类，就像人们平时看到的色彩丰富的谱系，气味也具有气味“谱系”，每个人除了会呈现出与自己相关独特的气味外，在不同的时间段、不同的健康情况下，气味也会发生变化。可以说，这是做好用户服务的切入点，因为气味和它的健康是息息相关的——这时候用户需要另一个层面的服务。举个例子，兔儿伙伴智能机器人如果能够根据用户气味的变化，在营养饮食、健康锻炼、生活起居和睡眠休息等方面提供建议，甚至提出适时体检或者就医的建议，那么它的工作就做得尽心尽细了。

而兔儿伙伴智慧产品是否能够拥有“人”的特征，一方面，通过非遗形象的原创提供与众不同的亲和体验；另一方面，它通过更加细致的、贴切的服务，发出与用户相关联的气味，唤醒用户的情感，这也为智慧产品与用户建立起的情感纽带提供了更多的构想，这将是智慧产品最终要建立的柔性化、专业化服务的标准。

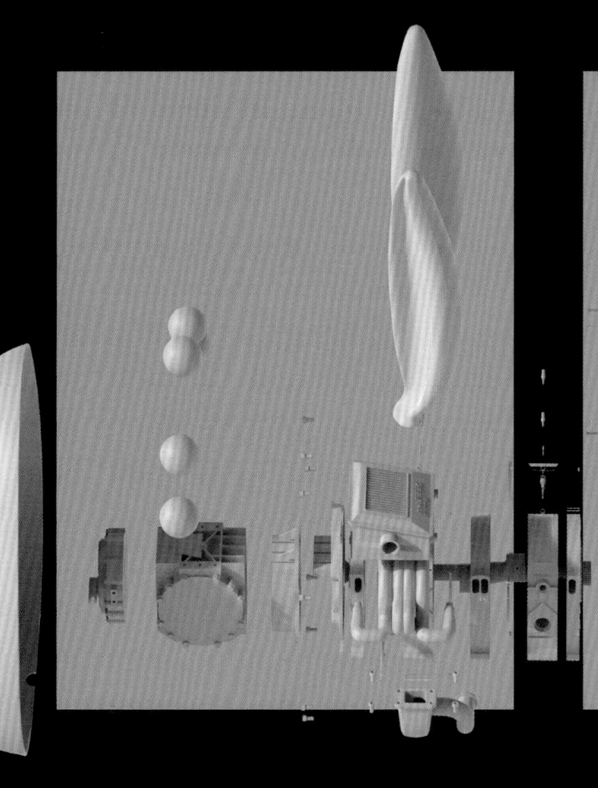
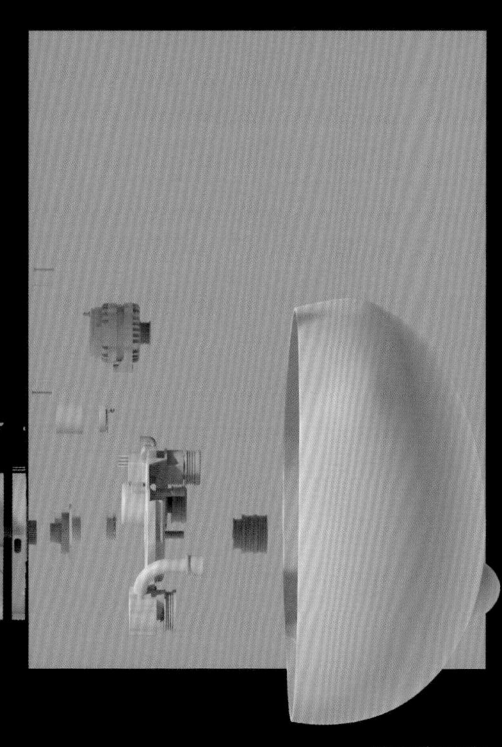

图：洪天乐

针对兔儿伙伴机器人，服务态度指的是智慧产品在对用户进行服务的过程中在言行举止方面所表现出来的一种神态。用户的需求一般有两种：一种是物质需求，另一种是精神需求。传统的家居产品主要满足了用户的物质需求。智慧产品的服务态度能满足用户的精神需求或心理需求，使他得到合格满意的物质服务的同时还要心情舒畅、愉悦，这是未来衡量智慧产品的一个关键。

在智能技术的支持下，产品建立服务“三化”：服务过程的语言标准化，服务过程的动作标准化，服务过程的态度标准化。为用户提供明确、稳定的服务，做好产品与用户共同创造服务标准的前期准备。

当然，在产品所建立的服务“三化”中，语言的标准化是这三者中最重要的一项。可以看到服务过程语言的规范直指语言学背后的东西。用户所有的活动都与语言有非常密切的关系，包括衣、食、住、行、生活和思维。而当下能打开这个巨大的识别体系，就是人们常说的语音识别这样一个智能工具。人类的沟通要通过语言，思维活动也要通过语言，甚至人类思想的边界就是语言的边界。所以，有着人工智能的智慧产品研究的核心板块之一就是人的语言——研究它背后隐藏的各种需求和大量意义，有生活上的衣食住行的意义，也有伦理上的意义。

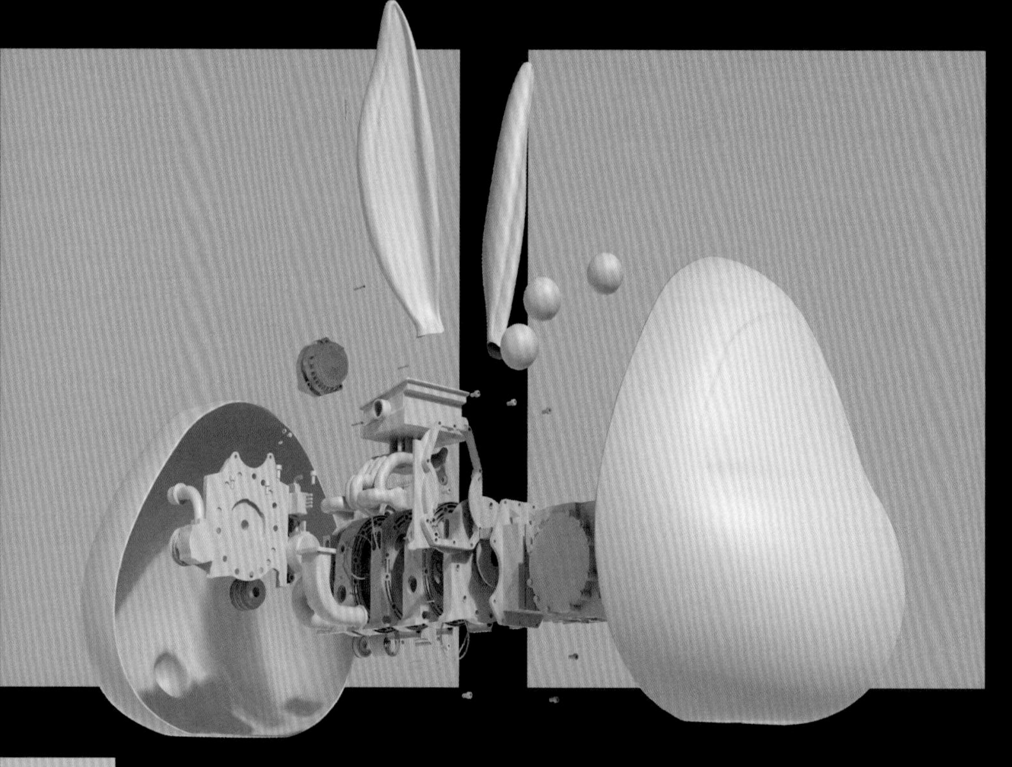

图：洪天乐

3.3.3 服务延展与期望

进行产品试验和技术的升级，提升应达到和可达到的服务水平，建立与用户服务的期望共创。

这个工作主要有以下 3 个层面：① 产品为用户提供理想的服务。② 产品为用户提供适当的服务。③ 产品为用户提供可塑造的柔性服务。

产品为用户提供理想的服务。产品尽可能满足用户心中向往和渴求的服务水平，换句话说，就是产品寻找各种可能满足用户的理想化被服务的需求。这是智慧产品建立服务共创的重要内容。人们常说的“理想服务”，是指用户心目中向往和渴望追求的较高水平服务，是用户认为“可能是”与“应该是”的结合物。

什么是理想服务？理想服务指的是智慧产品通过识别用户的各种层面的需求，提供全面到位的服务。用户所认为“可能是”与“应该是”两个词，一方面包含了一种对极致的最求，它所说的是智慧产品的服务让用户产生较高的满意度，从系统到细节等各方面都有着较大的提高。与以往的工业产品相比，拥有智能技术的产品，能够更加全面地满足用户的需求。另一方面，“可能是”与“应该是”两个词不只是描述了智慧产品的现状，而是以现存的服务水平为基线，对未来展望——它预示智慧产品在未来存在大量的发展可能，预示智慧产品为用户提供更加精细的服务将是未来的趋势。

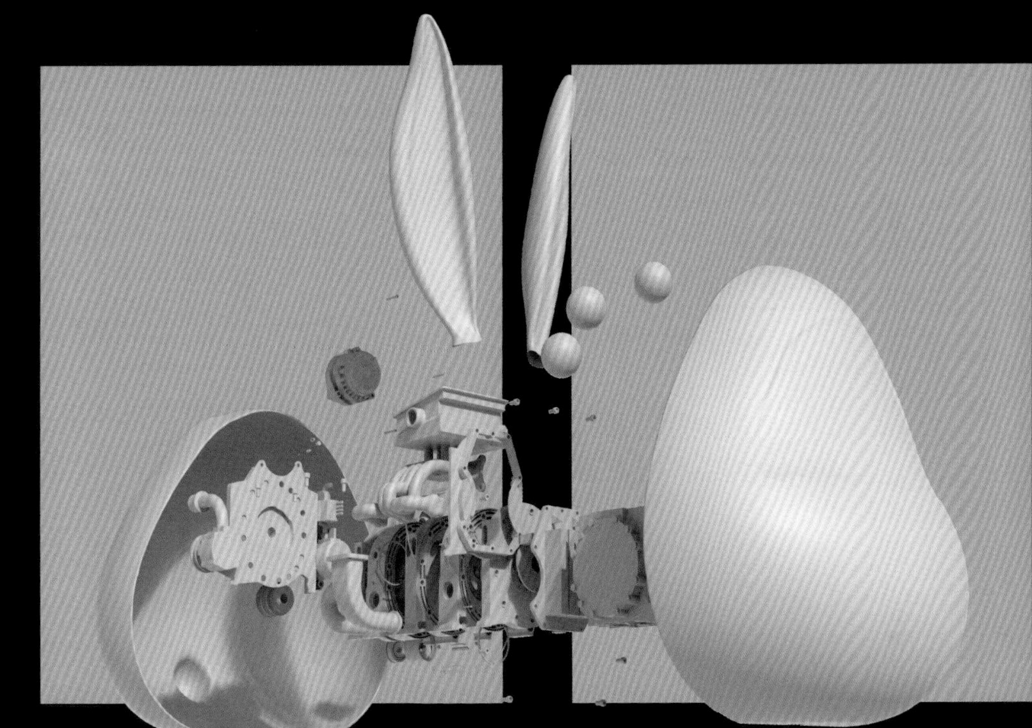

以兔儿伙伴为主题的机器人，是一个带着角色扮相特征的智慧产品。这个有着兔儿外壳的智慧产品，通过各种明晰规范的方式为用户提供标准化服务，同时还通过讲故事的方式为用户提供差异化服务。这些非遗老故事，为设计提供了新的内容，它们从一些不被人关注的边边角角里被挖掘出来，成为智慧产品借助智能技术为用户提供“理想”“合适”服务的依据。

智慧产品设计的巧妙之点就是，把生活当成无时不在的舞台，兔儿伙伴和用户共同形成舞台上的主要角色。在这个舞台上，旧时兔儿爷的逸闻趣事也在变成现实生活中的真实内容，用户和智慧产品通过各自的方式展示着它们各自的特点，共同创造和谐的智慧家居空间。这时候，产品的设计方，从智能技术和非遗故事两个角度，梳理出未来潜在的不同用户喜欢的门类，并在它们之间传播类似思想感情的感染力，产生“共情”和“共创”的融合。

产品为用户提供适当的服务。产品要满足用户最一般、基础，甚至是较低的服务。换句话说，没有这个层面的满足，用户需求服务就不能称为智慧产品——这是智慧产品建立服务共创的基本内容。本段落所讨论的智慧产品提供“弹性服务”一事，离不开非遗形象所处故事和智能技术的成熟。但是，要成为一件好的智能产品，光有鲜活的形象是远远不够的。要为用户提供良好的服务，除了它的智能技术质量不要带有瑕疵外，在 IP 激活的过程还要应该精心打磨。这时候，智能技术激活传统文化符号和传统文化符号激活智能技术成为同一个问题，它的核心是通过智能服务的“理想化”“合适化”“弹性化”等方面完成角色定位，让它成为一个同时具有智慧功能和经典记忆的长线 IP。

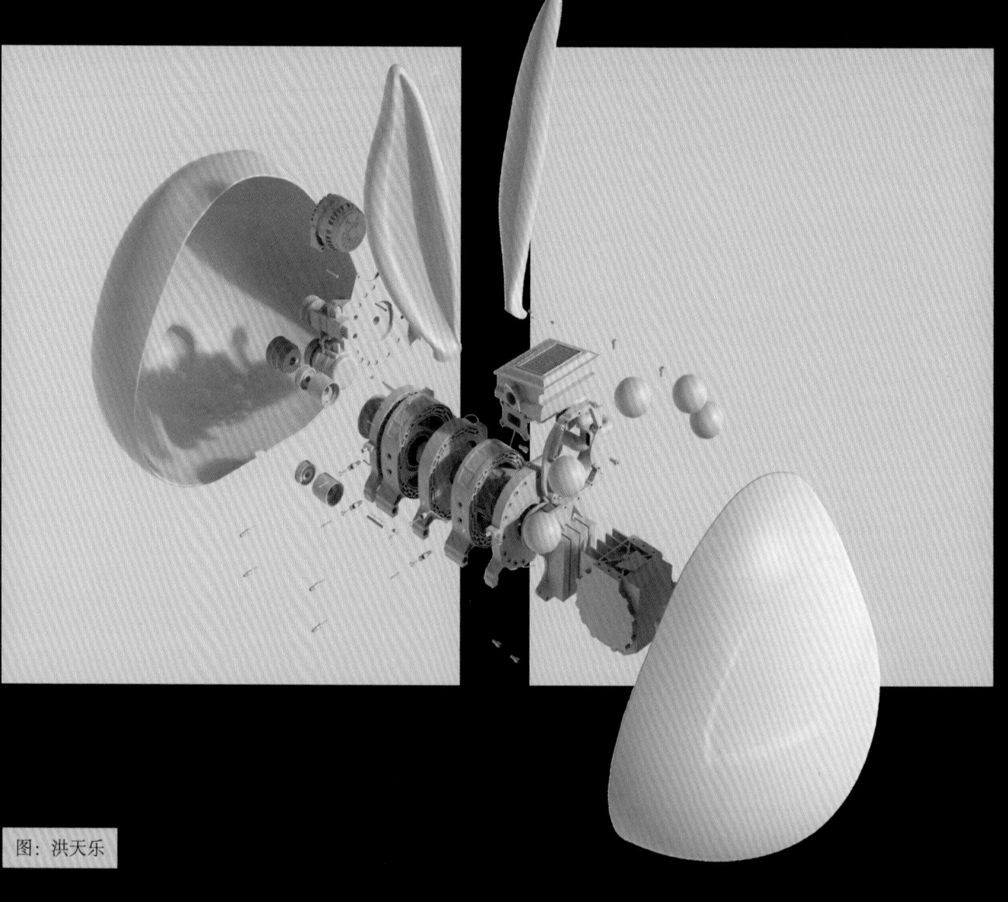

图：洪天乐

产品为用户提供可塑造的柔性服务。这节讨论的是产品如何提供给用户在理想化和基础需求之间的服务，也就是提供可塑造的服务。换句话说，对用户来讲，理想服务显得太高，适当服务显得太低，这就需要具有一定弹性的服务内容。这也是智慧产品建立服务共创的主要内容。

可塑造的服务是指用户心目中介于理想的服务与适当的服务之间的服务。什么是弹性服务？从智慧产品提供服务的角度来看，弹性服务一般指的是介于“理想服务”和“适当服务”之间的服务，它根据用户的需求特点，像高级厨师控制火候一样，烹调着让用户舒适如意的菜品来提供给用户服务。

如果把以上的比喻拉回到理论之中，那么有弹性的服务暗示着服务内容更具个性化和风格化，更尊重人性，特别是更尊重每个人的独特感受。这时候，用户在接受智慧产品为自己提供的服务时，往往会忽略对最理想服务的追求，更容易会被产品所带着弹性和黏性的服务内容所吸引。同时，当用户认同了智慧产品所强调服务的弹性化，用户也容易对一些不够服务的理想求全责备。也就是说，它的底层逻辑是趣味性和娱乐性对用户形成的黏合力。而形成这个黏合力的底层逻辑是智慧产品和用户之间复杂多维的联网体系。

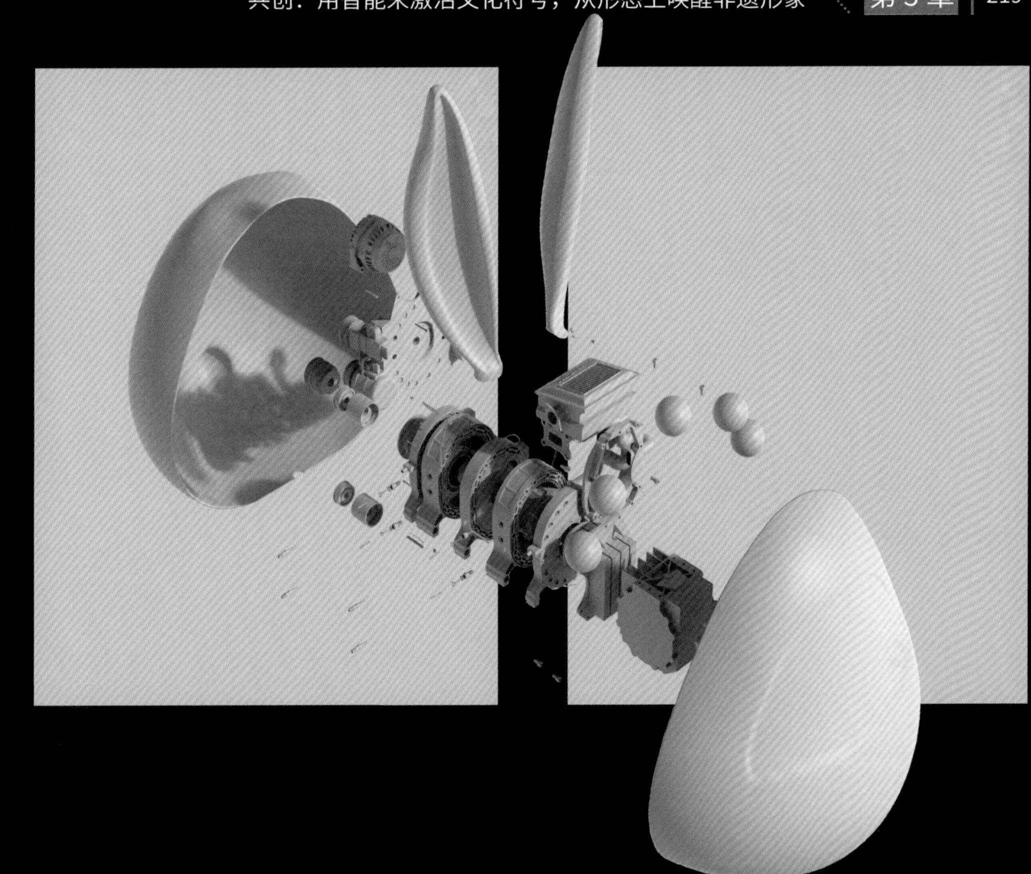

可以看出，柔性服务并不是智慧产品独立完成，而是需要和用户精心策划共同创造。

以兔儿伙伴为主题的机器人，是设计师通过这个非遗形象延展出的智能产品。用弹性的服务给用户传达兔儿伙伴明晰的性格特征，用个性化、可调节的服务衍化出它较强的气质。这里的智慧产品基于一个重要的考量，那就是智慧产品所提供的弹性服务是智能技术和兔儿形象的融汇。一方面，智能用严谨的技术为用户提供更具个性化和风格化、更尊重人性，特别是更尊重个人独特感受的服务，为用户提供更加丰富的感受。另一方面，源自非遗 IP 的兔儿爷——用丰富翔实的形象再创，如“爷们”一词，有一种对自己的得失不屑一顾的豪迈气质，在用户心中形成对服务弹性的新标准，从而搭建更具个性化的服务。

这时，智慧产品与用户可以是像两个闺蜜一样亲密无间又愁情百结的，也可以是既不失君子风度又可称兄道弟的荣辱与共的友情关系。这样的产品容易被用户所认同和喜欢，它从一个陌生形象转化为熟悉的亲和形象。这种从了解到熟悉再到喜爱的过程，本来在产品推广方面是非常艰难的过程，一下子被一个有 IP 价值的非遗形象，通过智能技术提供弹性的服务而轻松地完成了。

图：洪天乐

3.4 保护隐私，降低信息风险和人身风险

对应第一板块对“共情”一词的论述，第二板块讨论的是“共创”一词。综合来说，整本书在以“兔儿伙伴”为外壳的基础上，围绕如何不断用科技催进智慧产品的体验、场景和服务，如何用设计来满足人们迥异性格的需求而展开，它的核心是通过“共”这个字来建立“连接”[①]。在这种设计方法下，一种具有明显性格特征、智慧服务功能的产品对具有相同文化记忆的用户来讲，将给予他们良好的感受是可以预期的——这也是智慧产品要抓的一个重点。如同构建一个长时间精心构筑的IP有物与物、人与人之间的大量连接，用体验、场景和服务等工作内容让用户产生对产品的喜爱一样，物与人之间也存在大量的连接。从而用多维度的连接完成它应该做的事情：用记忆唤醒情感，用技术唤醒身体，让文化记忆和智能技术一起进入用户的智能化生活。

这里出现了一个问题，被科技改变后，智慧产品会给人们带来什么样的风险？“共创”一词的核心要素就是建立多维度的创新性连接，这种思维拓展了产品的体验、场景和服务，但是在这个模式下设计出的产品，也给使用它的人们带来了生活、工作包括道德伦理在内的诸多难题、风险和挑战。因为它的核心话题是“共”字，究其核心就是“共有、互联”之意，而其中，最具风险的是信息的“共有和互联”。

产品的智能化给产品带来了新的可能性，给用户带来了服务的便利性，也给使用它的人们带来了诸多因为信息共有和互联之后的风险。它对于如何保护使用者的隐私、降低风险、保护信息安全乃至人身安全等方面都提出了更高的要求——这不仅给使用它的人们，也给设计者提出了诸多新课题。这也是本书要从另一个角度讨论的话题：科技的高速发展，超过了人的进化速度，这会带来什么样的风险？人们又该如何有效地规避风险？

产品通过与智能技术相关的信息收集、思考和行为，基于获取、存储、管理和分析都成了共享数据。之所以出现这种现象，有以下三个因素：其一，技术因素，大数据技术不断提升数据自身的价值。数据产业的产业链几乎围绕着数据价值化来打造，也就是说数据就是金矿，在产品设计里，共享数据也就是在提升它各方面的价值；其二，需求因素，人工智能离不开数据。不管模式识别还是强化学习，人工智能的底层技术都离不开大数据，在这里，数据就是能源，共享数据就是在提升能源的功效；其三，平台因素，数据是互联网的价值载体。随着互联网和物联网整合社会资源的能力越来越强，数据就是互联网和物联网价值的主要载体，即数据就是

① 连接：连接是指用螺钉、螺栓和铆钉等紧固件将两种分离型材或零件连接成一个复杂零件或部件的过程。本书指的是人们不同的情感、科技和文化通过体验、场景和服务连接成一个有机的整体。

图：洪天乐

货币，在即将到来的智能时代，包括智慧产品在内的各行各业都把数据看作无价之宝，对大数据的共享追求更是没有止境。这就为“共创”的“共——共享互联”提供了无尽的空间，也给“共创”的“共——共享互联”埋下了风险的伏笔。

这里我们需要讨论一下“共创”一词在产品设计中的应用给人们带来的可能的风险。当然，总体来说，“共创”一词通过“共”带来的主要是良性的后果。这是一种拟人化的比喻，并把比喻应用在设计中——比喻了人和机器共同完成的“创新”。本书的核心形象“兔儿伙伴”中的“伙伴”一词，暗示了技术的进步使得人与机器的合作和互联像人与人、人与亲密伙伴之间的协作，甚至说这种“人机共创”作为一种“人的智慧与物的智能”已经不再是荒唐的事。经过几千年的融合和发展，人类自己的各个种族之间基本上实现了互通有无、协同合作和文化交流。可是，人和机器的组队成为“共创”关系，显然是当作“预言”被提出的，它可以在理论上用来解释人们对待人工智能及其机器人的态度，也可以在实践上理解为人和机器之间新型的合作关系。这种“人机共创”带来了诸多的有效模式，它具有像人一样组队所具有的特性。从良性发展的角度来看，在这个组队中，有领头的，有干活的，有协作、有分工，但他们拥有一个共同目标——共同创造财富和幸福。这种组队，适用于各种场景，甚至涵盖了人们社会生活的方方面面，包括分工协作的诸多社会关系。

在不久的将来，“共创”一词将不仅仅是一个理念，而是人和人工智能在设计引导下真实

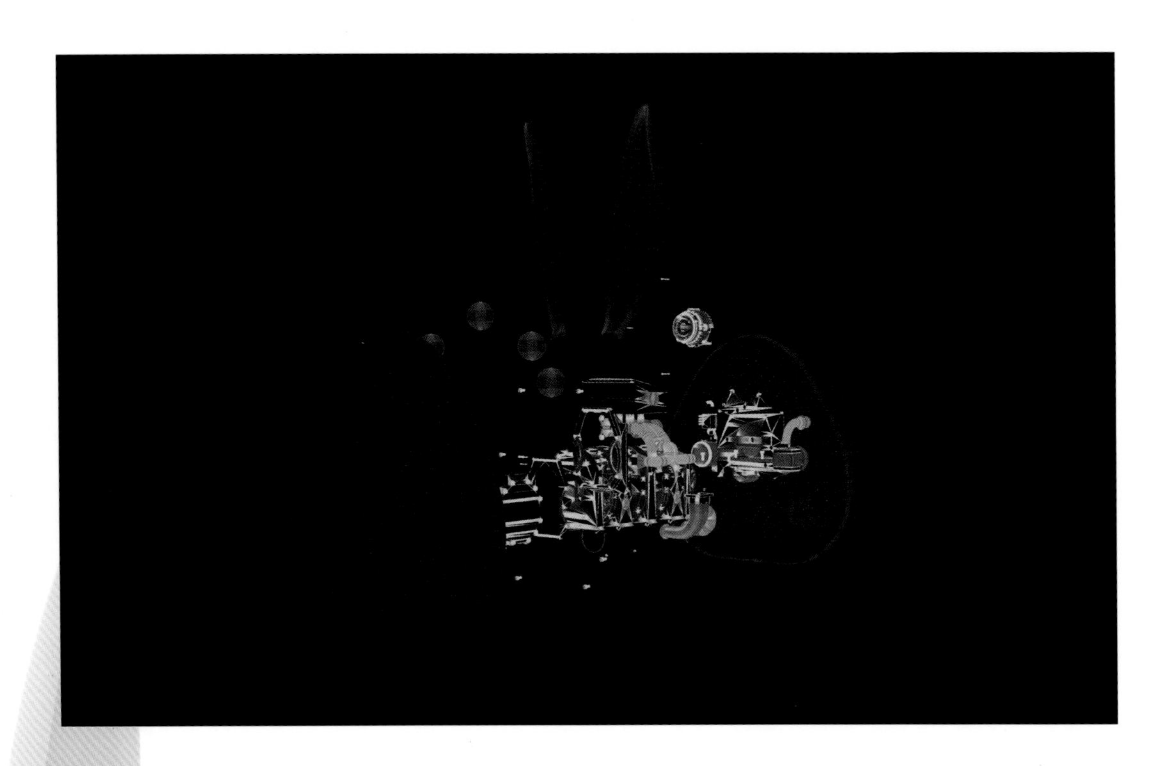

对接的实践。这也给用户带来一些意想不到的后果。智慧产品设计的初衷，是在用户的居家空间中，通过与“共创”一词的共同协作，给用户提供体验化、场景式的服务的同时，与用户在各方面建立起亲密关系。但是这种关系却会带来“初衷”以外的各种风险。总的来说，在这种“共”——共享互联的模式下，经常会发生两种风险：第一种是“无意”产生的风险，第二种是“恶意”驱使下产生的风险。

先说第一种，当互联网和物联网让用户获取更方便的信息和更便利的服务时，用户的信息也被互联网和物联网所获取，可能造成用户自身信息的泄露，给使用它的人们带来隐私权的侵害。“隐私”[①] 二字，有隐藏私密之意，是一个人的自然权利。智慧产品要提升服务的级别就需要将用户的所有行为——包括隐私在内，整理成有效信息，这必然与用户保护自己生活隐私的法则发生矛盾。这种无意泄露的隐私如果被媒体忽略，不成为公共话题则没有伤害；如果被媒体放大，成为公共话题，则会对该用户造成或轻或重的伤害。

再说第二种，这不是危言耸听，第二种风险下给用户带来的危害是巨大的。那就是，很多业内人士预测智慧产品还会成为黑客攻击的对象，成为用户身边意想不到的危害自身的危险器物。这不仅仅是信息安全的风险提升，也有可能危及用户的人身安全。当大量的传感器设备，

① 隐私：隐私包含两个方面的内容：第一，用户不愿意让他人干涉或他人不便干涉的个人私事；第二，用户不愿意让他人侵入或他人不便侵入的个人领域。对用户来说，隐私是一种与公共利益、群体利益无关，而用户不愿意让别人知道，或不便于让他人知道的个人信息。

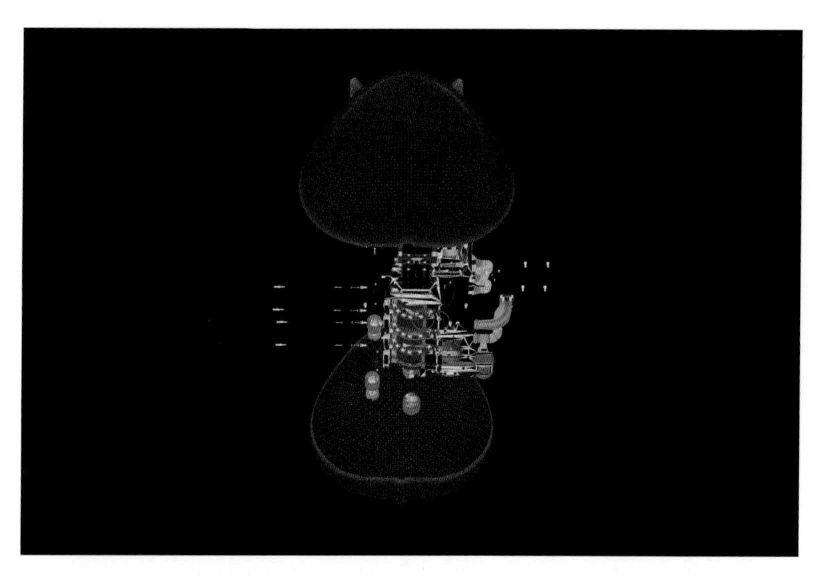

尤其是安全等级较低的摄像头设备为智慧产品系统提供更多的可用资源的同时，黑客有可能利用智慧产品所携带的计算机系统和网络存在的缺陷，使用他们手中的计算机，强行通过网络，入侵智慧产品的控制系统。此时，黑客可能通过远程控制等手法，进行各种非法授权的活动，这必然会导致机器出错或人为导致人身风险。例如，如果智慧产品温度传感器被黑客袭击出现控制紊乱，空调就会无限制地增温或降温，危害用户健康。

当信息的共享与互联的通道不再是良性的，而是成为黑客监督用户的窥探孔时，黑客就能更容易地掌握用户的行为等资料。这会产生一种被窥探与窥探的新关系。如果把用户归纳成一个人群，他们就是被窥探人群；而把运营公司、设计者和生产商归纳成一个人群，他们就协同起来成为用户隐私的窥探者；中间出现了一个窥探孔——智慧产品。在这里，不得不反复提醒这件事的严重性；如果用户的隐私或者敏感数据泄露，被黑客恶意入侵，将会对用户自身、家庭或者用户所在的企业的利益和权益造成严重损害，甚至由点带面，造成连锁反应，引发严重的社会问题。

也可以这么说，当智慧产品不断提升自己的技术时，如果一味追求技术而忽略了对“人”核心权利的保护，那么将给用户带来意想不到的风险和伤害。

在应对这方面的风险时，能否具有预判的态度，具有先人一步的方法，从规避风险的角度出发来解决问题，是设计者必须要做的事。这就给设计者提出了一个重要课题：面对一个非常庞杂的世界，需要建立一套多维度的设计架构。“共创”一词在这里不仅仅是一个理念，一方面基于大数据、云计算、人工智能等科学和技术带来的设

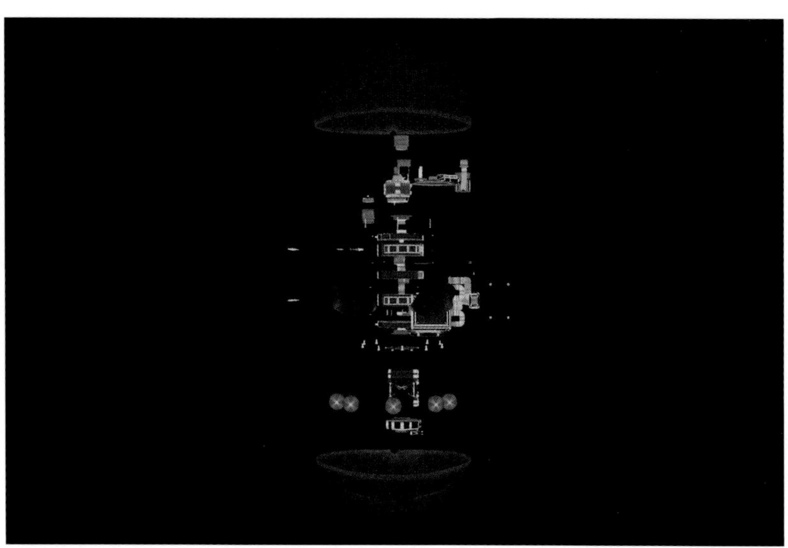

图：洪天乐

计新思维；设计者需要清晰地认识到两个层次的现状：首先，共创理念下智能技术的应用使得产品与用户之间的关系发生了变化；其次，产品与用户之间的关系离不开大数据、云计算及人工智能与用户之间的复杂对接。在不回避以上问题的条件下，建立产品与人、产品与技术多层次对接，不仅要预先在对接的各项内容中，发现可能引发风险的潜在因素，还需要从认知上、系统预设上和动态管理上，提出多维度解决问题的思路和方法。可以说，智慧产品“零”风险地服务用户是一项十分重要的工作，需要作为设计内容的重要部分。

首先，在认知上要重新看待智慧产品的身份。本书把产品的主角“兔儿伙伴”称为“伙伴”，其实是对产品的认知角度的改变，那就是产品不仅仅是“产品”，而是具有陪伴功能的“伙伴”。共创思维对产品的协调力、沟通力和同理心等方面提出了更高的要求。语言智能、行为智能和情感智能等技术给产品带来巨大的变化。当它成为居家生活的一个重要角色，用户需要改变对它的认知，并从责任、义务的角度，承担起对产品一些诸如尊重、维护的基本工作，进而为建立与产品之间顺畅的服务共创打下基础。这一切给用户带来了服务的便利性，给设计带来了新的可能性，也给用户对产品的认知增加了新的维度。也就是说，在认知上，不仅要把产品看成物，还要把产品当成“伙伴”来看待。

其次，在智慧产品进行设计的初始，就应该从架构角度出发，建

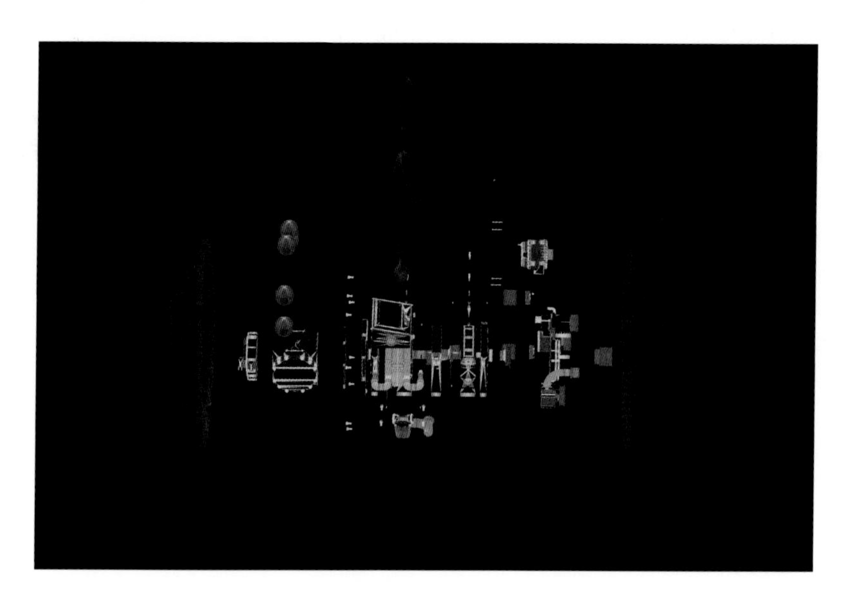

图：洪天乐

立起一个防护堤或一张隐私信息过滤网。设计者既要认识到科技的发展给用户带来的便利，还要正确看待科技进步一样会给用户带来风险。设计的初始，智慧产品要利用数据隐私保护技术，建立类似于“堤坝”的数据防护网。智慧产品通过一系列技术的正常运行，保证在数据网内能够有效保护用户的隐私信息不被泄露、曝光，不轻易成为公开的数据。那么如何通过最基础的智能手段给用户建立一个防护堤或者是过滤网，形成一套有效的个人信息——特别是隐私数据保护系统呢？我认为，要做到三个层面的事情。第一，智慧产品把从用户那里获得的数据进行分类，识别出哪些是隐私信息，哪些是非隐私信息，并对它们按照种类、等级或者性质归类。进而利用匿名化、多样化、差分隐私等技术原理，对用户的隐私进行常规化保护。第二，可以通过信息脱敏技术，保护那些通过智慧产品，用户与设计方生产厂家必须共享的信息。智慧产品通过对从用户处获取的数据中的隐私信息（如个人身份识别信息、商业机密数据等）进行数据变形处理，使得其他的恶意攻击者无法通过脱敏处理后的数据直接获得敏感信息，从而实现对用户的机密和隐私信息的保护。第三，这个称为“防护堤”或“过滤网”的系统既要设立有效地防止信息的外泄，还要在设计的初始架构设计时，就要做出绝对禁止产品伤害用户的预先设定。

再次，智慧产品对用户隐私的保护，其实是一种动态的过程，建立“防护堤”这一项工作要随着技术的提升迭代而提升迭代。当用户的信息被智慧产品获取而成为数据并累积成数据库之后，在什么时候

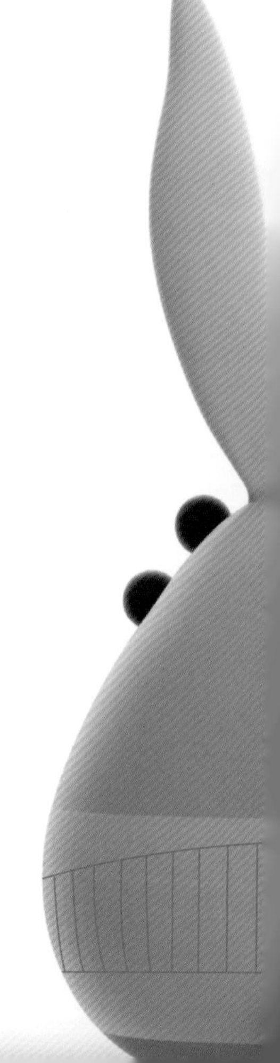

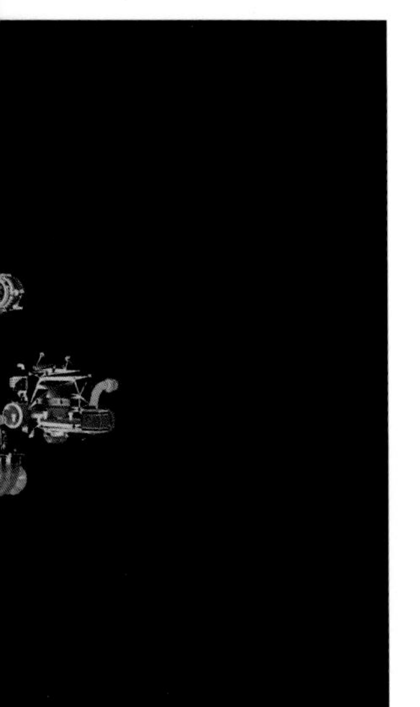
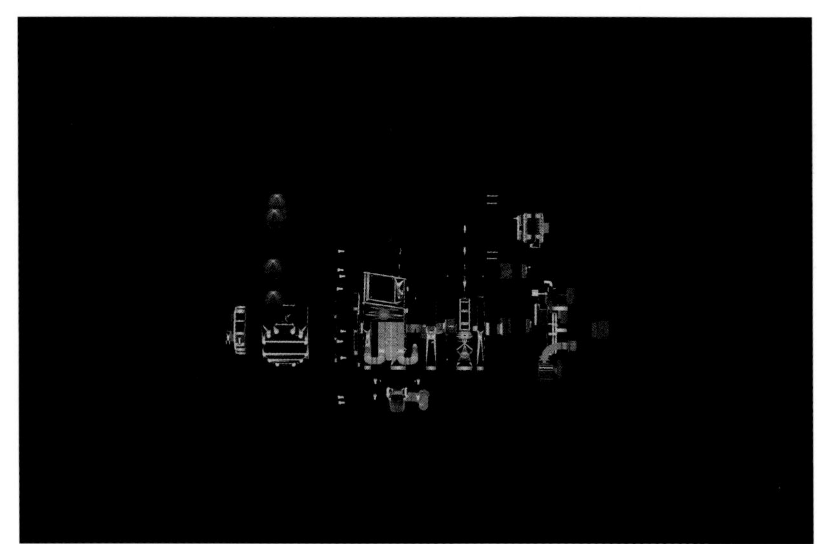

可以授权，什么时候通过什么设备与什么人或什么对象进行交互活动，应该由智慧产品提出建议，并由用户同意并授权方可传送，而这个“防护堤”或“过滤网”应该不断地被筑高或织密。黑客主要入侵的是智慧产品所携带的如同微型电脑的智能处理器，防止黑客入侵智慧产品，人们可以定期做好以下工作：像对待电脑一样给产品安装杀毒软件、安全辅助软件、使用正版操作系统、设置系统登录密码、关闭远程访问、打开防火墙等。这时，以“颗粒度”为基础“防护堤”和“过滤网”的设施成了同步建设。智慧产品在保护用户隐私的过程中，需要实施细颗粒度的访问控制策略和最小范围的授权策略，如对自身的数据库启用基于列（或字段）的权限控制策略，那么这个权限控制策略的“颗粒度”，需要一直随着技术的进步根据不同人群不断被精细化。应用到医疗行业：当用户身体欠佳时，就可以授权智慧产品，向用户的专属医生传送他近期与身体健康相关的行为习惯、生活习惯，包括近期发生在身体上的诸多变化的相关数据。而这些已经被智慧产品记录成一种精细“颗粒度”加密后的数据——但极有可能被用户所忽略的信息、或者用户根本就没有记录的信息，只成为医生诊断病情的重要依据，而不能被其他机构所获取。

最后，即便如此，黑客的入侵还是无孔不入的，这就需要产品设立一个随时可以启动的“一键终止”功能。那么，人们需要在智慧产品的设计上做好预先设定，主要有下面几个重要的工作：完成用户紧急“关闭”按钮、产品“自检自断”和系统“他检他断”等功能的设

定。第一种功能，用户发现问题预判风险，主动下达指令并关闭产品。有点像阿西莫夫的科幻小说《银河帝国》[①]给智能机器人设定的第 1 条法规，也是最重要的法规，那就是绝对不能伤害人类，一旦发生伤害人类的苗头，人类有权按下“关闭”按钮。这原本是科幻小说里的场景，现在随着人工智能与机器人融合后的发展，已经有很多工厂家居产品在很多场景下都被使用，如机械臂、智能传送带，这些都是弱人工智能的机器人。针对居家的智慧产品，应该要有与之相应的法规。由此看来，从用户的安全角度考虑机器或者智慧产品，其身上必须安装紧急的“关闭”按钮。而这种紧急的关闭按钮，由人来控制，还要允许通过多种方式触发它，如语音控制或机械按钮。第二种功能是产品自我关闭，产品一旦自己“发现”风险如洪水漫过“防护堤”，或者是“防护堤”出现了破洞，它可以“自检自断”，具有马上关闭系统的功能。这种智慧产品会自己检测自己的系统是否已经被黑客入侵，它需要调整自己，关闭黑客入侵的通道；通过自检并需要告知用户，它应该进入检修状态或暂停使用。也就是当智慧产品出现危害用户的情况时，产品自身会辨识到这个问题的严重性，并紧急停止正在发生的动作、关闭自身电源等系统，使其进入休克状态。还有一种类似于关闭功能的按键——“他检他断”，这其实是，家里建立着一套重要的监控系统，如同一个铁面无私的警察，完全受控于用户，完全脱离开智慧产品的运行系统，是一个高度独立的操作体系，当智慧产品威胁到用户时，由这个监视系统切断产品的动力源，关闭控制系统与动作系统的关联，使其进入冻僵状态。

① 阿西莫夫．银河帝国 [M]．叶李华，译．南京：江苏凤凰文艺出版社，2015．

综上所述，当智慧产品向用户提供多元化的体验、场景与需求相融合、无微不至的服务时，就需要建立与用户之间的亲密关系。但是，这种亲密关系得以实施的基本条件，需要有四个层次的工作来做架构保障，降低和杜绝风险发生：认知层次、抵御风险的“防护堤式”“过滤网式”层次、动态层次和“一键终止”，它应该在产品架构建成初始，就在整个系统中做同步设计。

当然，一方面，当产品和用户建立亲密关系，双方需要坦诚相待时，其实是用户单方向地向产品敞开自己的隐私，进而所有智慧产品都不是孤立存在的，这是风险的根源。一件优秀的智慧产品的用户基数必然巨大，面对这个问题，谁都无法回避。当数据收集数量大大超过传统数据库软件工具的范围，成为某个领域海量的规模、快速的流转、多样的类型、低价值密度的

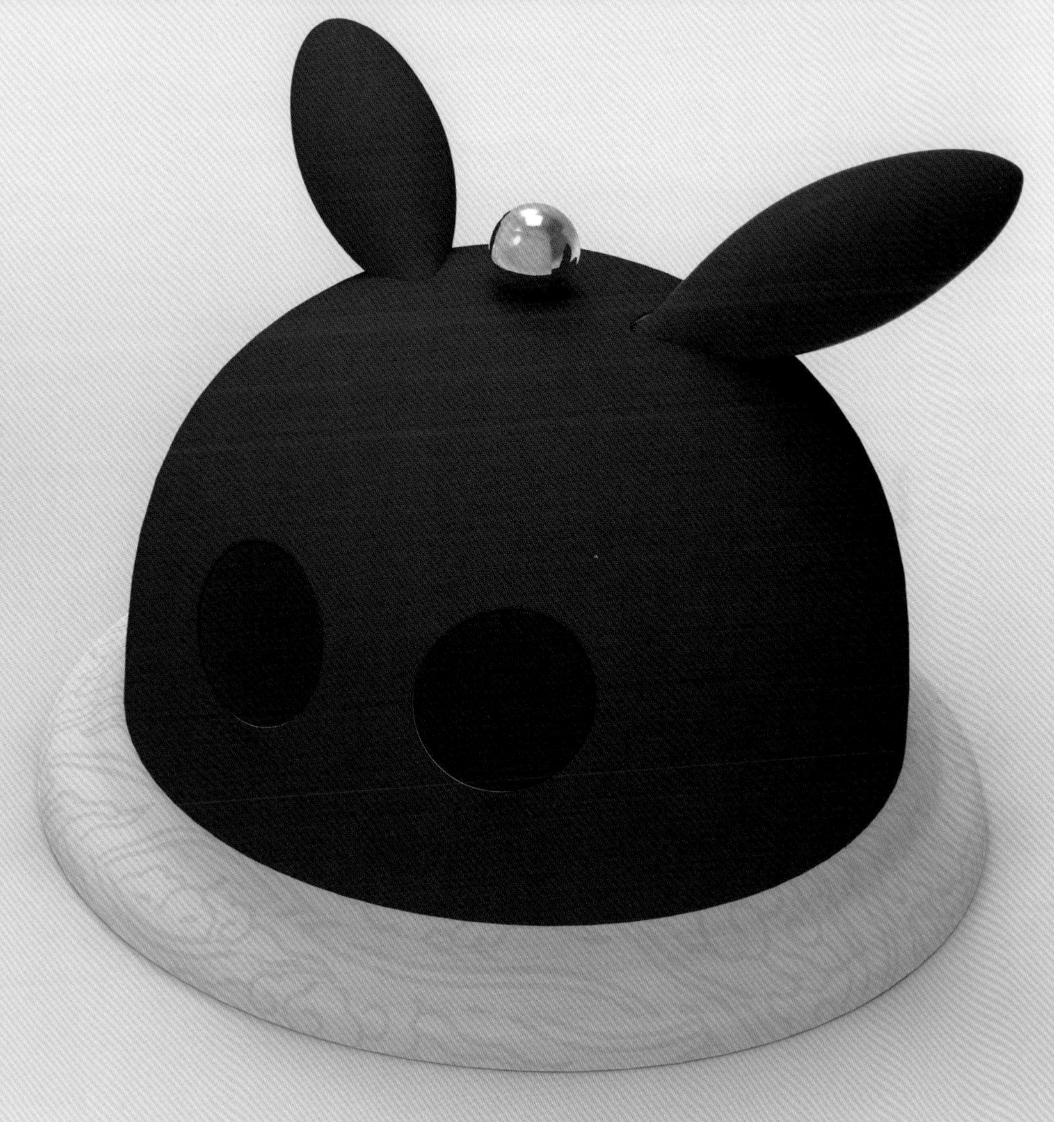

图：许 彤

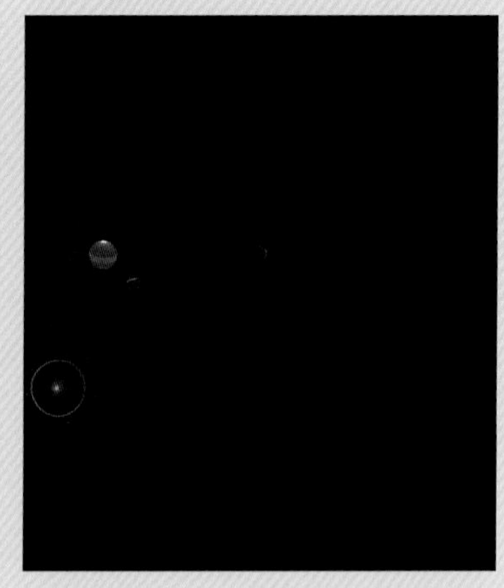
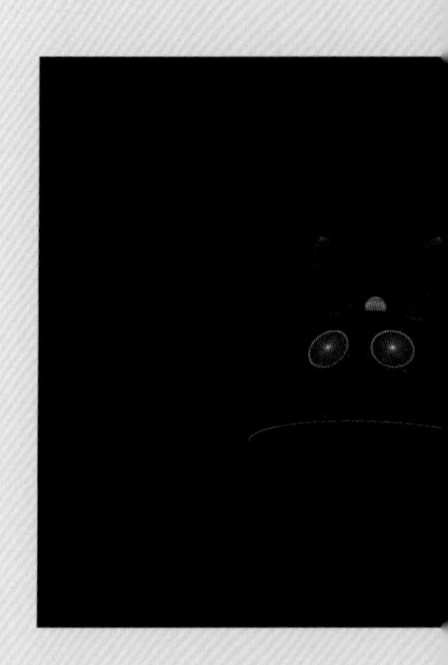

数据集合，那么所有的大数据、云计算背后的运营公司，产品的研发者、生产商们就会发现智慧产品的数据带来的巨大价值。智慧产品连接着互联网，连接着其他的产品，它的背后也必然连接着成千上万的用户，只要任何地方出了管理上或技术上的漏洞，就必然会出现用户数据，包含个人隐私数据被泄露的可能，风险也就因此引发。

另一方面，科技的进步不可逆转，人们也不能因噎废食。这就意味着，用户信息有可能被智慧产品获取，可能成为运营公司掌握的数据。因此，需要设计者在设计初始就改变观念，设立门槛或防护措施，通过动态的方式保护用户的隐私类信息，并随时中断有风险的服务。既要保证信息不会被用户以外的个人或公司轻易获取，更要保证用户的产品系统不会被黑客入侵，不会受到来自智慧产品的意外伤害。

即便如此，就像人们担心智慧产品是否具有绝对的安全性一样，当人们切断了黑客对它的控制后，是不是还有其他的“蓝客或者黄客”，通过其他方法或其他路径对智慧产品施加恶意的控制，并影响到用户的身心安全？这看似是问题，其实也不是问题。如同工业革命中汽车文明带来诸多便利的同时，也给人们带来了生存及生活的危机。人工智能时代的到来是必然，谁

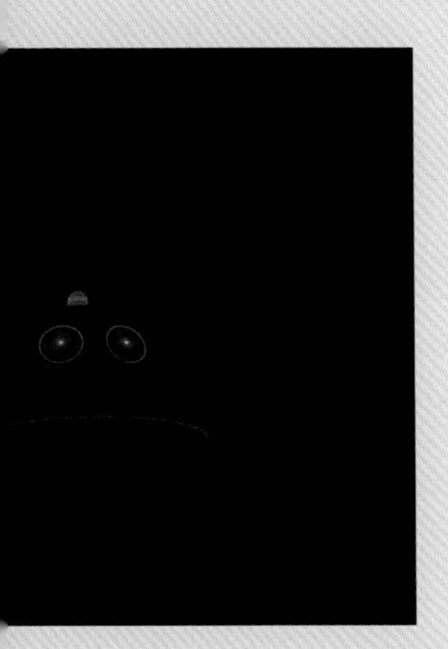
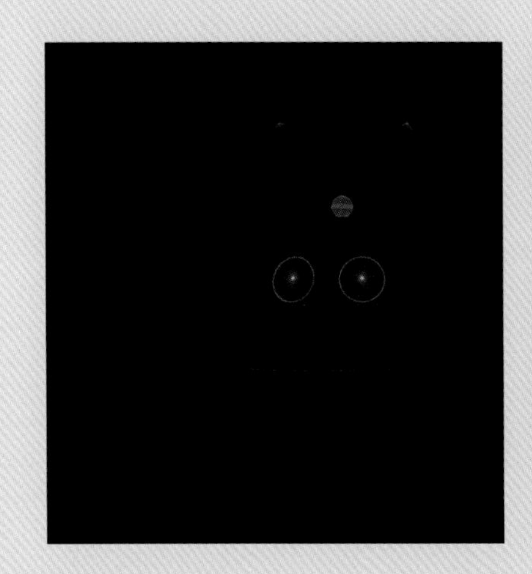
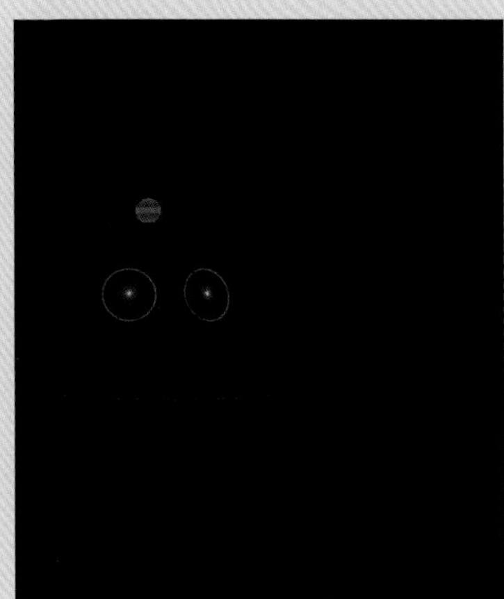

图：许 彤

也改变不了科技的进程，人们需要改变的是自身的观点和视角，需要更多地学习、了解、熟悉它。借此也可以制订更多的规则，更关键的是，这些规则还要与科技相对接，让它们环环相扣，互相制约，保证在智慧产品服务于用户的时候，不会对用户造成任何意外伤害。

显然，人工智能给智慧产品的发展带来无限的前景，“共创”思维拓展了产品对用户的体验、场景和服务，但是在这一模式下设计出的产品，也给人们带来了诸多挑战。

致谢

这本书的出版要感谢中央美术学院“致远计划”科研项目（项目编号：20KYZY029）和清华大学出版社。书中的内容是我执教的课题式课程的成果，汇总、整理后申请了学院科研项目。学院“致远计划”项目不仅对本书提供了资金支持，而且学院的同事多角度地提供了学术上的指导。此外，还要感谢北京市文化与旅游局非物质文化遗产处对本书内容的指导。

启动本书内容研究，源自王中先生的指导和鼓励。五年前某个冬夜，王中先生给我发来一条微信：纵然我们无法改变科技发展的进程，但是我们可以改变自己的观念，可以改变我们的教育模式，为我们的学生争取新的空间和机会。这句话成为我开展“智慧设计”研究的动力，对此我深表谢意。当然，我也知道，这本书的内容很难扛起这个重任，权当是一种鞭策。

撰写本书期间，研究生徐超、沈晨曦、杨绍禹、房倩钰、张世强和我一起沉浸在非遗传承和创新设计的前沿展望、资料收集和方法梳理的工作中，可以说是不分昼夜且不厌其烦。有了他们的辛勤付出，才有本书的诸多精美图纸和丰富的内容。郝凝辉先生对本书内容提出很多有益的建议，张凤丽女士对本书的编辑规范提出了诸多指导性意见。期间我获得了很多帮助，无法一一列举，在此深表感谢。

在编辑书稿的过程中，家人为我创造了良好的环境——小女儿也从怀里抱着到可以自己左扭右扭地奔跑，所以要深深对挚爱亲人鞠上一躬。

最后，还要感谢拿起这本书，看到这一部分文字的读者朋友们。相信你我都一样，是非遗传承和创新设计的关注者和支持者。我还在继续推进这个课题的研究，将来应该还有更多的成果和大家见面，期待你一如既往的支持。